KB132554
연산 능력강화
개념 기억력강화
기초력완성

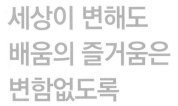

개념 + 연산

메인 북

초등수학

6 단계

3·2

개념 + 드릴

기억에 오래 남는 **한 컷 개념**과 **계산력 강화를 위한 드릴 문제 4쪽**으로 수와 연산을 익혀요.

연산

계산력 강화 단원

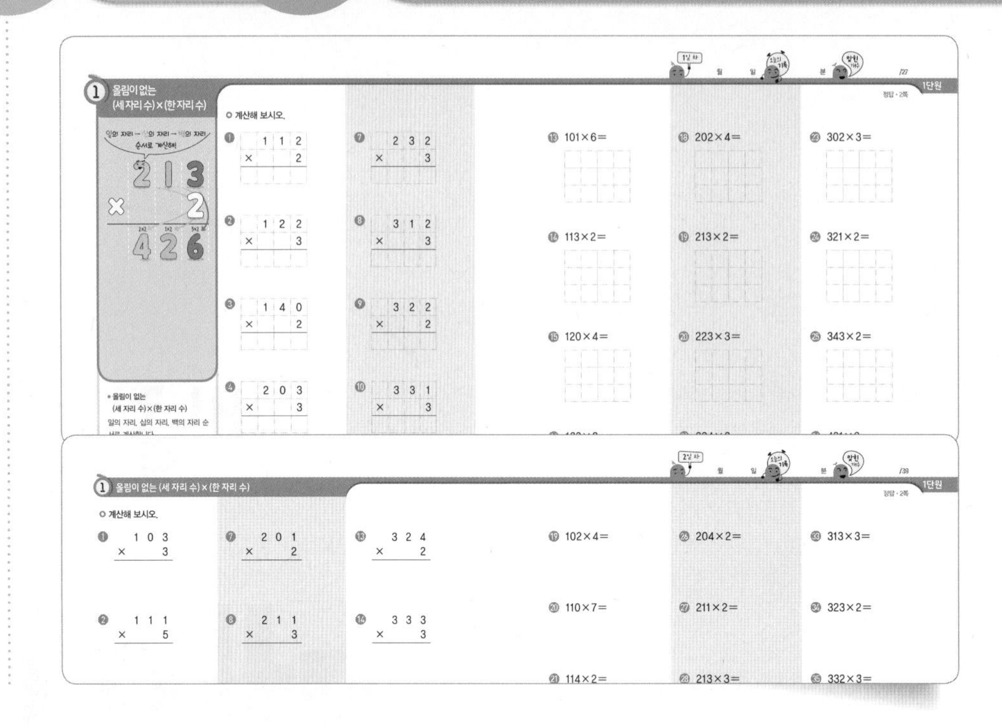

개념 + 익힘

기억에 오래 남는 **한 컷 개념**과 **기초 개념 강화를 위한 익힘 문제 2쪽**으로 도형, 측정 등을 익혀요.

도형, 측정 등

기초 개념 강화 단원

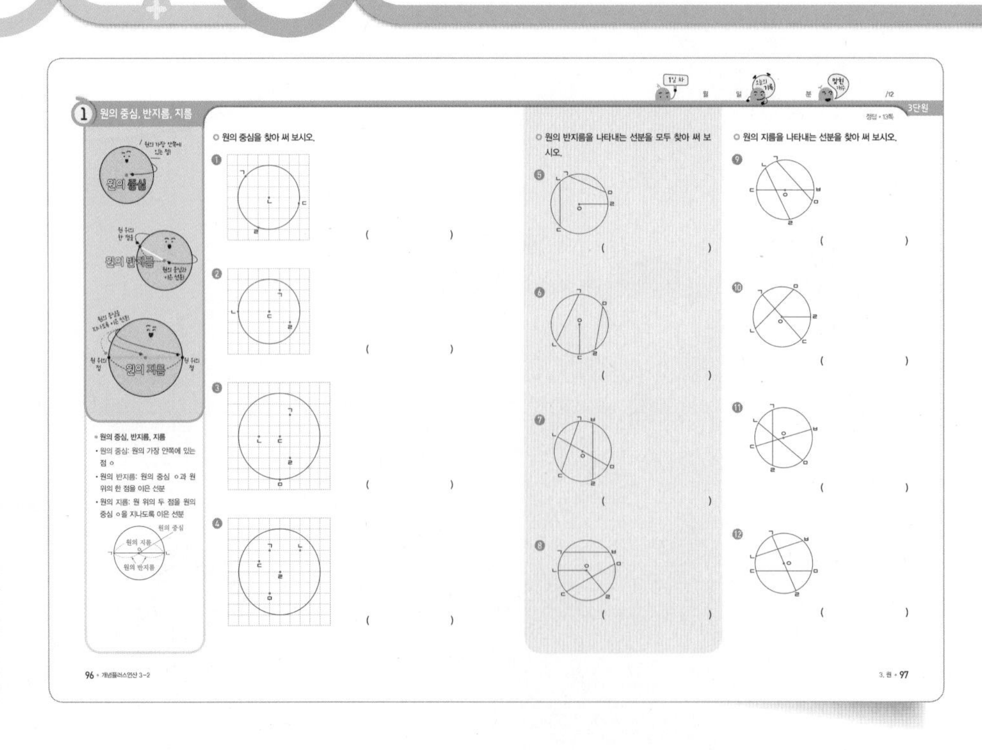

매일 2쪽으로

연산력을 강화해요!

적용

다양한 유형의 연산 문제에 **적용 능력**을 키워요.

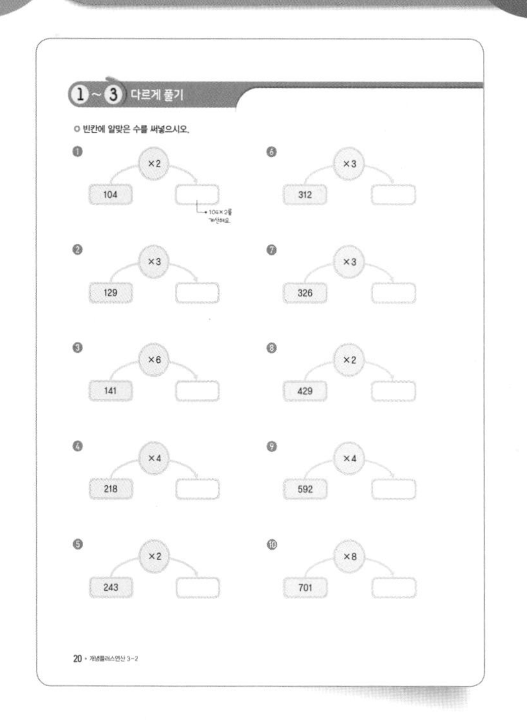

특강

비법 강의로 빠르고 정확한 **연산력을 강화**해요.

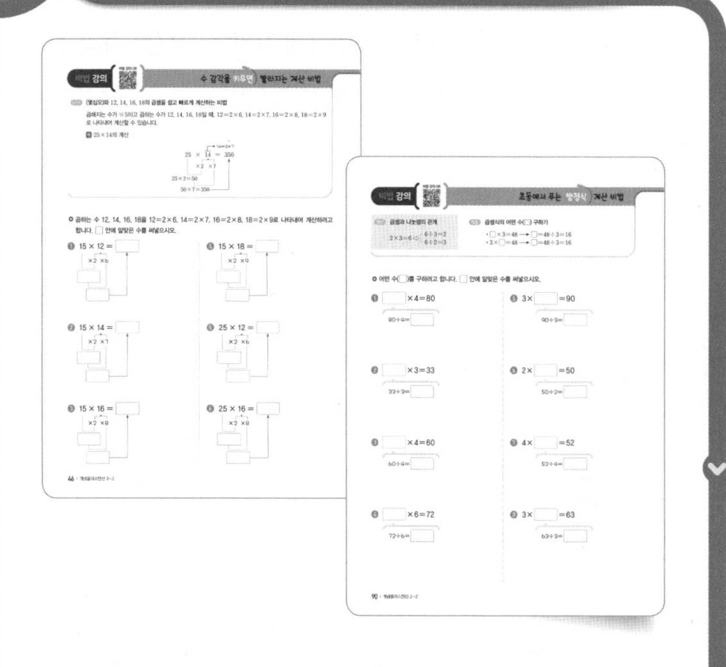

수 감각을 키우면 수를 분해하고 합성하여 계산하는 방법을 익혀요.

초등에서 푸는 방정식 □를 사용한 식에서 □의 값을 구하는 방법을 익혀요.

평가로 마무리~!

평가

단원별로 **연산력을 평가**해요.

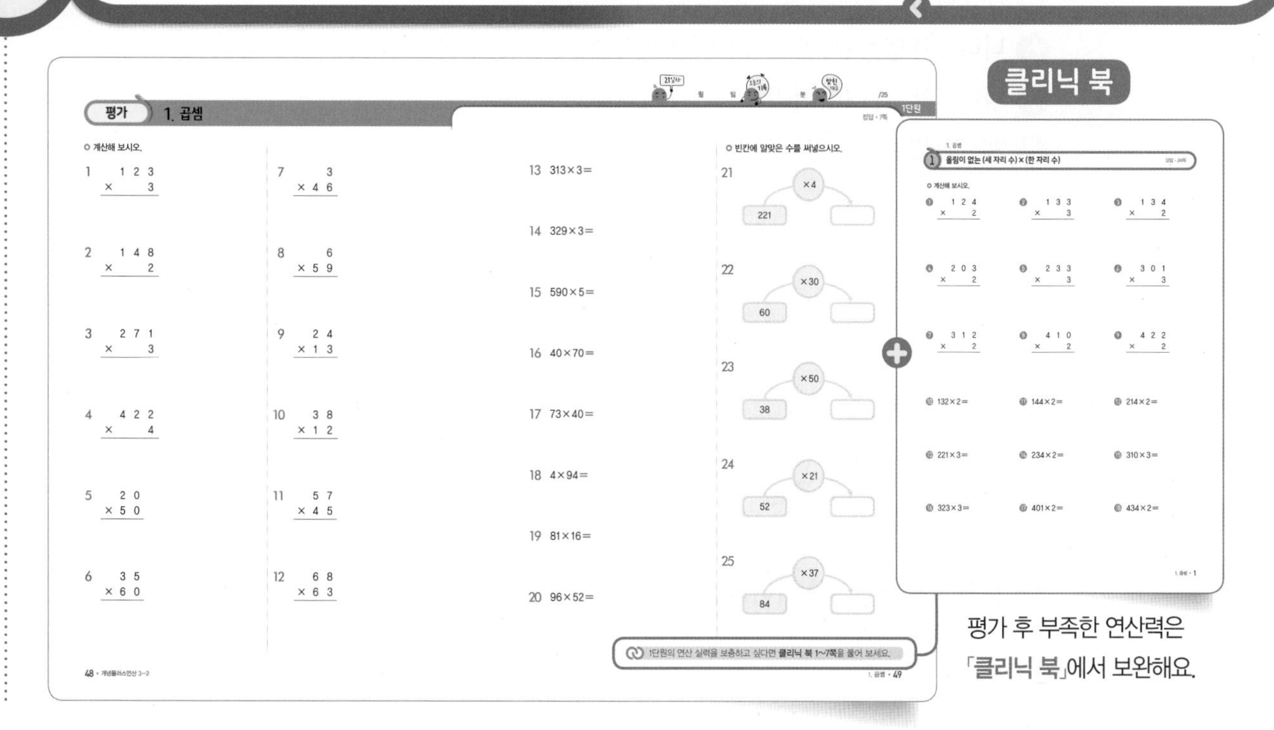

클리닉 북

평가 후 부족한 연산력은 「**클리닉 북**」에서 보완해요.

차례

3-2에서 배울 내용을 확인해요!

곱셈

학습하는 데 걸린 시간을 작성해 봐요!

학습 내용	학습 회차	걸린 시간
1 올림이 없는 (세 자리 수) × (한 자리 수)	1일 차	/8분
	2일 차	/12분
2 일의 자리에서 올림이 있는 (세 자리 수) × (한 자리 수)	3일 차	/9분
	4일 차	/13분
3 십, 백의 자리에서 올림이 있는 (세 자리 수) × (한 자리 수)	5일 차	/10분
	6일 차	/14분
1 ~ 3 다르게 풀기	7일 차	/10분
4 (몇십) × (몇십)	8일 차	/8분
	9일 차	/10분
5 (몇십몇) × (몇십)	10일 차	/9분
	11일 차	/13분
6 (몇) × (몇십몇)	12일 차	/9분
	13일 차	/13분
4 ~ 6 다르게 풀기	14일 차	/9분
7 올림이 한 번 있는 (몇십몇) × (몇십몇)	15일 차	/8분
	16일 차	/14분
8 올림이 여러 번 있는 (몇십몇) × (몇십몇)	17일 차	/8분
	18일 차	/14분
7 ~ 8 다르게 풀기	19일 차	/11분
비법 강의 수 감각을 키우면 빨라지는 계산 비법	20일 차	/6분
평가 1. 곱셈	21일 차	/14분

1 올림이 없는 (세 자리 수)×(한 자리 수)

● 올림이 없는 (세 자리 수)×(한 자리 수)

일의 자리, 십의 자리, 백의 자리 순서로 계산합니다.

예 213×2의 계산

	2	1	3
×			2
			6

3×2=6

⇩

	2	1	3
×			2
		2	6

1×2=2

⇩

	2	1	3
×			2
	4	2	6

2×2=4

○ 계산해 보시오.

❶
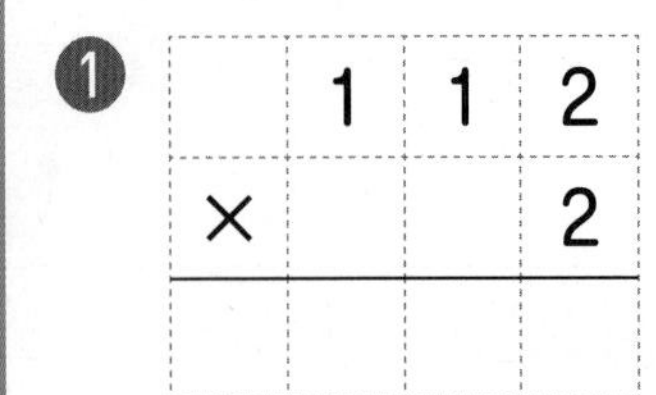

	1	1	2
×			2

❷

	1	2	2
×			3

❸

	1	4	0
×			2

❹

	2	0	3
×			3

❺

	2	1	2
×			4

❻

	2	1	4
×			2

❼

	2	3	2
×			3

❽

	3	1	2
×			3

❾

	3	2	2
×			2

❿

	3	3	1
×			3

⓫

	4	0	2
×			2

⓬

	4	1	3
×			2

정답 • 2쪽

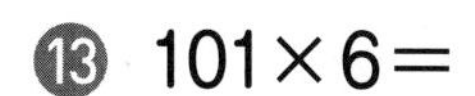

⑬ $101 \times 6 =$

⑭ $113 \times 2 =$

⑮ $120 \times 4 =$

⑯ $132 \times 3 =$

⑰ $141 \times 2 =$

⑱ $202 \times 4 =$

⑲ $213 \times 2 =$

⑳ $223 \times 3 =$

㉑ $224 \times 2 =$

㉒ $240 \times 2 =$

㉓ $302 \times 3 =$

㉔ $321 \times 2 =$

㉕ $343 \times 2 =$

㉖ $421 \times 2 =$

㉗ $432 \times 2 =$

1 올림이 없는 (세 자리 수) × (한 자리 수)

○ 계산해 보시오.

❶ $\begin{array}{r} 1\ 0\ 3 \\ \times \quad\ \ 3 \\ \hline \end{array}$

❷ $\begin{array}{r} 1\ 1\ 1 \\ \times \quad\ \ 5 \\ \hline \end{array}$

❸ $\begin{array}{r} 1\ 1\ 2 \\ \times \quad\ \ 3 \\ \hline \end{array}$

❹ $\begin{array}{r} 1\ 2\ 1 \\ \times \quad\ \ 4 \\ \hline \end{array}$

❺ $\begin{array}{r} 1\ 3\ 0 \\ \times \quad\ \ 2 \\ \hline \end{array}$

❻ $\begin{array}{r} 1\ 4\ 3 \\ \times \quad\ \ 2 \\ \hline \end{array}$

❼ $\begin{array}{r} 2\ 0\ 1 \\ \times \quad\ \ 2 \\ \hline \end{array}$

❽ $\begin{array}{r} 2\ 1\ 1 \\ \times \quad\ \ 3 \\ \hline \end{array}$

❾ $\begin{array}{r} 2\ 2\ 0 \\ \times \quad\ \ 4 \\ \hline \end{array}$

❿ $\begin{array}{r} 2\ 3\ 1 \\ \times \quad\ \ 3 \\ \hline \end{array}$

⓫ $\begin{array}{r} 2\ 4\ 4 \\ \times \quad\ \ 2 \\ \hline \end{array}$

⓬ $\begin{array}{r} 3\ 1\ 3 \\ \times \quad\ \ 2 \\ \hline \end{array}$

⓭ $\begin{array}{r} 3\ 2\ 4 \\ \times \quad\ \ 2 \\ \hline \end{array}$

⓮ $\begin{array}{r} 3\ 3\ 3 \\ \times \quad\ \ 3 \\ \hline \end{array}$

⓯ $\begin{array}{r} 3\ 4\ 0 \\ \times \quad\ \ 2 \\ \hline \end{array}$

⓰ $\begin{array}{r} 4\ 1\ 4 \\ \times \quad\ \ 2 \\ \hline \end{array}$

⓱ $\begin{array}{r} 4\ 2\ 3 \\ \times \quad\ \ 2 \\ \hline \end{array}$

⓲ $\begin{array}{r} 4\ 3\ 1 \\ \times \quad\ \ 2 \\ \hline \end{array}$

개념+연산 초등수학 수와 연산 한눈에 보기

수와 연산

1학년

1-1 9까지의 수
- 1부터 9까지의 수
- 몇째
- 수의 순서
- 1만큼 더 큰 수, 1만큼 더 작은 수
- 두 수의 크기 비교

1-1 덧셈과 뺄셈
- 9까지의 수 모으기와 가르기
- 더하기, 빼기 나타내기
- 덧셈하기
- 뺄셈하기
- 0을 더하거나 빼기

1-1 50까지의 수
- 10 / 십몇
- 19까지의 수 모으기와 가르기
- 몇십 / 몇십몇
- 수의 순서
- 수의 크기 비교

1-2 100까지의 수
- 60, 70, 80, 90
- 99까지의 수
- 수의 순서
- 수의 크기 비교
- 짝수와 홀수

1-2 덧셈과 뺄셈 (1)
- 받아올림이 없는 (몇십몇)+(몇), (몇십)+(몇십), (몇십몇)+(몇십몇)
- 받아내림이 없는 (몇십몇)−(몇), (몇십)−(몇십), (몇십몇)−(몇십몇)

1-2 덧셈과 뺄셈 (2)
- 계산 결과가 한 자리 수인 세 수의 덧셈과 뺄셈
- 두 수를 더하기
- 10이 되는 더하기
- 10에서 빼기
- 두 수의 합이 10인 세 수의 덧셈

1-2 덧셈과 뺄셈 (3)
- 10을 이용하여 모으기와 가르기
- 받아올림이 있는 (몇)+(몇)
- 받아내림이 있는 (십몇)−(몇)

2학년

2-1 세 자리 수
- 100 / 몇백
- 세 자리 수
- 각 자리의 숫자가 나타내는 수
- 뛰어서 세기
- 수의 크기 비교

2-1 덧셈과 뺄셈
- 받아올림이 있는 (두 자리 수)+(한 자리 수), (두 자리 수)+(두자리 수)
- 여러 가지 방법으로 덧셈하기
- 받아내림이 있는 (두 자리 수)−(한 자리 수), (몇십)−(몇십몇), (두 자리 수)−(두 자리 수)
- 여러 가지 방법으로 뺄셈하기

2-1 곱셈
- 여러 가지 방법으로 세어 보기
- 묶어 세어 보기
- 몇의 몇 배
- 곱셈식

2-2 네 자리 수
- 1000 / 몇천
- 네 자리 수
- 각 자리의 숫자가 나타내는 수
- 뛰어서 세기
- 수의 크기 비교

2-2 곱셈구구
- 2단 곱셈구구
- 5단 곱셈구구
- 3단, 6단 곱셈구구
- 4단, 8단 곱셈구구
- 7단 곱셈구구
- 9단 곱셈구구
- 1단 곱셈구구 / 0의 곱
- 곱셈표 만들기

3학년

3-1 덧셈과 뺄셈
- (세 자리 수)+(세 자리 수)
- (세 자리 수)−(세 자리 수)

3-1 나눗셈
- 똑같이 나누어 보기
- 곱셈과 나눗셈의 관계
- 나눗셈의 몫을 곱셈식으로 구하기
- 나눗셈의 몫을 곱셈구구로 구하기

3-1 곱셈
- (몇십)×(몇)
- (몇십몇)×(몇)

3-1 분수와 소수
- 똑같이 나누어 보기
- 분수
- 분모가 같은 분수의 크기 비교
- 단위분수의 크기 비교
- 소수
- 소수의 크기 비교

3-2 곱셈
- (세 자리 수)×(한 자리 수)
- (몇십)×(몇십), (몇십몇)×(몇십)
- (몇)×(몇십몇)
- (몇십몇)×(몇십몇)

3-2 나눗셈
- (몇십)÷(몇)
- (몇십몇)÷(몇)
- (세 자리 수)÷(한 자리 수)

3-2 분수
- 분수로 나타내기
- 분수만큼은 얼마인지 알아보기
- 진분수, 가분수, 자연수, 대분수
- 분모가 같은 분수의 크기 비교

잘라서 사용할 수 있습니다.

는에 보기

✚ 초등수학에서 **도형, 측정, 규칙성, 자료와 가능성** 영역은 50% 정도를 차지합니다.
✚ 이 영역의 핵심은 **수학 개념(정의와 정리)**을 명확하게 익혀, **기초 개념**을 세우는 것입니다.
✚ 아래 각 영역에서 빈틈이 있는지 점검하고, 그 부분의 **기초 개념을 단단히** 다져보세요.

4학년

4-1 각도
- 각의 크기 비교 / 각의 크기 구하기
- 각 그리기
- 예각, 둔각
- 각도의 합과 차
- 삼각형의 세 각의 크기의 합
- 사각형의 네 각의 크기의 합

4-1 평면도형의 이동
- 평면도형 밀기, 뒤집기, 돌리기
- 평면도형을 뒤집고 돌리기
- 무늬 꾸미기

4-2 삼각형
- 이등변삼각형과 그 성질
- 정삼각형과 그 성질
- 예각삼각형, 둔각삼각형

4-2 사각형
- 수직
- 평행 / 평행선 사이의 거리
- 사다리꼴 / 평행사변형 / 마름모

4-2 다각형
- 다각형 / 정다각형
- 대각선
- 모양 만들기 / 모양 채우기

5학년

5-1 다각형의 둘레와 넓이
- 정다각형의 둘레
- 사각형의 둘레
- 1 cm^2, 1 m^2, 1 km^2
- 직사각형의 넓이
- 평행사변형의 넓이
- 삼각형의 넓이
- 마름모의 넓이
- 사다리꼴의 넓이

5-2 합동과 대칭
- 도형의 합동과 그 성질
- 선대칭도형과 그 성질
- 점대칭도형과 그 성질

5-2 직육면체
- 직육면체, 정육면체
- 직육면체의 성질
- 직육면체의 겨냥도
- 정육면체와 직육면체의 전개도

6학년

6-1 각기둥과 각뿔
- 각기둥 / 각기둥의 전개도
- 각뿔

6-1 직육면체의 부피와 겉넓이
- 부피의 단위 m^3
- 직육면체의 부피
- 직육면체의 겉넓이

6-2 공간과 입체
- 어느 방향에서 본 모양인지 알아보기
- 쌓기나무로 쌓은 모양과 위에서 본 모양을 보고 쌓기나무의 개수 알아보기
- 위, 앞, 옆에서 본 모양을 보고 쌓기나무의 개수 알아보기
- 위에서 본 모양에 수를 써서 쌓기나무의 개수 알아보기
- 층별로 나타낸 모양을 보고 쌓기나무의 개수 알아보기

6-2 원의 넓이
- 원주와 지름의 관계
- 원주율
- 원주와 지름 구하기
- 원의 넓이

6-2 원기둥, 원뿔, 구
- 원기둥 / 원기둥의 전개도
- 원뿔
- 구

5-1 규칙과 대응
- 두 양 사이의 관계
- 대응 관계를 식으로 나타내는 방법
- 생활 속에서 대응 관계를 찾아 식으로 나타내기

6-1 비와 비율
- 두 수의 비교
- 비
- 비율
- 백분율

6-2 비례식과 비례배분
- 비의 성질
- 간단한 자연수의 비로 나타내기
- 비례식
- 비례배분

4-1 막대그래프
- 막대그래프
- 막대그래프에서 알 수 있는 것
- 막대그래프 그리기

4-2 꺾은선그래프
- 꺾은선그래프
- 꺾은선그래프에서 알 수 있는 것
- 꺾은선그래프 그리기

6-1 여러 가지 그래프
- 그림그래프
- 띠그래프
- 원그래프
- 그래프 해석하기
- 여러 가지 그래프 비교하기

5-2 평균과 가능성
- 평균
- 일이 일어날 가능성

개념+연산

초등수학 도형과 측정, 규칙성, 자료와 가능성 한눈

도형과 측정

1학년	2학년	3학년
1-1 여러 가지 모양 • ▢, ▢, ◯ 모양 찾기 • ▢, ▢, ◯ 모양 알아보기 • ▢, ▢, ◯ 모양 만들기	**2-1 여러 가지 도형** • ◯, △, □을 알아보기 • 칠교판으로 모양 만들기 • ⬠, ⬡을 알아보기 • 똑같은 모양으로 쌓기 • 여러 가지 모양으로 쌓기	**3-1 평면도형** • 선분, 반직선, 직선 • 각, 직각 • 직각삼각형 • 직사각형 / 정사각형
1-1 비교하기 • 길이의 비교 • 무게의 비교 • 넓이의 비교 • 들이의 비교	**2-1 길이 재기** • 1 cm • 여러 가지 단위로 길이 재기 • 자로 길이 재기 • 길이 어림하기	**3-1 길이와 시간** • 1 mm, 1 km • 1초 • 시간의 덧셈과 뺄셈
1-2 여러 가지 모양 • □, △, ◯ 모양 찾기 • □, △, ◯ 모양 알아보기 • □, △, ◯ 모양 만들기	**2-2 길이 재기** • 1 m • 자로 길이 재기 • 길이의 합과 차	**3-2 원** • 원의 중심, 반지름, 지름 • 원의 성질 • 컴퍼스를 이용하여 원 그리기
1-2 시계 보기와 규칙 찾기 • 몇 시 • 몇 시 30분	**2-2 시각과 시간** • 몇 시 몇 분 • 여러 가지 방법으로 시각 읽기 • 1시간 / 하루의 시간 • 달력	**3-2 들이와 무게** • 들이의 비교 • 들이의 단위 L, mL • 들이의 덧셈과 뺄셈 • 무게의 비교 • 무게의 단위 kg, g • 무게의 덧셈과 뺄셈

도형과 측정의 기초
시계 보기, 시간
길이
들이
무게
평면도형 / 평면도형의 둘레와 넓이
입체도형 / 입체도형의 겉넓이와 부피
원 / 원기둥, 원뿔, 구 / 원주와 원의 넓이

규칙성

1학년	2학년	3학년
1-2 시계 보기와 규칙 찾기 • 규칙을 찾아 말하기 • 규칙을 찾아 여러 가지 방법으로 나타내기 • 규칙을 찾아 무늬 꾸미기 • 수 배열, 수 배열표에서 규칙 찾기	**2-2 규칙 찾기** • 덧셈표, 곱셈표에서 규칙 찾기 • 무늬에서 규칙 찾기 • 쌓은 모양에서 규칙 찾기 • 생활에서 규칙 찾기	**4-1 규칙 찾기** • 수의 배열에서 규칙 찾기 • 도형의 배열에서 규칙 찾기 • 계산식에서 규칙 찾기 • 규칙적인 계산식 찾기

자료와 가능성

1학년	2학년	3학년
2-1 분류하기 • 분류하기 • 기준에 따라 분류하기 • 분류하여 세어 보기	**2-2 표와 그래프** • 자료를 보고 표로 나타내기 • 그래프로 나타내기 • 표와 그래프의 내용 알아보기 • 표와 그래프로 나타내기	**3-2 자료의 정리** • 표 • 자료를 수집하여 표로 나타내기 • 그림그래프 • 그림그래프로 나타내기

+ 초등수학에서 **수와 연산 영역은 50% 이상**을 차지할 정도로 중요합니다.
+ 수와 연산 영역의 핵심은 **수의 개념**을 알고, **계산을 정확하고 빠르게** 할 수 있는 **계산력**입니다.
+ 수와 연산 영역에서 빈틈이 있는지 점검하고, 빈틈이 있다면 그 부분의 **계산력을 단단히** 다져보세요.

4학년

4-1 큰 수
- 10000
- 다섯 자리 수
- 십만, 백만, 천만
- 억, 조
- 뛰어서 세기
- 수의 크기 비교

4-1 곱셈과 나눗셈
- (세 자리 수)×(몇십)
- (세 자리 수)×(두 자리 수)
- (세 자리 수)÷(몇십)
- (두 자리 수)÷(두 자리 수), (세 자리 수)÷(두 자리 수)

4-2 분수의 덧셈과 뺄셈
- 두 진분수의 덧셈
- 두 진분수의 뺄셈, 1−(진분수)
- 대분수의 덧셈
- (자연수)−(분수)
- (대분수)−(대분수), (대분수)−(가분수)

4-2 소수의 덧셈과 뺄셈
- 소수 두 자리 수 / 소수 세 자리 수
- 소수의 크기 비교
- 소수 사이의 관계
- 소수 한 자리 수의 덧셈과 뺄셈 / 소수 두 자리 수의 덧셈과 뺄셈

5학년

5-1 자연수의 혼합 계산
- 덧셈과 뺄셈이 섞여 있는 식
- 곱셈과 나눗셈이 섞여 있는 식
- 덧셈, 뺄셈, 곱셈이 섞여 있는 식
- 덧셈, 뺄셈, 나눗셈이 섞여 있는 식
- 덧셈, 뺄셈, 곱셈, 나눗셈이 섞여 있는 식

5-1 약수와 배수
- 약수와 배수
- 약수와 배수의 관계
- 공약수와 최대공약수
- 공배수와 최소공배수

5-1 약분과 통분
- 크기가 같은 분수
- 약분
- 통분
- 분수의 크기 비교
- 분수와 소수의 크기 비교

5-1 분수의 덧셈과 뺄셈
- 진분수의 덧셈
- 대분수의 덧셈
- 진분수의 뺄셈
- 대분수의 뺄셈

5-2 분수의 곱셈
- (분수)×(자연수)
- (자연수)×(분수)
- (진분수)×(진분수)
- (대분수)×(대분수)

5-2 소수의 곱셈
- (소수)×(자연수)
- (자연수)×(소수)
- (소수)×(소수)
- 곱의 소수점의 위치

6학년

6-1 분수의 나눗셈
- (자연수)÷(자연수)의 몫을 분수로 나타내기
- (분수)÷(자연수)
- (대분수)÷(자연수)

6-1 소수의 나눗셈
- (소수)÷(자연수)
- (자연수)÷(자연수)의 몫을 소수로 나타내기
- 몫의 소수점 위치 확인하기

6-2 분수의 나눗셈
- (분수)÷(분수)
- (분수)÷(분수)를 (분수)×(분수)로 나타내기
- (자연수)÷(분수), (가분수)÷(분수), (대분수)÷(분수)

6-2 소수의 나눗셈
- (소수)÷(소수)
- (자연수)÷(소수)
- 소수의 나눗셈의 몫을 반올림하여 나타내기

자연수
자연수의 덧셈과 뺄셈
자연수의 곱셈
자연수의 나눗셈
자연수의 혼합 계산
분수의 덧셈과 뺄셈
소수의 덧셈과 뺄셈
분수의 곱셈과 나눗셈
소수의 곱셈과 나눗셈

⑲ $102 \times 4 =$

⑳ $110 \times 7 =$

㉑ $114 \times 2 =$

㉒ $121 \times 3 =$

㉓ $122 \times 4 =$

㉔ $131 \times 3 =$

㉕ $142 \times 2 =$

㉖ $204 \times 2 =$

㉗ $211 \times 2 =$

㉘ $213 \times 3 =$

㉙ $222 \times 4 =$

㉚ $230 \times 3 =$

㉛ $241 \times 2 =$

㉜ $303 \times 2 =$

㉝ $313 \times 3 =$

㉞ $323 \times 2 =$

㉟ $332 \times 3 =$

㊱ $341 \times 2 =$

㊲ $403 \times 2 =$

㊳ $411 \times 2 =$

㊴ $443 \times 2 =$

2 일의 자리에서 올림이 있는 (세 자리 수)×(한 자리 수)

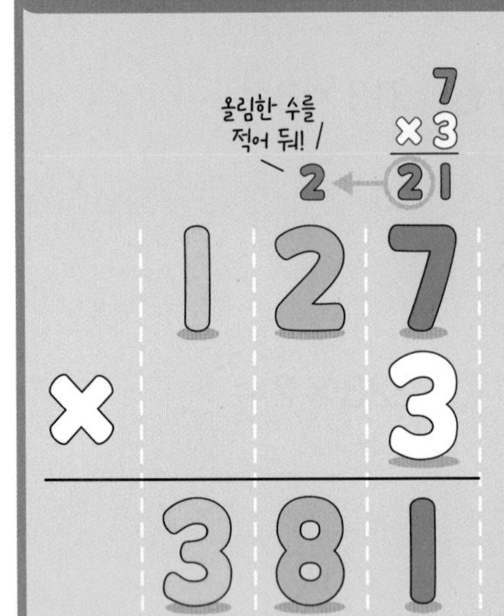

올림한 수를 적어 둬!
일의 자리에서 올림한 수를 잊지 말고 더해!

- 일의 자리에서 올림이 있는 (세 자리 수)×(한 자리 수)

예 127×3의 계산

$$\begin{array}{r} \overset{2}{1\,2\,7} \\ \times\quad\ 3 \\ \hline 1 \end{array}$$ 7×3=21

⇩

$$\begin{array}{r} 1\,2\,7 \\ \times\quad\ 3 \\ \hline 8\,1 \end{array}$$ 2×3=6, 6+2=8

⇩

$$\begin{array}{r} 1\,2\,7 \\ \times\quad\ 3 \\ \hline 3\,8\,1 \end{array}$$ 1×3=3

○ 계산해 보시오.

❶ 119×5

❷ 123×4

❸ 136×2

❹ 145×2

❺ 208×3

❻ 215×3

❼ 226×2

❽ 248×2

❾ 319×3

❿ 326×2

⓫ 417×2

⓬ 428×2

⑬ 108 × 9 =

⑭ 116 × 4 =

⑮ 125 × 3 =

⑯ 139 × 2 =

⑰ 147 × 2 =

⑱ 214 × 4 =

⑲ 219 × 3 =

⑳ 224 × 3 =

㉑ 235 × 2 =

㉒ 309 × 3 =

㉓ 318 × 2 =

㉔ 327 × 2 =

㉕ 415 × 2 =

㉖ 426 × 2 =

㉗ 439 × 2 =

2 일의 자리에서 올림이 있는 (세 자리 수)×(한 자리 수)

○ 계산해 보시오.

❶ $\begin{array}{r} 107 \\ \times \quad 6 \\ \hline \end{array}$

❷ $\begin{array}{r} 118 \\ \times \quad 4 \\ \hline \end{array}$

❸ $\begin{array}{r} 126 \\ \times \quad 2 \\ \hline \end{array}$

❹ $\begin{array}{r} 128 \\ \times \quad 3 \\ \hline \end{array}$

❺ $\begin{array}{r} 135 \\ \times \quad 2 \\ \hline \end{array}$

❻ $\begin{array}{r} 149 \\ \times \quad 2 \\ \hline \end{array}$

❼ $\begin{array}{r} 216 \\ \times \quad 3 \\ \hline \end{array}$

❽ $\begin{array}{r} 219 \\ \times \quad 4 \\ \hline \end{array}$

❾ $\begin{array}{r} 227 \\ \times \quad 3 \\ \hline \end{array}$

❿ $\begin{array}{r} 238 \\ \times \quad 2 \\ \hline \end{array}$

⓫ $\begin{array}{r} 245 \\ \times \quad 2 \\ \hline \end{array}$

⓬ $\begin{array}{r} 306 \\ \times \quad 2 \\ \hline \end{array}$

⓭ $\begin{array}{r} 314 \\ \times \quad 3 \\ \hline \end{array}$

⓮ $\begin{array}{r} 325 \\ \times \quad 3 \\ \hline \end{array}$

⓯ $\begin{array}{r} 336 \\ \times \quad 2 \\ \hline \end{array}$

⓰ $\begin{array}{r} 408 \\ \times \quad 2 \\ \hline \end{array}$

⓱ $\begin{array}{r} 416 \\ \times \quad 2 \\ \hline \end{array}$

⓲ $\begin{array}{r} 427 \\ \times \quad 2 \\ \hline \end{array}$

⑲ 102×8=

⑳ 106×4=

㉑ 113×6=

㉒ 115×5=

㉓ 124×4=

㉔ 138×2=

㉕ 146×2=

㉖ 207×4=

㉗ 217×3=

㉘ 218×2=

㉙ 226×3=

㉚ 228×3=

㉛ 249×2=

㉜ 304×3=

㉝ 317×2=

㉞ 319×3=

㉟ 324×3=

㊱ 338×2=

㊲ 405×2=

㊳ 419×2=

㊴ 446×2=

3 십, 백의 자리에서 올림이 있는 (세 자리 수)×(한 자리 수)

백의 자리의 곱에 올림한 수를 더한 수 23에서 2는 천의 자리에, 3은 백의 자리에 써야 해!

• 십, 백의 자리에서 올림이 있는 (세 자리 수)×(한 자리 수)

예 592×4의 계산

	5	9	2
×			4
			8

2×4=8

⇩

	5 (3)	9	2
×			4
		6	8

9×4=36

⇩

	5 (3)	9	2
×			4
2	3	6	8

5×4=20, 20+3=23

○ 계산해 보시오.

❶
	1	9	1
×			3

❷
	2	3	1
×			4

❸
	2	7	3
×			2

❹
	3	5	2
×			2

❺
	2	1	1
×			6

❻
	4	3	2
×			3

❼
	5	2	0
×			3

❽
	6	1	2
×			4

❾
	3	3	1
×			5

❿
	4	7	2
×			3

⓫
	5	4	2
×			4

⓬
	7	6	3
×			2

⑬ $132 \times 4 =$

⑭ $171 \times 5 =$

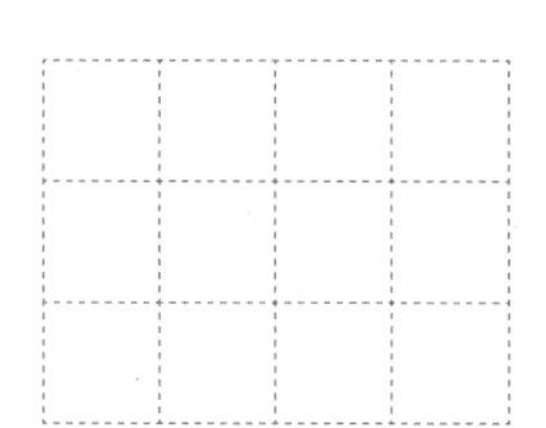

⑮ $283 \times 3 =$

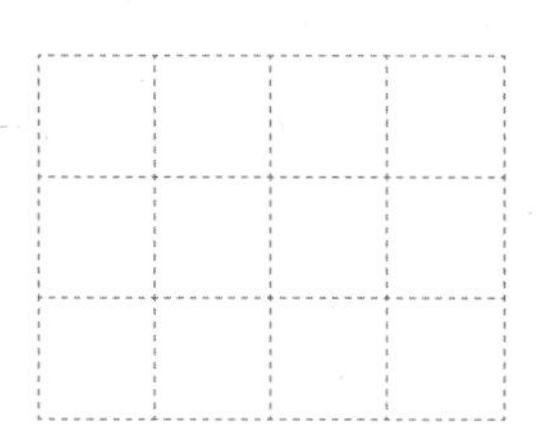

⑯ $364 \times 2 =$

⑰ $492 \times 2 =$

⑱ $201 \times 8 =$

⑲ $310 \times 5 =$

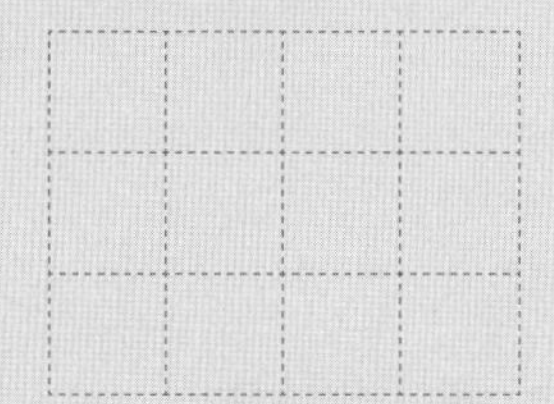

⑳ $431 \times 3 =$

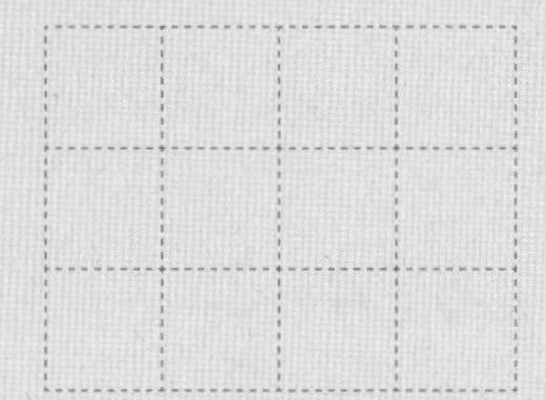

㉑ $732 \times 3 =$

㉒ $814 \times 2 =$

㉓ $340 \times 6 =$

㉔ $462 \times 3 =$

㉕ $653 \times 3 =$

㉖ $872 \times 4 =$

㉗ $921 \times 8 =$

3 십, 백의 자리에서 올림이 있는 (세 자리 수) × (한 자리 수)

○ 계산해 보시오.

❶ 153×3

❷ 161×6

❸ 242×4

❹ 284×2

❺ 353×2

❻ 470×2

❼ 301×6

❽ 412×4

❾ 523×3

❿ 642×2

⓫ 711×7

⓬ 812×4

⓭ 352×3

⓮ 584×2

⓯ 641×5

⓰ 762×4

⓱ 820×6

⓲ 942×3

⑲ 162×4=

⑳ 190×3=

㉑ 251×3=

㉒ 272×2=

㉓ 281×3=

㉔ 394×2=

㉕ 462×2=

㉖ 311×9=

㉗ 421×3=

㉘ 502×4=

㉙ 613×3=

㉚ 724×2=

㉛ 802×4=

㉜ 913×3=

㉝ 292×4=

㉞ 360×8=

㉟ 442×3=

㊱ 571×5=

㊲ 782×3=

㊳ 842×4=

㊴ 931×7=

1~3 다르게 풀기

○ 빈칸에 알맞은 수를 써넣으시오.

❶
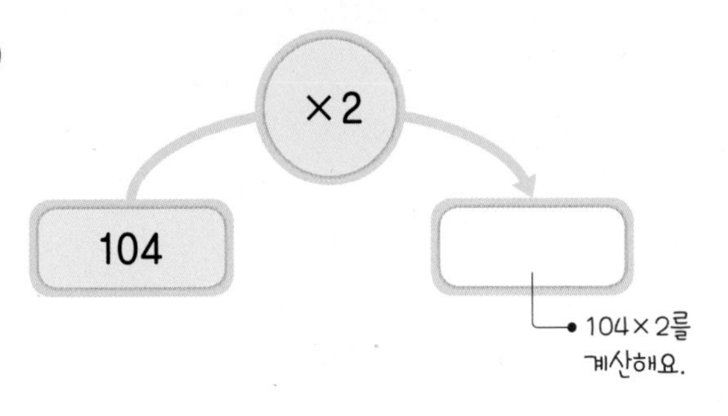

❷
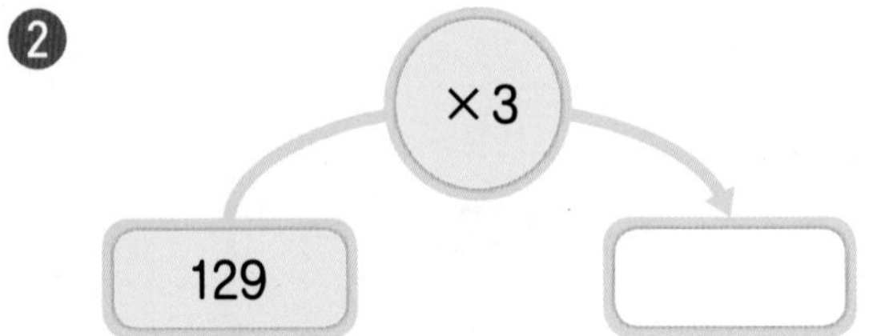

❸
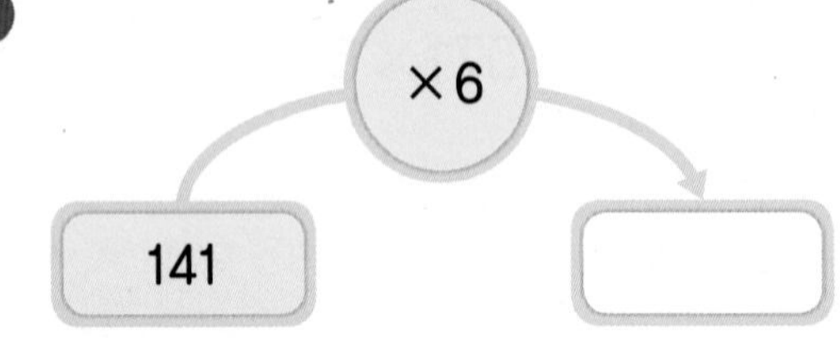

❹
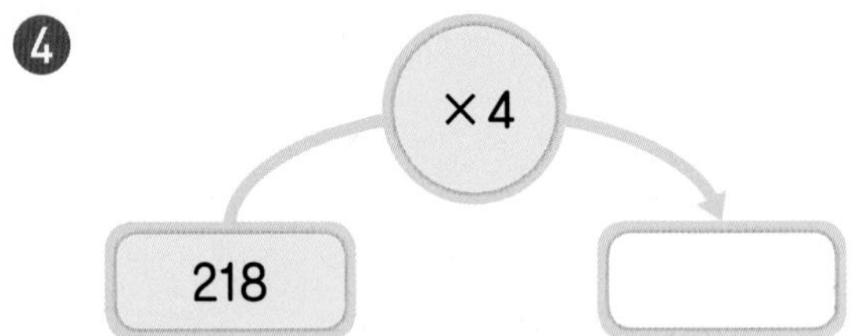

❺
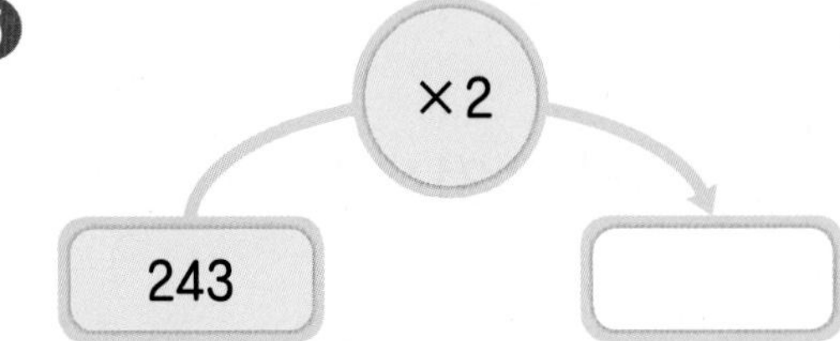

❻
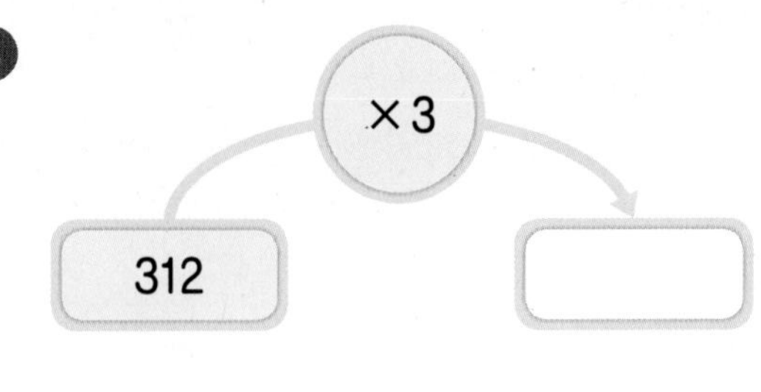

❼
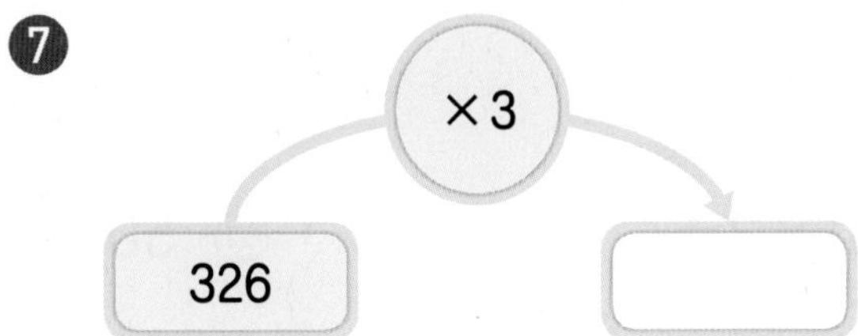

❽
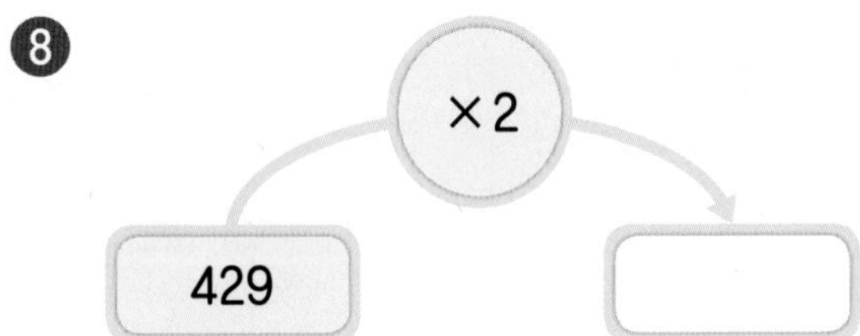

❾
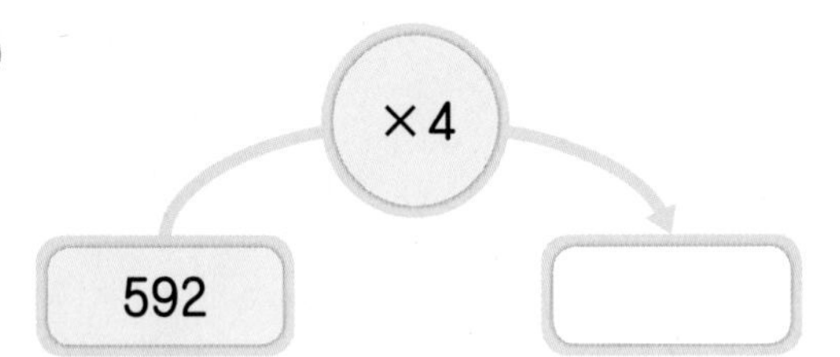

❿
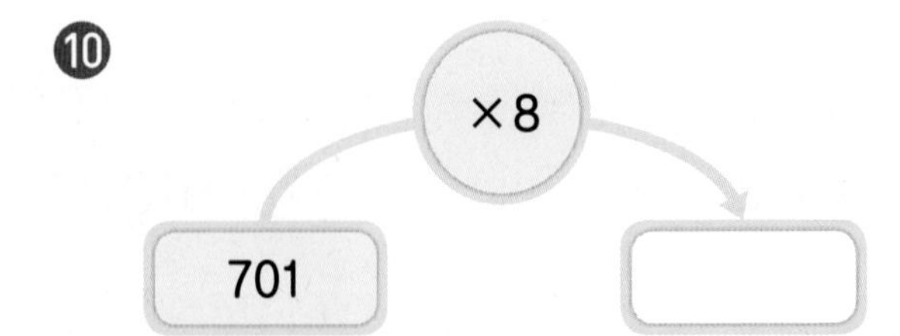

⑪
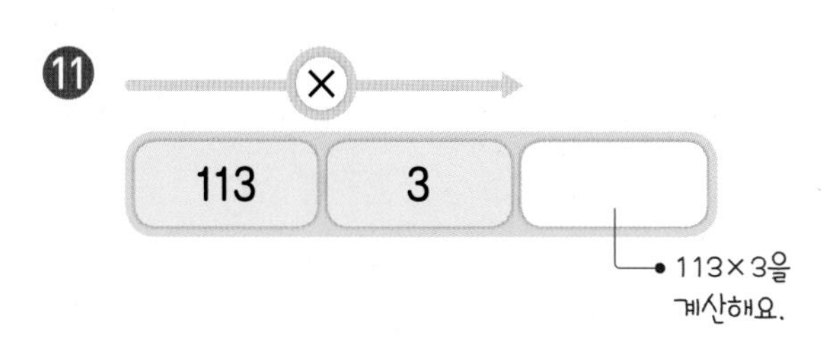

⑮
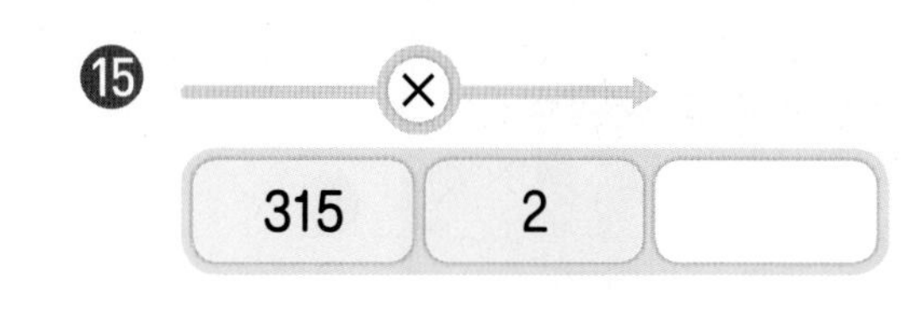

⑫
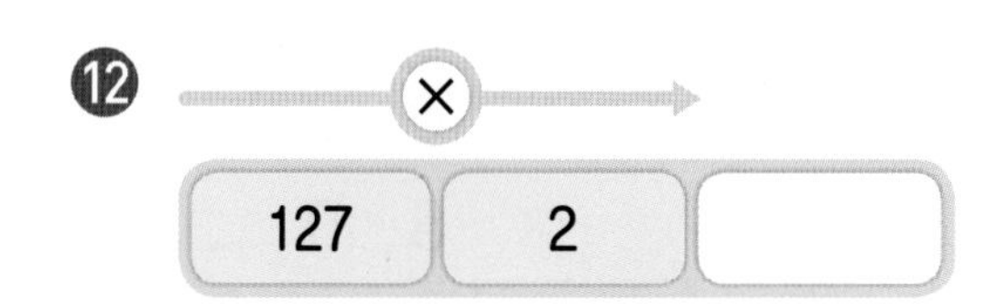

⑯
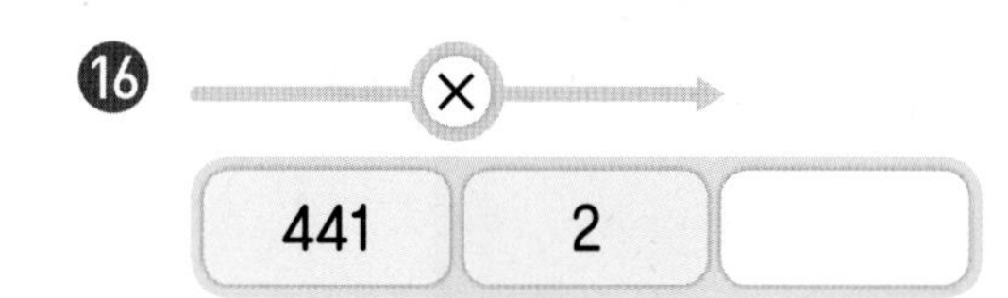

⑬
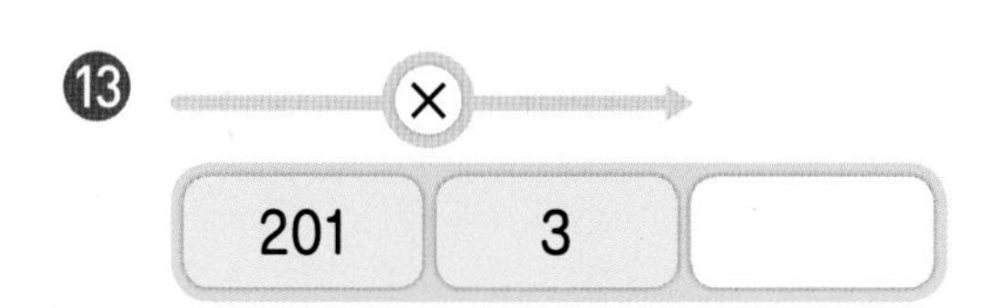

⑰
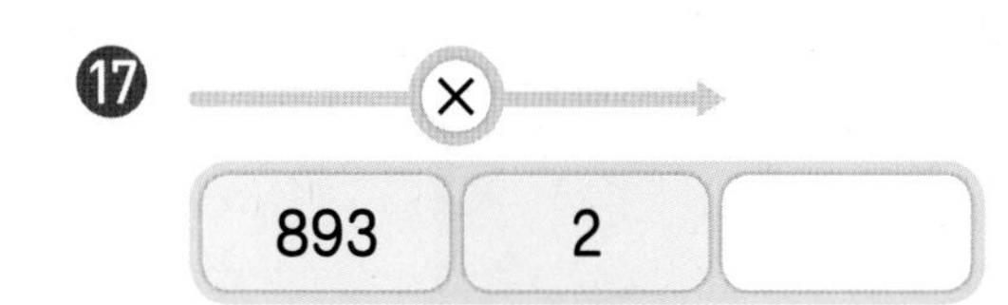

⑭
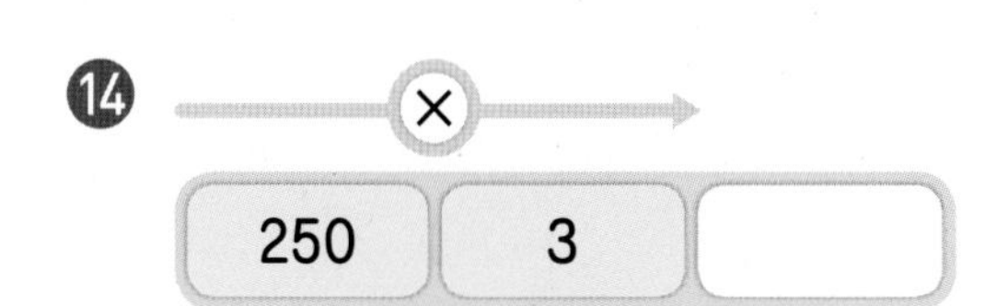

⑱
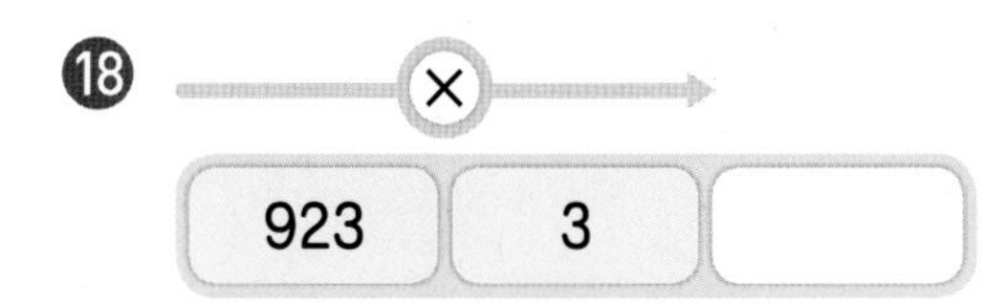

문장제 속 연산

⑲ 구슬이 한 상자에 513개씩 들어 있습니다. 3상자에 들어 있는 구슬은 모두 몇 개인지 구해 보시오.

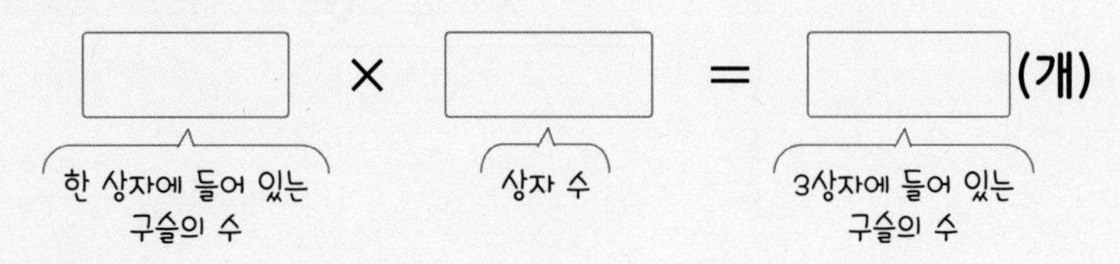

4 (몇십)×(몇십)

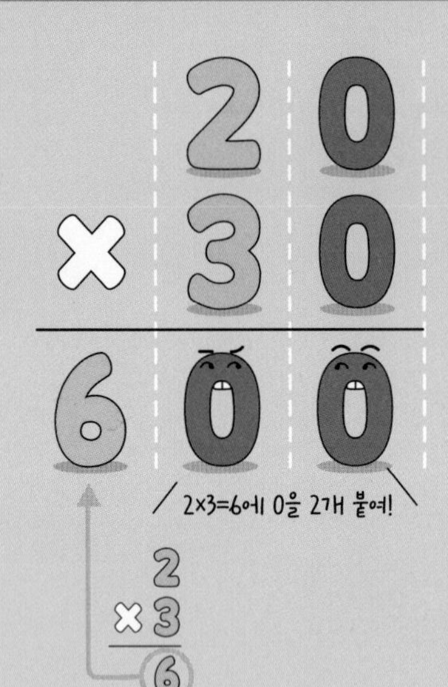

• (몇십)×(몇십)

예 20×30의 계산

2×3을 계산한 값에 0을 2개 붙입니다.

	2	0
×	3	0
6	0	0

0을 2개 붙입니다.

$2 \times 3 = 6$

$2 \times 3 = 6$

$20 \times 30 = 600$

0을 2개 붙입니다.

○ 계산해 보시오.

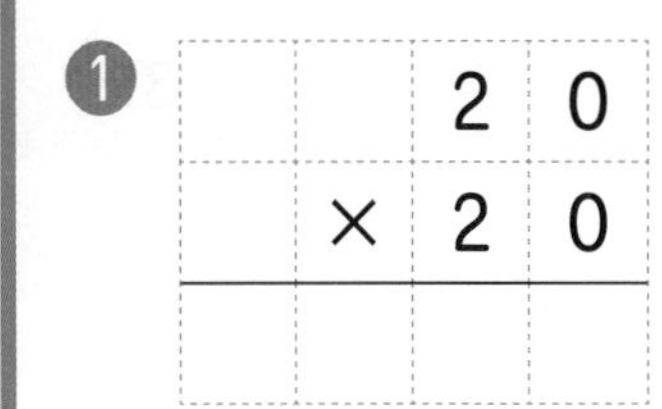

❶ $20 \times 20 =$

❷ $20 \times 70 =$

❸ $30 \times 50 =$

❹ $40 \times 20 =$

❺ $40 \times 90 =$

❻ $50 \times 40 =$

❼ $50 \times 70 =$

❽ $60 \times 60 =$

❾ $70 \times 30 =$

❿ $70 \times 60 =$

⓫ $80 \times 40 =$

⓬ $90 \times 50 =$

○ □ 안에 알맞은 수를 써넣으시오.

⑬ $20\times40=\square$
$2\times4=\square$

⑭ $20\times80=\square$
$2\times8=\square$

⑮ $30\times20=\square$
$3\times2=\square$

⑯ $30\times30=\square$
$3\times3=\square$

⑰ $30\times90=\square$
$3\times9=\square$

⑱ $40\times40=\square$
$4\times4=\square$

⑲ $40\times60=\square$
$4\times6=\square$

⑳ $50\times50=\square$
$5\times5=\square$

㉑ $50\times60=\square$
$5\times6=\square$

㉒ $60\times20=\square$
$6\times2=\square$

㉓ $60\times80=\square$
$6\times8=\square$

㉔ $60\times90=\square$
$6\times9=\square$

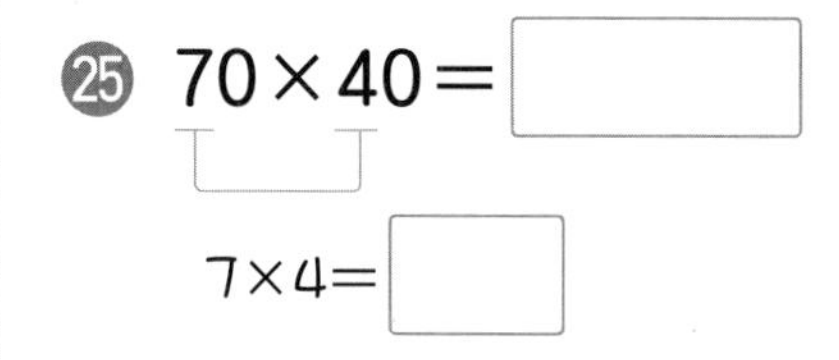

㉕ $70\times40=\square$
$7\times4=\square$

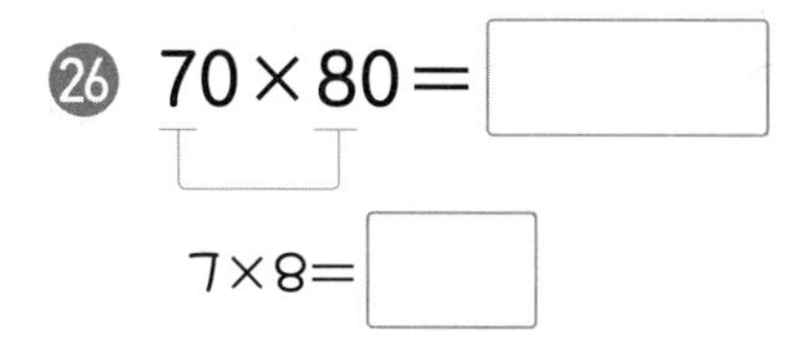

㉖ $70\times80=\square$
$7\times8=\square$

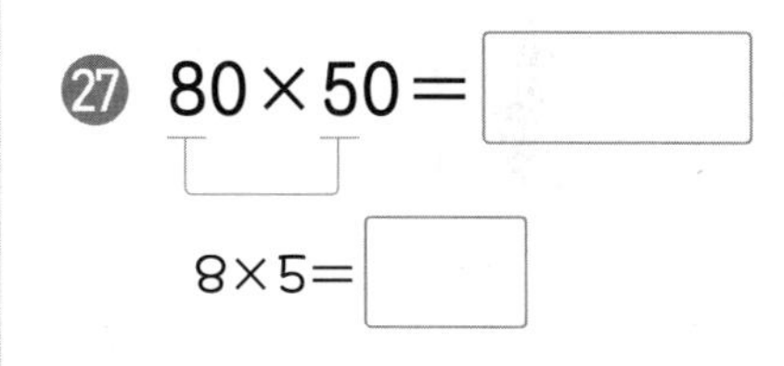

㉗ $80\times50=\square$
$8\times5=\square$

㉘ $80\times90=\square$
$8\times9=\square$

㉙ $90\times20=\square$
$9\times2=\square$

㉚ $90\times70=\square$
$9\times7=\square$

4 (몇십) × (몇십)

○ 계산해 보시오.

❶ 20×60

❷ 20×90

❸ 30×60

❹ 30×80

❺ 40×30

❻ 40×80

❼ 50×20

❽ 50×90

❾ 60×50

❿ 60×80

⓫ 70×30

⓬ 70×50

⓭ 70×90

⓮ 80×20

⓯ 80×70

⓰ 80×80

⓱ 90×60

⓲ 90×90

⑲ $20 \times 30 =$

⑳ $20 \times 50 =$

㉑ $20 \times 80 =$

㉒ $30 \times 40 =$

㉓ $30 \times 70 =$

㉔ $40 \times 50 =$

㉕ $40 \times 70 =$

㉖ $40 \times 90 =$

㉗ $50 \times 30 =$

㉘ $50 \times 70 =$

㉙ $50 \times 80 =$

㉚ $60 \times 30 =$

㉛ $60 \times 40 =$

㉜ $60 \times 70 =$

㉝ $70 \times 20 =$

㉞ $70 \times 70 =$

㉟ $80 \times 30 =$

㊱ $80 \times 60 =$

㊲ $90 \times 30 =$

㊳ $90 \times 40 =$

㊴ $90 \times 80 =$

5 (몇십몇)×(몇십)

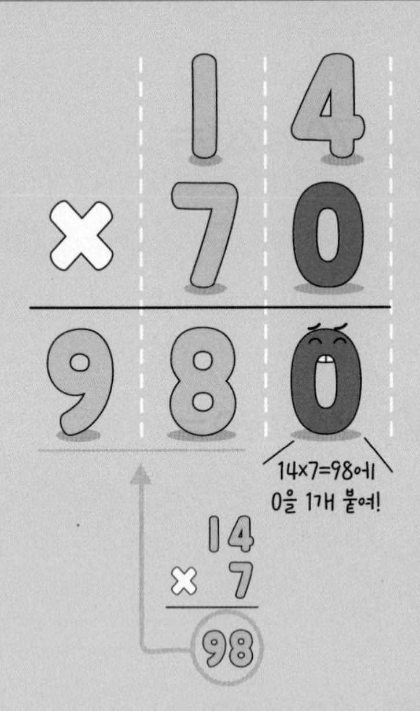

• (몇십몇)×(몇십)

예 14×70의 계산

14×7을 계산한 값에 0을 1개 붙입니다.

	1	4
×	7	0
9	8	0

0을 1개 붙입니다.

14×7=98

14×7=98

$14 \times 70 = 980$

0을 1개 붙입니다.

○ 계산해 보시오.

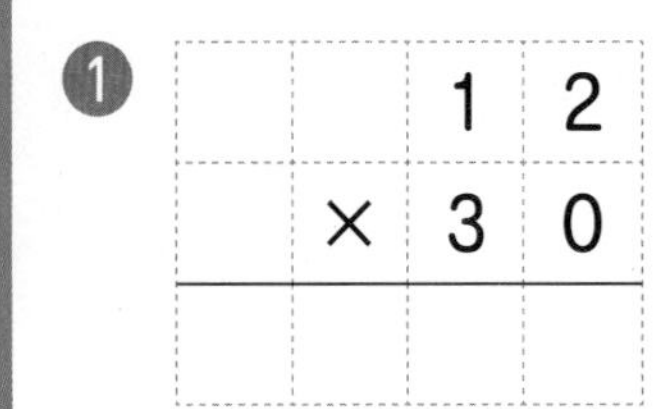

❶

		1	2
	×	3	0

❷

		1	8
	×	4	0

❸

		2	5
	×	7	0

❹

		3	4
	×	4	0

❺

		4	2
	×	3	0

❻

		4	6
	×	8	0

❼

		5	1
	×	3	0

❽

		6	6
	×	6	0

❾

		7	5
	×	9	0

❿

		8	2
	×	4	0

⓫

		8	7
	×	6	0

⓬

		9	3
	×	5	0

정답 • 4쪽

⑬ $13 \times 50 =$

⑭ $16 \times 90 =$

⑮ $21 \times 40 =$

⑯ $29 \times 20 =$

⑰ $33 \times 30 =$

⑱ $43 \times 40 =$

⑲ $47 \times 50 =$

⑳ $52 \times 20 =$

㉑ $56 \times 60 =$

㉒ $64 \times 70 =$

㉓ $74 \times 20 =$

㉔ $81 \times 50 =$

㉕ $88 \times 70 =$

㉖ $92 \times 40 =$

㉗ $95 \times 60 =$

5 (몇십몇)×(몇십)

○ 계산해 보시오.

❶ 16×40

❷ 19×60

❸ 22×30

❹ 28×70

❺ 35×20

❻ 38×40

❼ 45×30

❽ 49×50

❾ 55×30

❿ 57×80

⓫ 63×30

⓬ 68×90

⓭ 73×30

⓮ 78×40

⓯ 84×60

⓰ 86×90

⓱ 95×20

⓲ 97×50

⑲ $11 \times 60 =$

⑳ $17 \times 70 =$

㉑ $24 \times 30 =$

㉒ $26 \times 50 =$

㉓ $27 \times 90 =$

㉔ $32 \times 60 =$

㉕ $37 \times 80 =$

㉖ $41 \times 50 =$

㉗ $44 \times 80 =$

㉘ $48 \times 90 =$

㉙ $53 \times 50 =$

㉚ $59 \times 70 =$

㉛ $62 \times 40 =$

㉜ $65 \times 80 =$

㉝ $76 \times 20 =$

㉞ $77 \times 30 =$

㉟ $85 \times 70 =$

㊱ $89 \times 40 =$

㊲ $91 \times 30 =$

㊳ $94 \times 50 =$

㊴ $98 \times 90 =$

6 (몇)×(몇십몇)

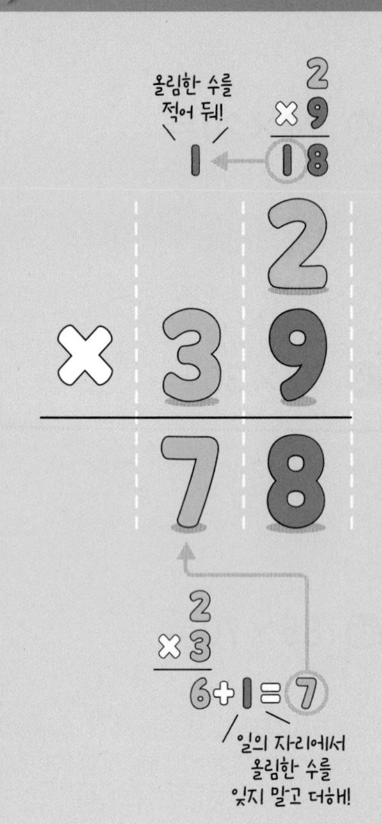

올림한 수를 적어 둬!
2
×9
18
1
2
×39
78
2
×3
6+1=7
일의 자리에서 올림한 수를 잊지 말고 더해!

• (몇)×(몇십몇)

예 2×39의 계산

2×39는 2×9와 2×30으로 나누어 각각 계산한 후 두 곱을 더합니다.

		2	
×	3	9	• 30+9
	1	8	• 2×9
	6	0	• 2×30
	7	8	

간단하게 나타내기

	1	
		2
×	3	9
	7	8

○ 계산해 보시오.

❶
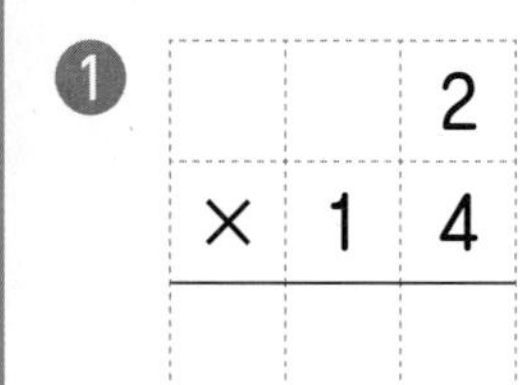

❷

		2
×	7	2

❸

		3
×	2	5

❹

		4
×	4	3

❺

❻
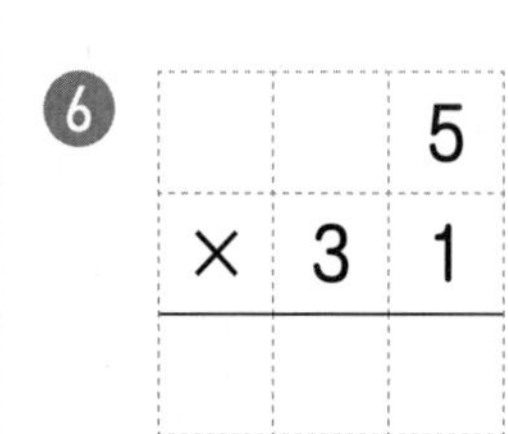

❼
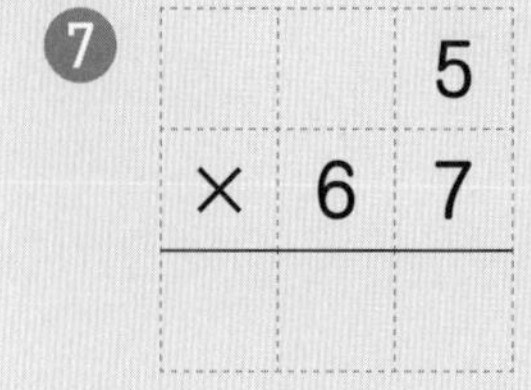

❽

		6
×	9	6

❾

		7
×	1	9

❿

		7
×	4	5

⓫
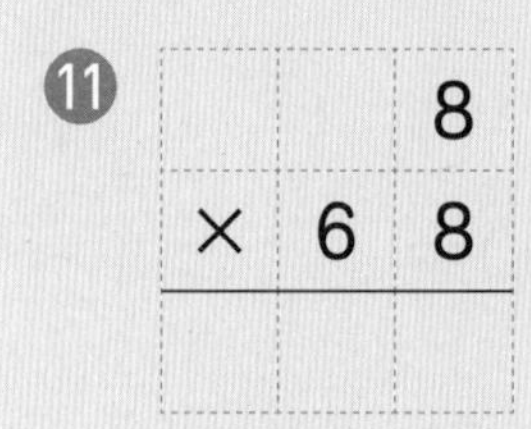

⓬

		9
×	2	4

⑬ $2\times42=$

⑱ $4\times61=$

㉓ $7\times53=$

⑭ $2\times69=$

⑲ $5\times14=$

㉔ $8\times31=$

⑮ $3\times27=$

⑳ $5\times99=$

㉕ $8\times49=$

⑯ $3\times93=$

㉑ $6\times32=$

㉖ $9\times72=$

⑰ $4\times28=$

㉒ $7\times26=$

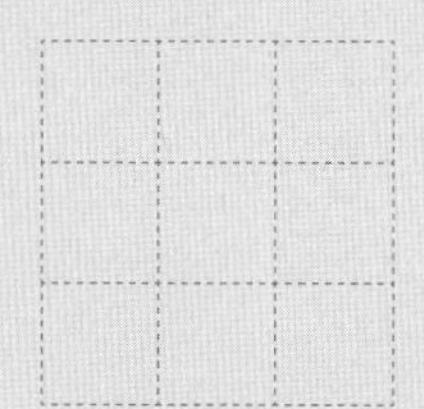

㉗ $9\times95=$

6 (몇)×(몇십몇)

○ 계산해 보시오.

❶ 2×25

❷ 2×49

❸ 2×87

❹ 3×23

❺ 3×59

❻ 4×31

❼ 4×84

❽ 5×43

❾ 5×96

❿ 6×18

⓫ 6×42

⓬ 7×35

⓭ 7×49

⓮ 7×71

⓯ 8×56

⓰ 8×93

⓱ 9×14

⓲ 9×69

⑲ $2\times63=$

⑳ $2\times97=$

㉑ $3\times45=$

㉒ $3\times62=$

㉓ $3\times98=$

㉔ $4\times29=$

㉕ $4\times56=$

㉖ $4\times75=$

㉗ $5\times27=$

㉘ $5\times52=$

㉙ $5\times85=$

㉚ $6\times54=$

㉛ $6\times76=$

㉜ $7\times43=$

㉝ $7\times82=$

㉞ $8\times16=$

㉟ $8\times62=$

㊱ $8\times97=$

㊲ $9\times38=$

㊳ $9\times55=$

㊴ $9\times93=$

4 ~ 6 다르게 풀기

○ 빈칸에 알맞은 수를 써넣으시오.

❶
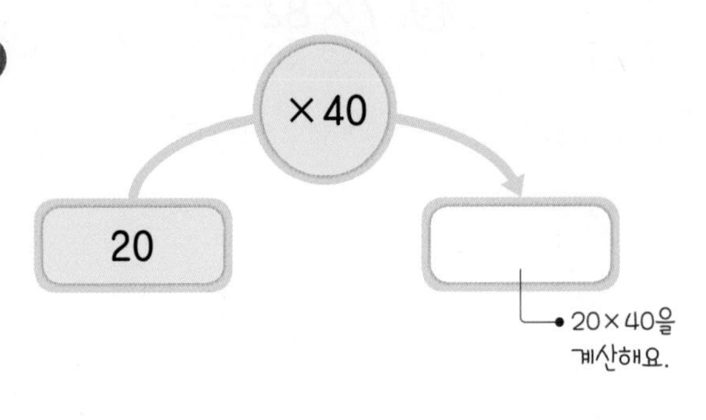

❷
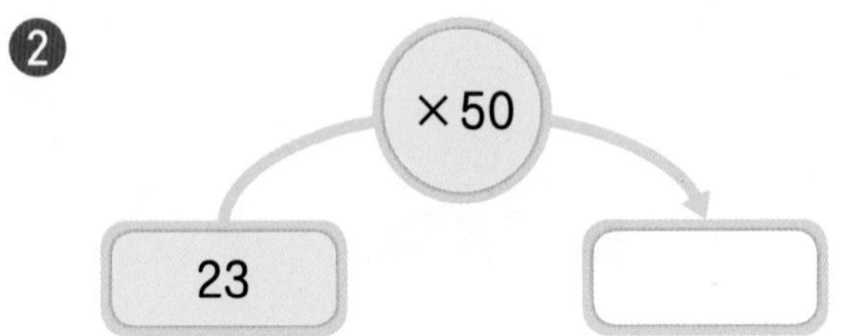

❸
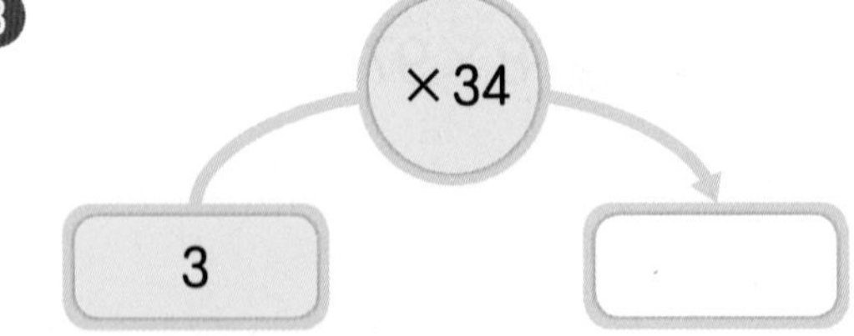

❹
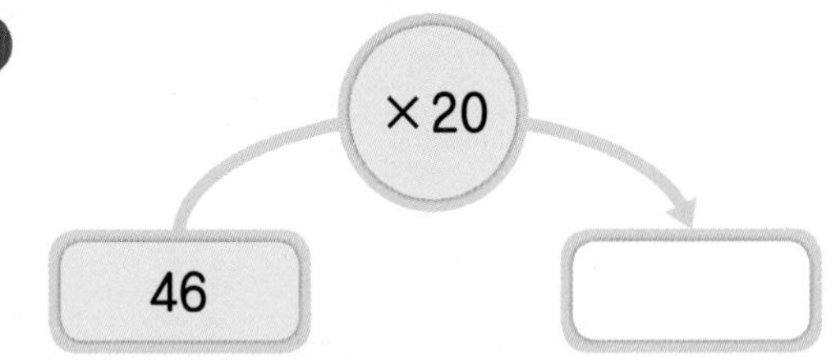

❺
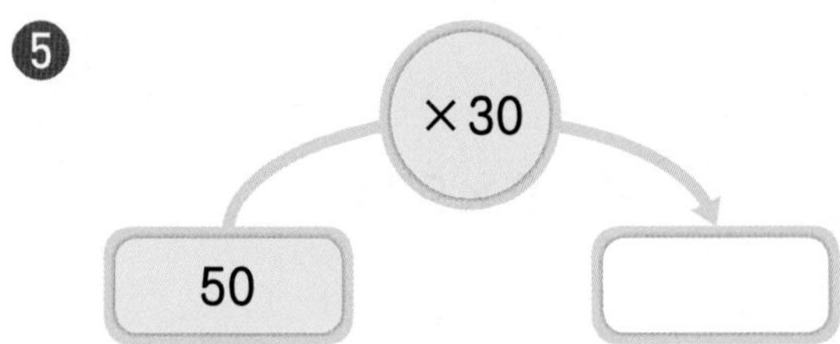

❻
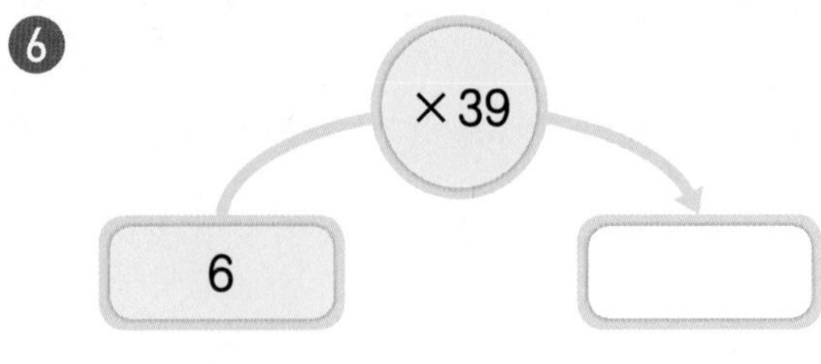

❼
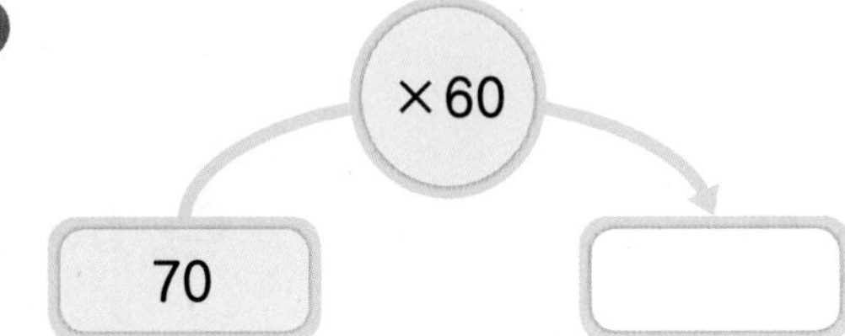

❽
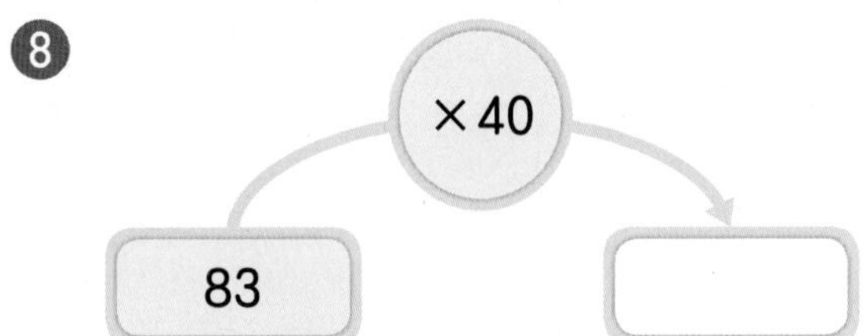

❾
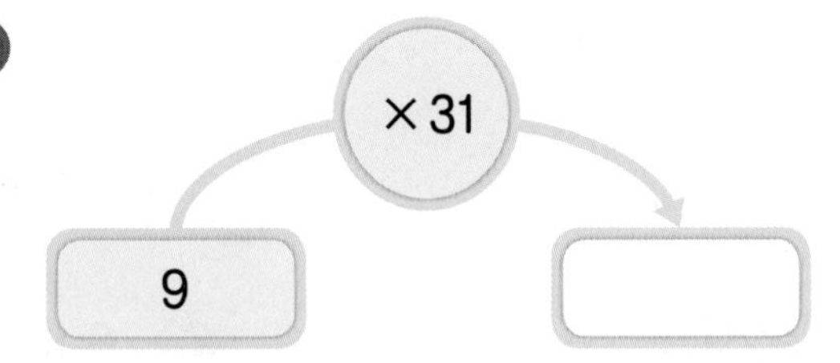

❿
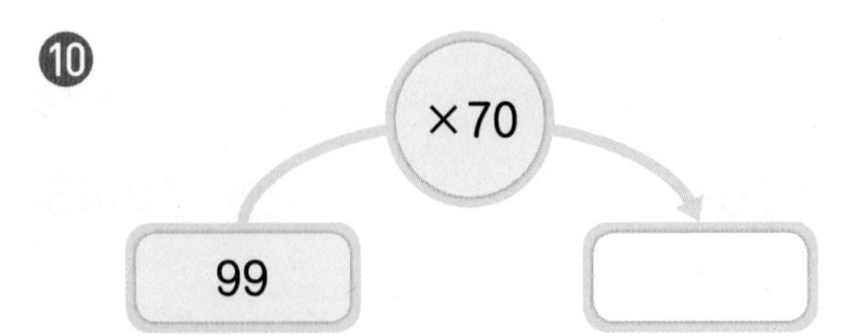

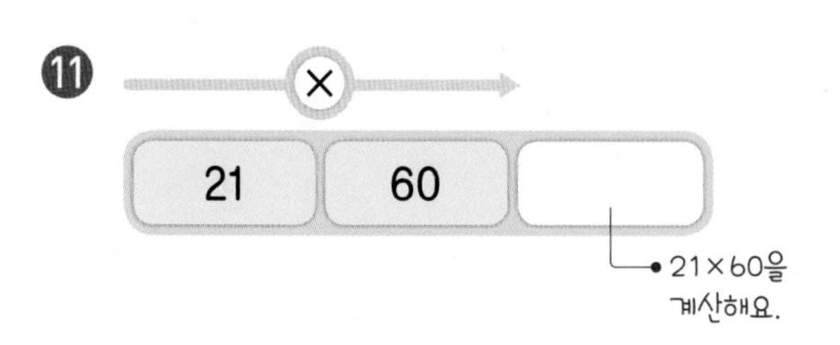

⑪
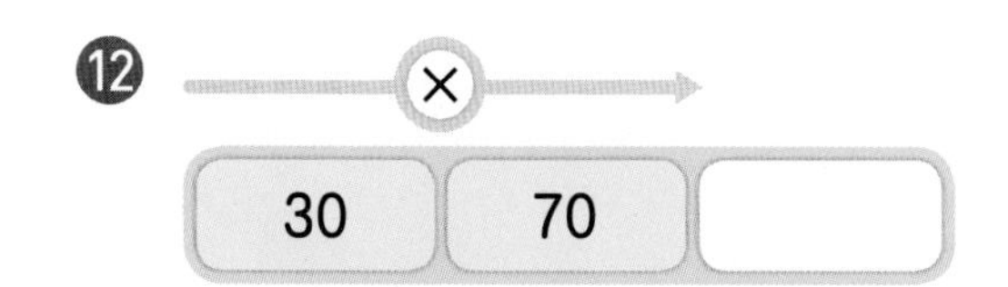

⑮
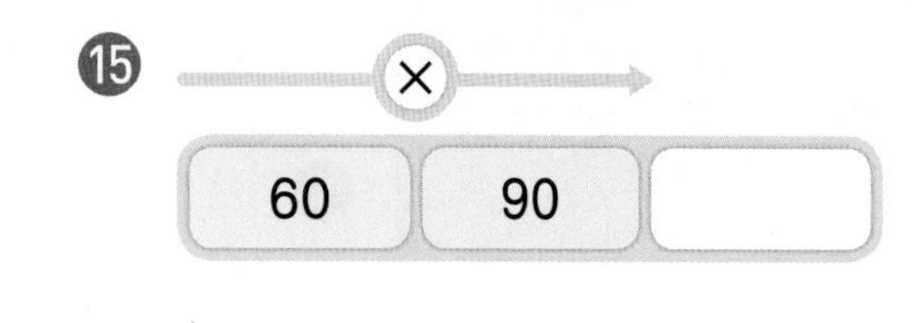

⑫
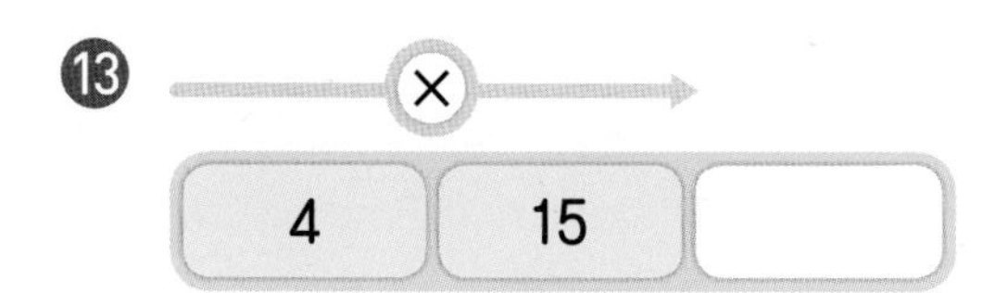

⑯
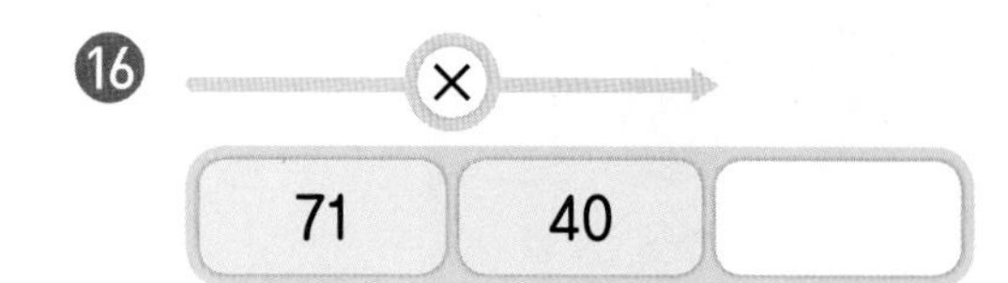

⑬
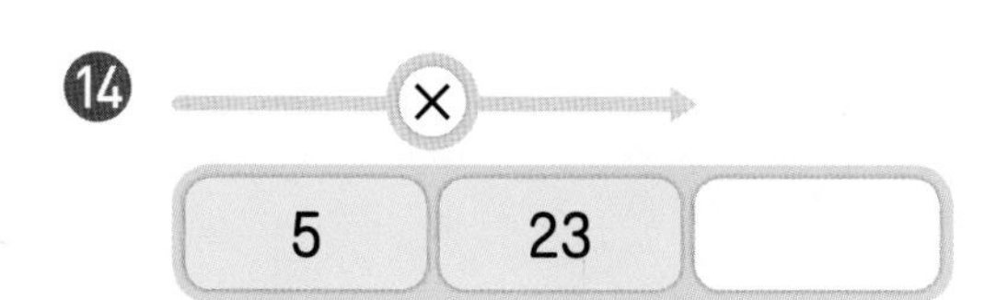

⑰
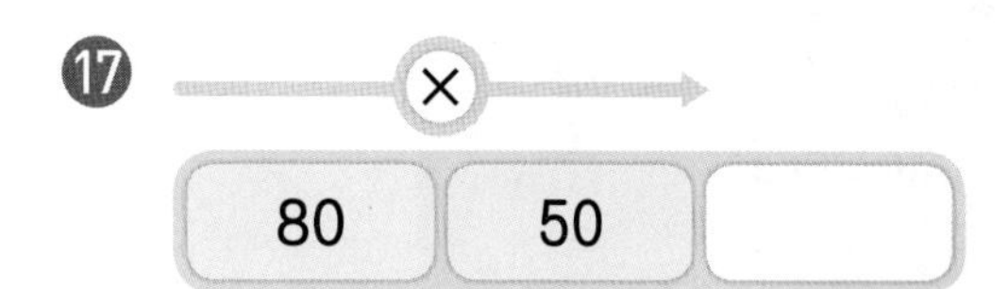

⑭
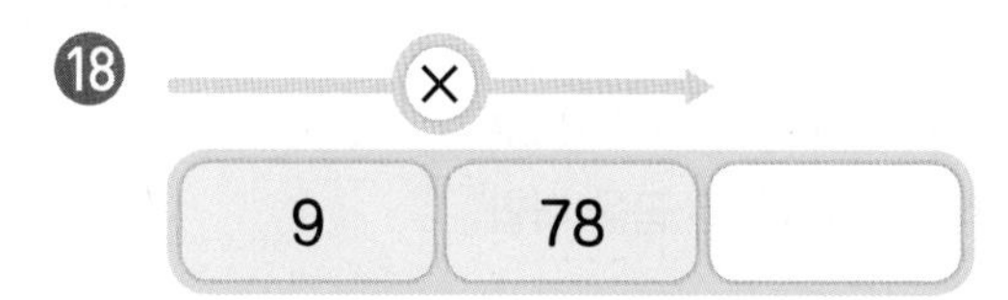

⑱
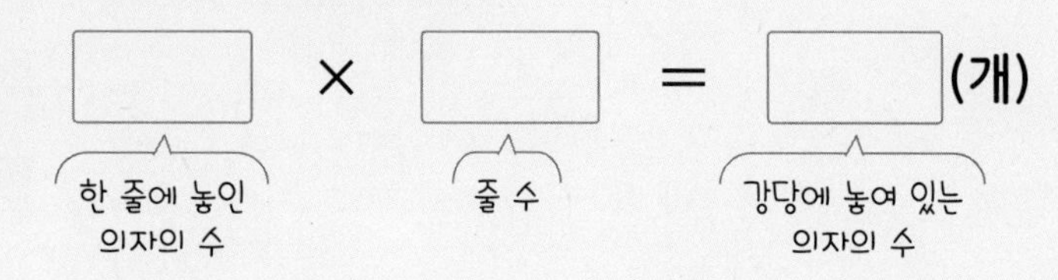

문장제 속 연산

⑲ 강당에 의자가 한 줄에 14개씩 30줄 놓여 있습니다. 강당에 놓여 있는 의자는 모두 몇 개인지 구해 보시오.

☐ × ☐ = ☐(개)

한 줄에 놓인 의자의 수 / 줄 수 / 강당에 놓여 있는 의자의 수

7 올림이 한 번 있는 (몇십몇)×(몇십몇)

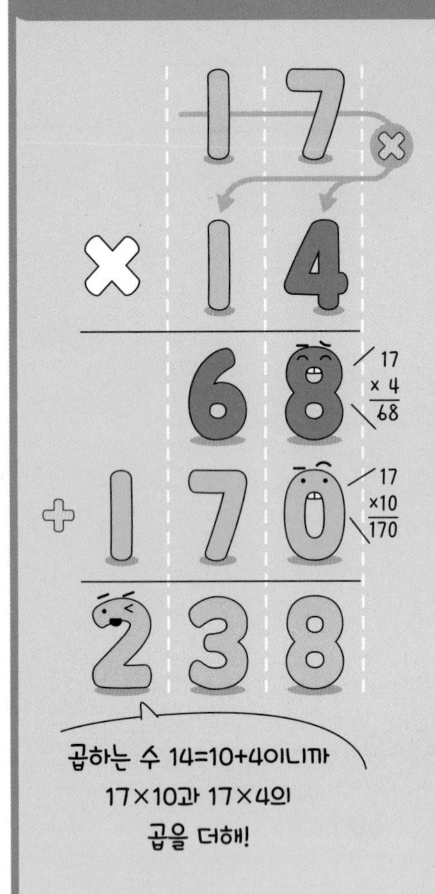

• 올림이 한 번 있는 (몇십몇)×(몇십몇)

예 17×14의 계산

17×14는 17×4와 17×10으로 나누어 각각 계산한 후 두 곱을 더합니다.

	1	7	
×	1	4	10+4
	6	8	17×4
1	7	0	17×10
2	3	8	

○ 계산해 보시오.

❶

		1	4
	×	2	6

❷

		2	5
	×	1	3

❸

		2	7
	×	3	1

❹

		3	2
	×	2	4

❺

		4	3
	×	2	3

❻

		5	4
	×	1	2

❼

		6	1
	×	2	1

❽

		7	2
	×	1	3

❾ 13×37=

⓭ 31×53=

⓱ 53×13=

❿ 18×12=

⓮ 39×12=

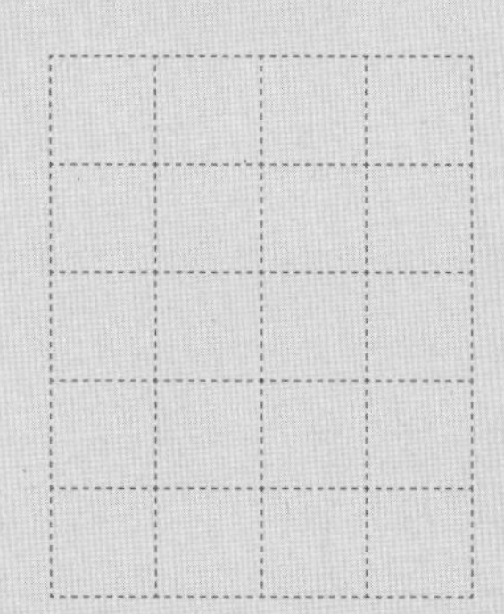

⓲ 62×41=

⓫ 21×84=

⓯ 47×12=

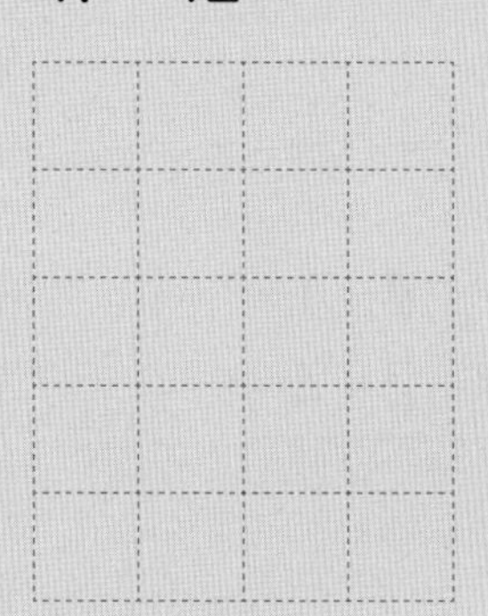

⓳ 81×17=

⓬ 24×23=

⓰ 51×19=

⓴ 92×14=

7 올림이 한 번 있는 (몇십몇)×(몇십몇)

○ 계산해 보시오.

❶ 12×48

❷ 14×16

❸ 19×14

❹ 21×37

❺ 24×14

❻ 28×21

❼ 32×34

❽ 38×21

❾ 41×24

❿ 43×13

⓫ 52×14

⓬ 63×13

⓭ 71×17

⓮ 82×14

⓯ 91×16

⑯ $13 \times 24 =$

⑰ $14 \times 32 =$

⑱ $17 \times 12 =$

⑲ $18 \times 51 =$

⑳ $23 \times 42 =$

㉑ $26 \times 13 =$

㉒ $29 \times 12 =$

㉓ $31 \times 39 =$

㉔ $36 \times 21 =$

㉕ $37 \times 12 =$

㉖ $42 \times 14 =$

㉗ $45 \times 21 =$

㉘ $48 \times 12 =$

㉙ $51 \times 17 =$

㉚ $52 \times 31 =$

㉛ $61 \times 71 =$

㉜ $71 \times 31 =$

㉝ $73 \times 13 =$

㉞ $84 \times 12 =$

㉟ $91 \times 51 =$

㊱ $92 \times 13 =$

8 올림이 여러 번 있는 (몇십몇)×(몇십몇)

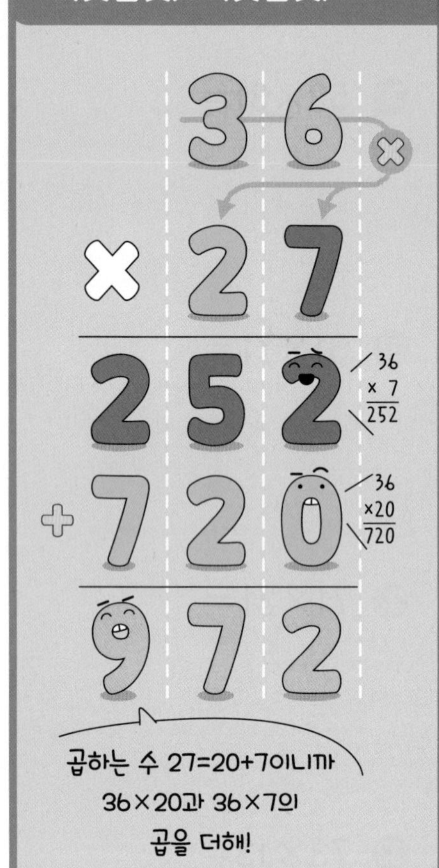

36 × 27
252
36 × 7 = 252
+720
36 × 20 = 720
972
곱하는 수 27=20+7이니까 36×20과 36×7의 곱을 더해!

- 올림이 여러 번 있는 (몇십몇)×(몇십몇)

예 36×27의 계산

36×27은 36×7과 36×20으로 나누어 각각 계산한 후 두 곱을 더합니다.

		3	6	
×		2	7	20+7
	2	5	2	36×7
	7	2	0	36×20
	9	7	2	

○ 계산해 보시오.

❶
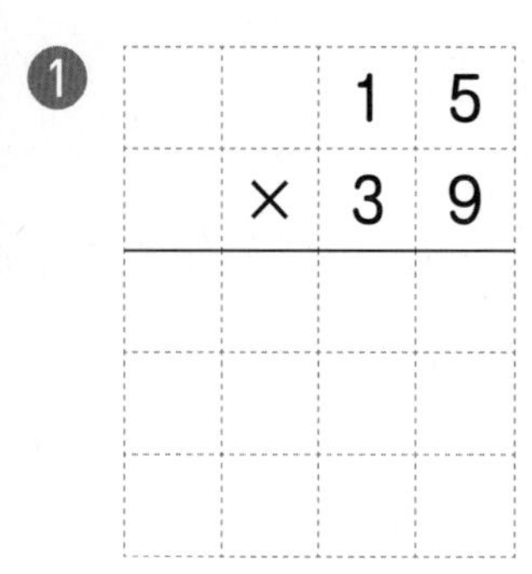

$$\begin{array}{r} 15 \\ \times\ 39 \\ \hline \end{array}$$

❷ $$\begin{array}{r} 27 \\ \times\ 56 \\ \hline \end{array}$$

❸ $$\begin{array}{r} 33 \\ \times\ 49 \\ \hline \end{array}$$

❹ $$\begin{array}{r} 46 \\ \times\ 35 \\ \hline \end{array}$$

❺ $$\begin{array}{r} 52 \\ \times\ 29 \\ \hline \end{array}$$

❻ $$\begin{array}{r} 65 \\ \times\ 57 \\ \hline \end{array}$$

❼ $$\begin{array}{r} 87 \\ \times\ 65 \\ \hline \end{array}$$

❽ $$\begin{array}{r} 94 \\ \times\ 38 \\ \hline \end{array}$$

정답 • 6쪽

❾ $17 \times 84 =$

❿ $24 \times 63 =$

⓫ $29 \times 78 =$

⓬ $35 \times 53 =$

⓭ $42 \times 49 =$

⓮ $53 \times 26 =$

⓯ $58 \times 93 =$

⓰ $66 \times 26 =$

⓱ $72 \times 47 =$

⓲ $84 \times 56 =$

⓳ $89 \times 81 =$

⓴ $96 \times 45 =$

8 올림이 여러 번 있는 (몇십몇)×(몇십몇)

○ 계산해 보시오.

❶ 16×44

❷ 19×75

❸ 23×84

❹ 26×95

❺ 38×47

❻ 45×27

❼ 48×64

❽ 54×59

❾ 56×73

❿ 62×25

⓫ 73×48

⓬ 77×54

⓭ 81×36

⓮ 89×73

⓯ 93×28

⑯ $14 \times 67 =$

⑰ $18 \times 95 =$

⑱ $25 \times 27 =$

⑲ $29 \times 65 =$

⑳ $32 \times 18 =$

㉑ $36 \times 39 =$

㉒ $38 \times 53 =$

㉓ $44 \times 56 =$

㉔ $49 \times 72 =$

㉕ $51 \times 29 =$

㉖ $57 \times 63 =$

㉗ $58 \times 94 =$

㉘ $67 \times 26 =$

㉙ $69 \times 54 =$

㉚ $71 \times 34 =$

㉛ $78 \times 38 =$

㉜ $82 \times 74 =$

㉝ $85 \times 83 =$

㉞ $92 \times 27 =$

㉟ $95 \times 52 =$

㊱ $99 \times 63 =$

7 ~ 8 다르게 풀기

○ 빈칸에 알맞은 수를 써넣으시오.

❶
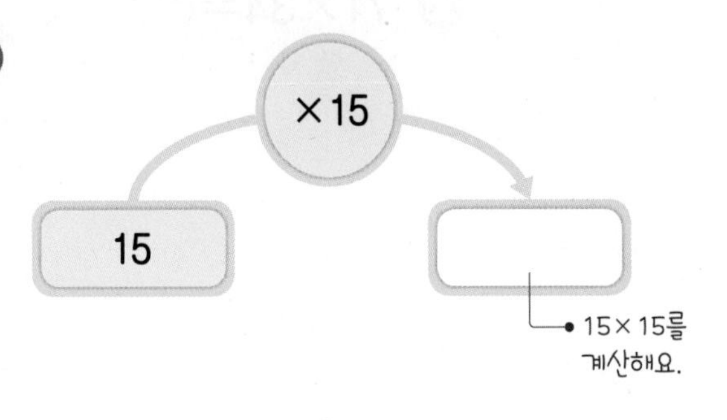

❷
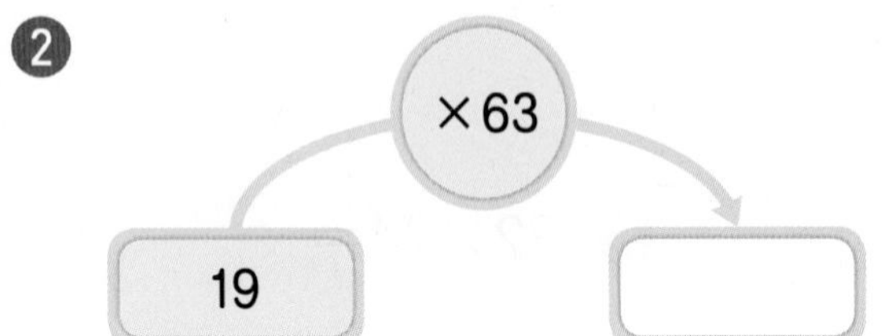

❸
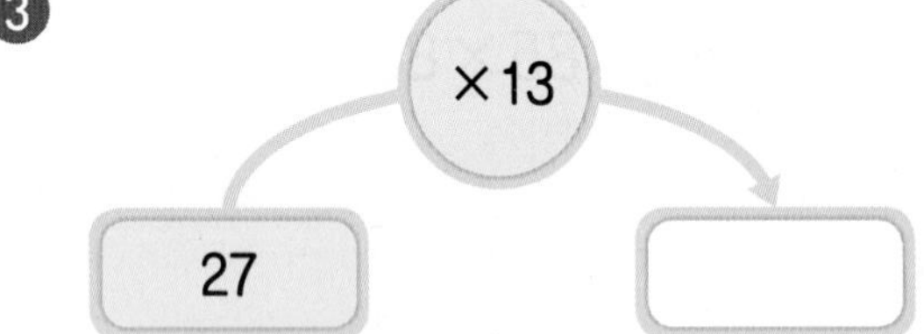

❹
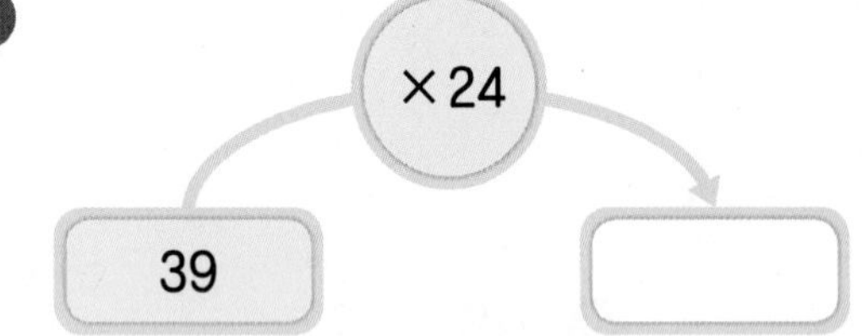

❺
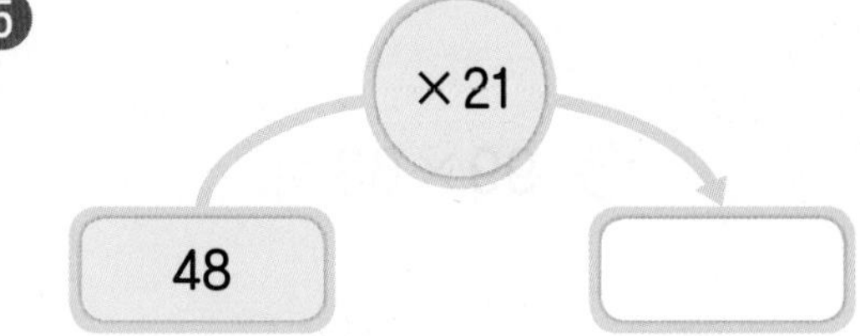

❻
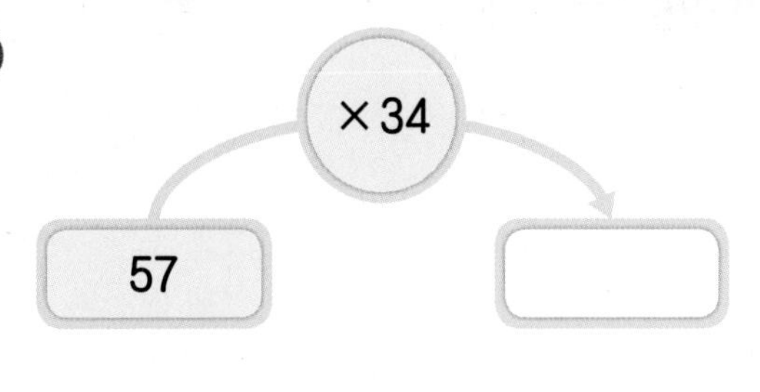

❼
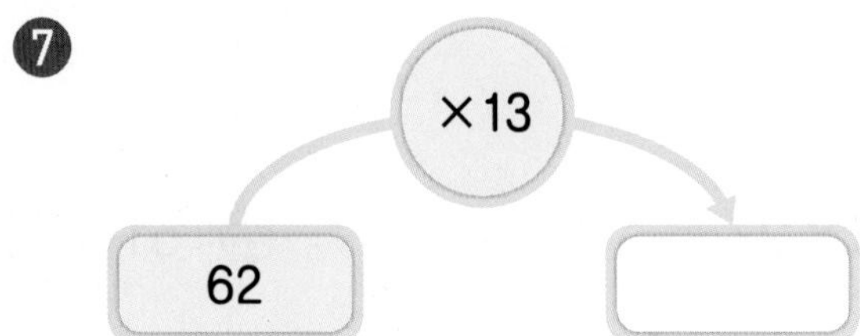

❽
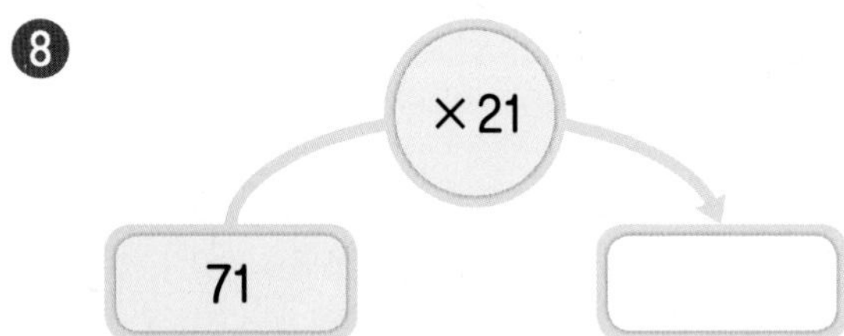

❾
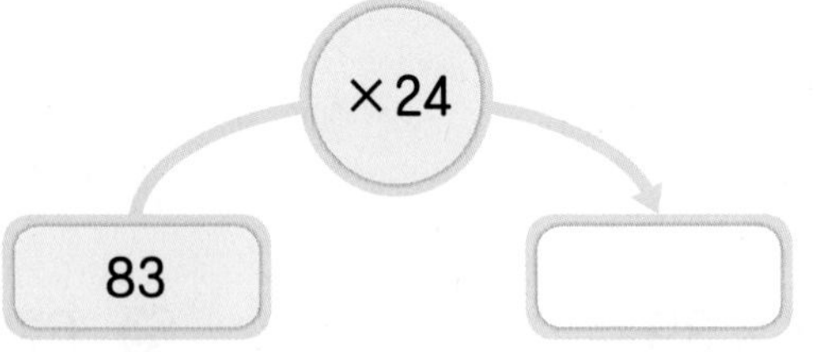

❿
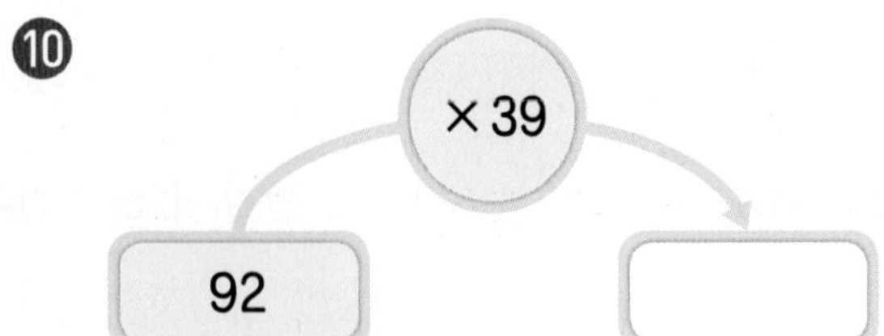

⑪
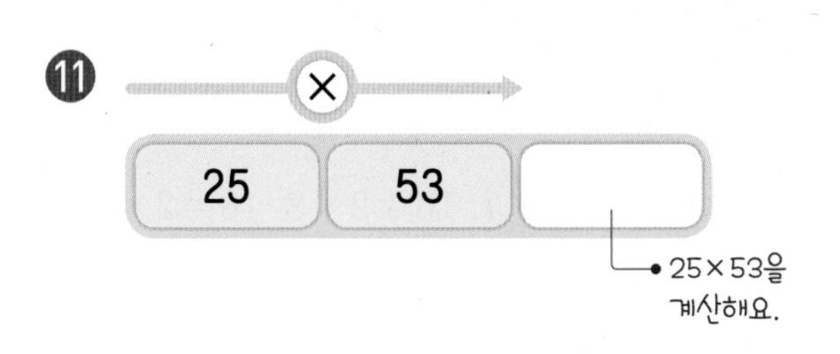

⑮
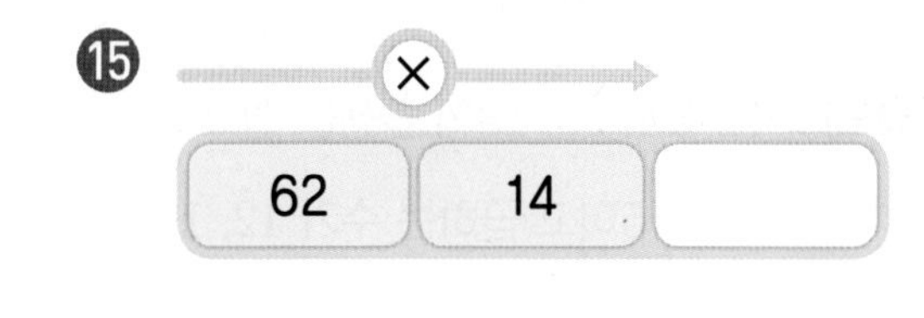

⑫
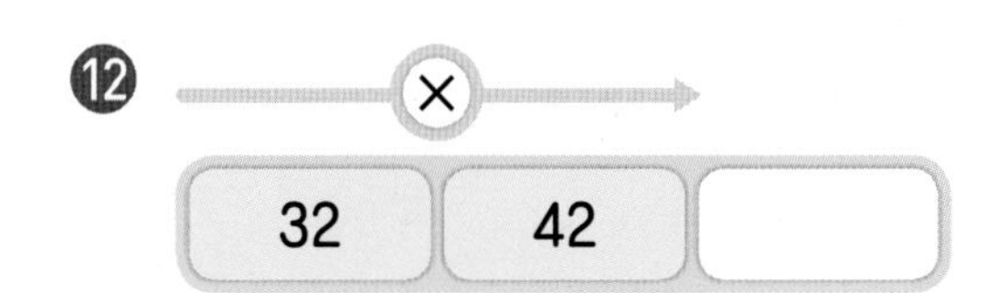

⑯
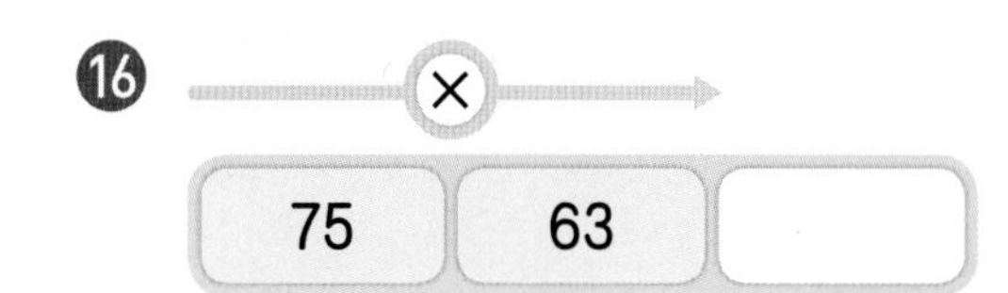

⑬
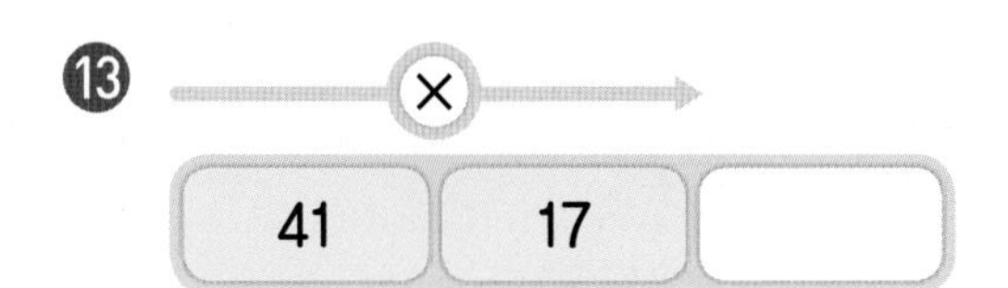

⑰
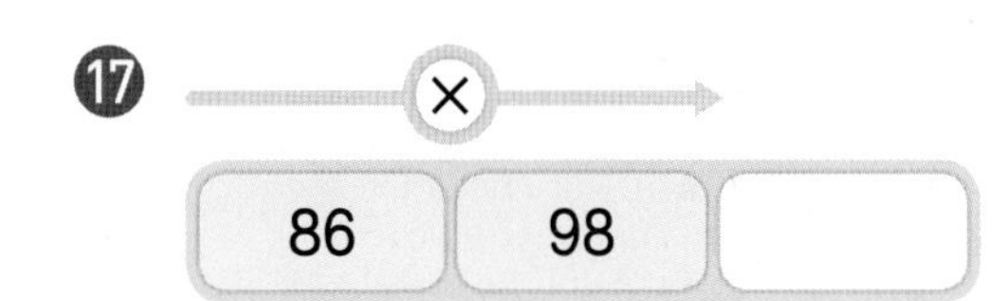

⑭
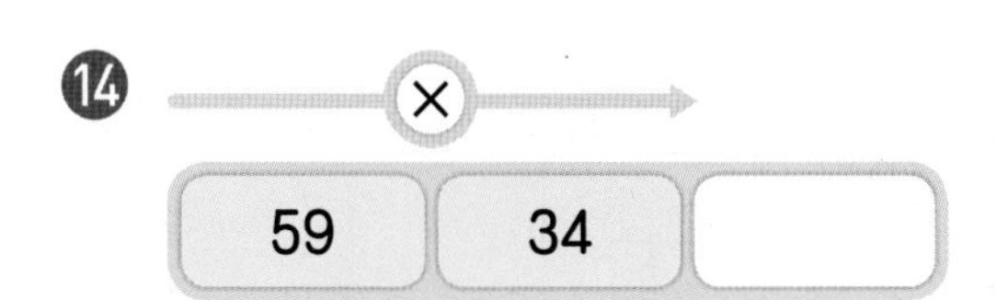

⑱
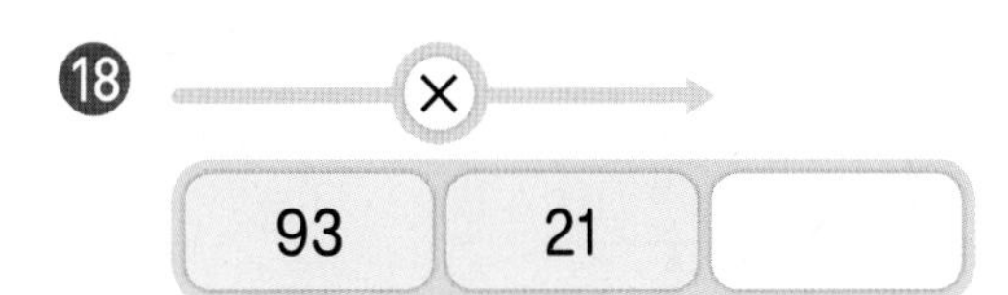

문장제 속 연산

⑲ 색종이를 한 상자에 84장씩 담았습니다. 25상자에 담은 색종이는 모두 몇 장인지 구해 보시오.

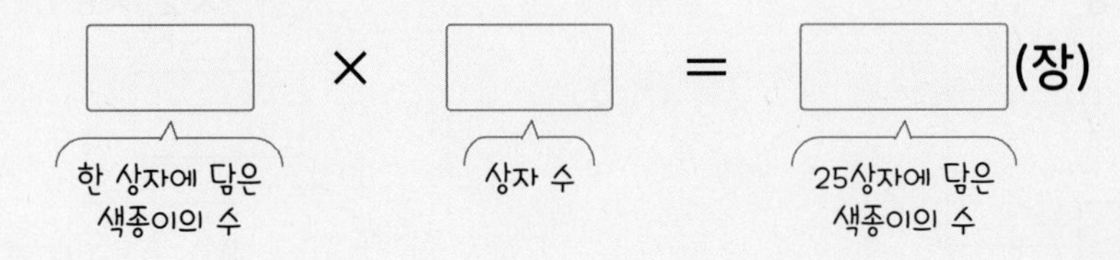

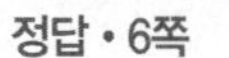

수 감각을 키우면 빨라지는 계산 비법

(몇십오)와 12, 14, 16, 18의 곱셈을 쉽고 빠르게 계산하는 비법

곱해지는 수가 ■5이고 곱하는 수가 12, 14, 16, 18일 때, $12=2\times6$, $14=2\times7$, $16=2\times8$, $18=2\times9$로 나타내어 계산할 수 있습니다.

예 25×14의 계산

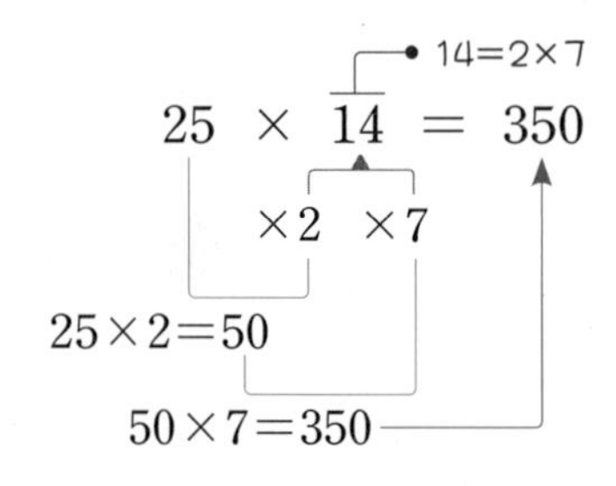

○ 곱하는 수 12, 14, 16, 18을 $12=2\times6$, $14=2\times7$, $16=2\times8$, $18=2\times9$로 나타내어 계산하려고 합니다. □ 안에 알맞은 수를 써넣으시오.

❶ $15\times12=$ □ (×2 ×6) □ □

❷ $15\times14=$ □ (×2 ×7) □ □

❸ $15\times16=$ □ (×2 ×8) □ □

❹ $15\times18=$ □ (×2 ×9) □ □

❺ $25\times12=$ □ (×2 ×6) □ □

❻ $25\times16=$ □ (×2 ×8) □ □

❼ $25 \times 18 = \square$

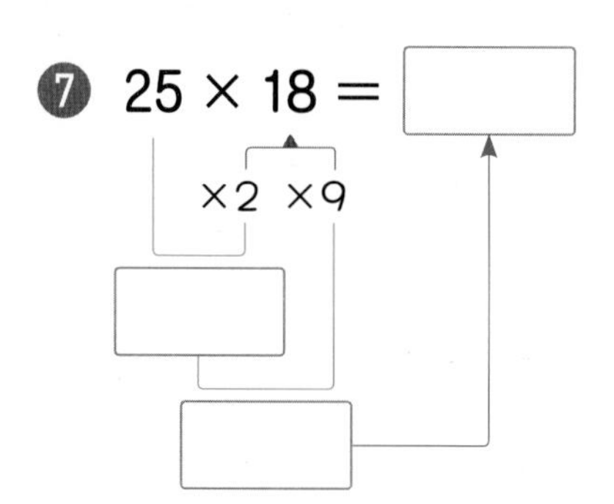

❽ $35 \times 12 = \square$

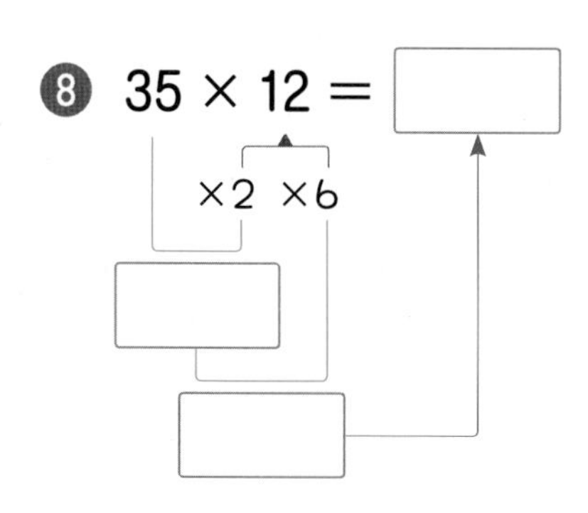

❾ $35 \times 16 = \square$

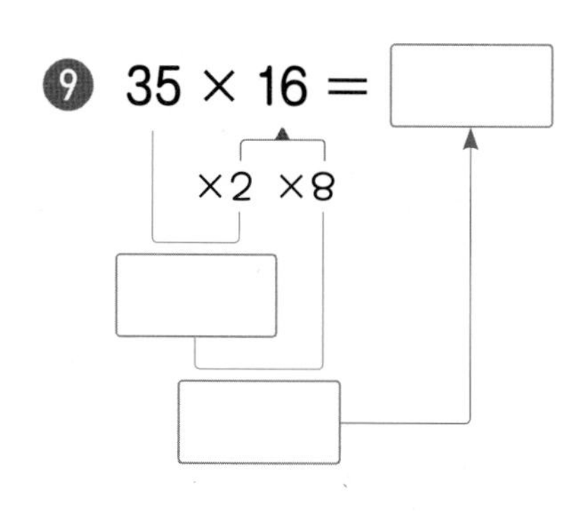

❿ $35 \times 18 = \square$

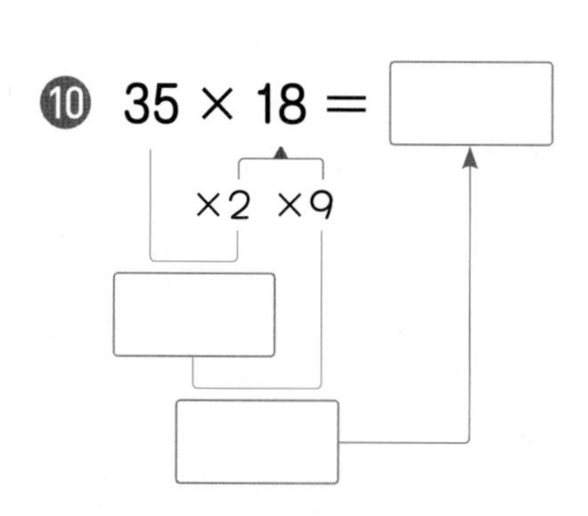

⓫ $45 \times 12 = \square$

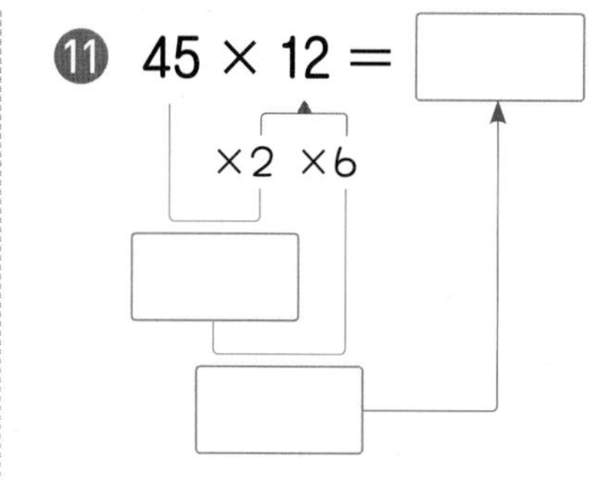

⓬ $45 \times 14 = \square$

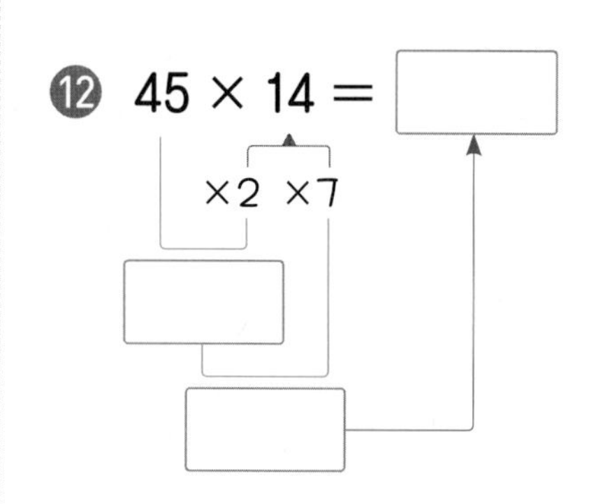

⓭ $45 \times 16 = \square$

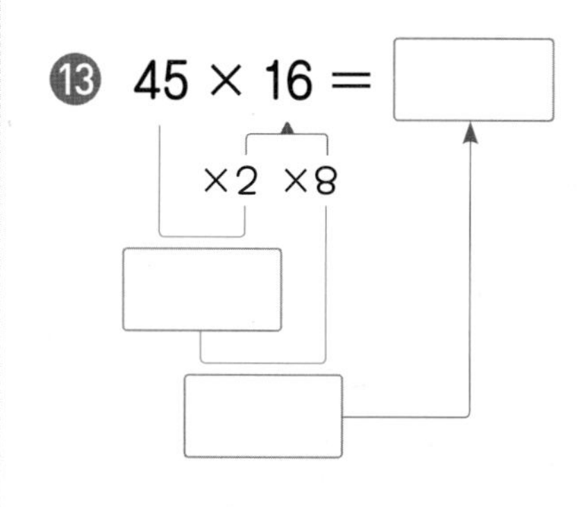

⓮ $45 \times 18 = \square$

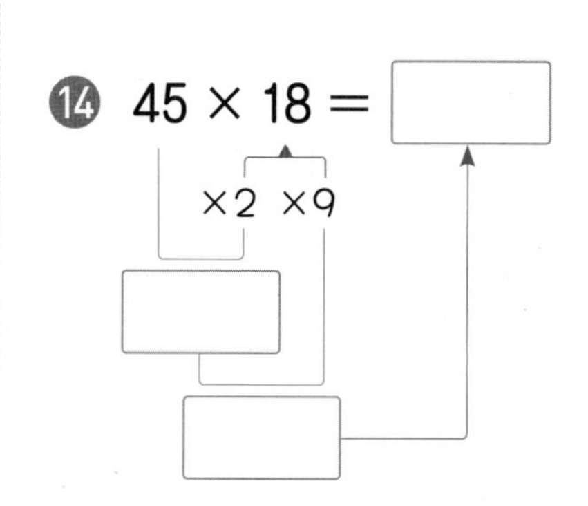

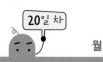

평가 1. 곱셈

○ 계산해 보시오.

1 $\begin{array}{r} 123 \\ \times \quad 3 \\ \hline \end{array}$

2 $\begin{array}{r} 148 \\ \times \quad 2 \\ \hline \end{array}$

3 $\begin{array}{r} 271 \\ \times \quad 3 \\ \hline \end{array}$

4 $\begin{array}{r} 422 \\ \times \quad 4 \\ \hline \end{array}$

5 $\begin{array}{r} 20 \\ \times 50 \\ \hline \end{array}$

6 $\begin{array}{r} 35 \\ \times 60 \\ \hline \end{array}$

7 $\begin{array}{r} 3 \\ \times 46 \\ \hline \end{array}$

8 $\begin{array}{r} 6 \\ \times 59 \\ \hline \end{array}$

9 $\begin{array}{r} 24 \\ \times 13 \\ \hline \end{array}$

10 $\begin{array}{r} 38 \\ \times 12 \\ \hline \end{array}$

11 $\begin{array}{r} 57 \\ \times 45 \\ \hline \end{array}$

12 $\begin{array}{r} 68 \\ \times 63 \\ \hline \end{array}$

13 $313\times 3=$

14 $329\times 3=$

15 $590\times 5=$

16 $40\times 70=$

17 $73\times 40=$

18 $4\times 94=$

19 $81\times 16=$

20 $96\times 52=$

○ 빈칸에 알맞은 수를 써넣으시오.

21

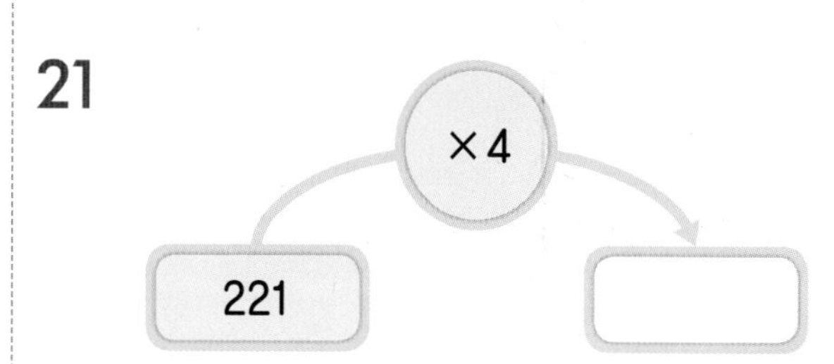

22

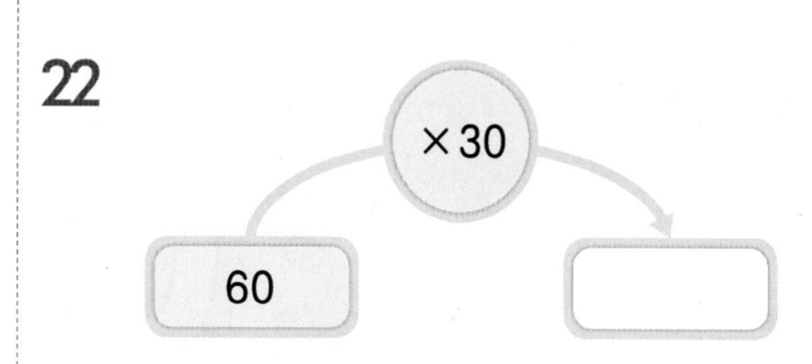

23

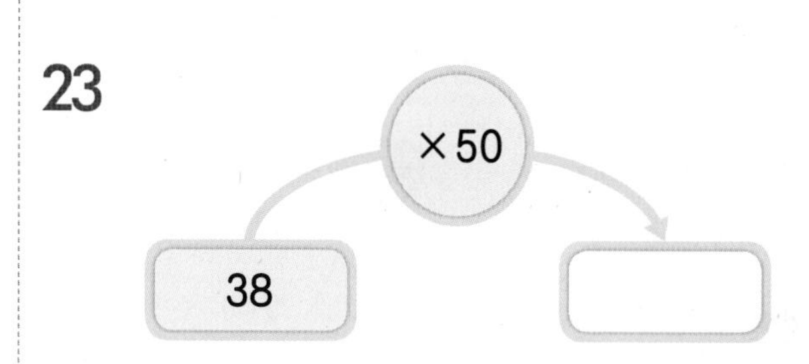

24

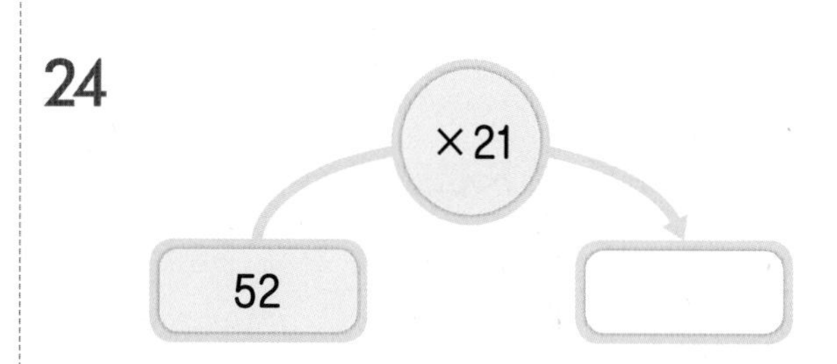

25

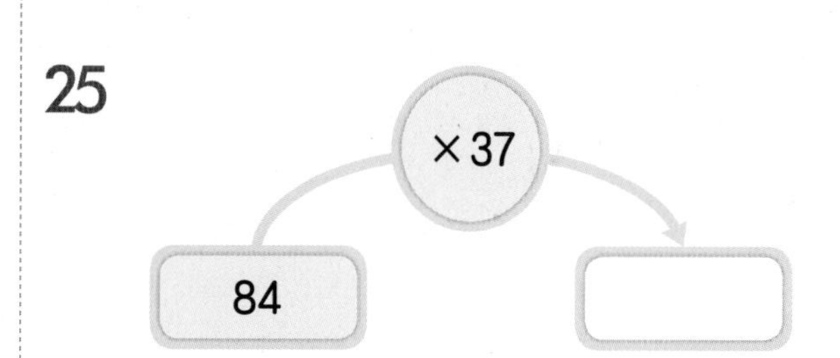

1단원의 연산 실력을 보충하고 싶다면 **클리닉 북 1~8쪽**을 풀어 보세요.

나눗셈

학습하는 데 걸린 시간을 작성해 봐요!

학습 내용	학습 회차	걸린 시간
1 (몇십)÷(몇)	1일 차	/8분
	2일 차	/14분
2 내림이 없는 (몇십몇)÷(몇)	3일 차	/5분
	4일 차	/10분
3 내림이 있는 (몇십몇)÷(몇)	5일 차	/7분
	6일 차	/14분
1 ~ 3 다르게 풀기	7일 차	/10분
4 내림이 없고 나머지가 있는 (몇십몇)÷(몇)	8일 차	/5분
	9일 차	/11분
5 내림이 있고 나머지가 있는 (몇십몇)÷(몇)	10일 차	/7분
	11일 차	/15분
4 ~ 5 다르게 풀기	12일 차	/10분
6 나머지가 없는 (세 자리 수)÷(한 자리 수)	13일 차	/7분
	14일 차	/15분
7 나머지가 있는 (세 자리 수)÷(한 자리 수)	15일 차	/8분
	16일 차	/16분
8 계산이 맞는지 확인하기	17일 차	/10분
	18일 차	/12분
6 ~ 8 다르게 풀기	19일 차	/14분
비법 강의 초등에서 푸는 방정식 계산 비법	20일 차	/8분
평가 2. 나눗셈	21일 차	/16분

1 (몇십)÷(몇)

• **내림이 없는 (몇십)÷(몇)**

예 60÷6의 계산

60÷6=10 → 6÷6의 몫에 0을 1개 붙입니다.

6÷6=1

⇨ 나눗셈식을 세로로 나타냅니다.

```
          1 0 → 몫
나누는 수 → 6)6 0 → 나누어지는 수
            6
            ―
              0
```

• **내림이 있는 (몇십)÷(몇)**

예 70÷5의 계산

```
   1              1 4
5)7 0      ⇨   5)7 0
  5 0 → 5×10     5
  ―――            ―――
  2 0            2 0
                 2 0 → 5×4
                 ―――
                   0
```

70÷5=14

○ 계산해 보시오.

❶ 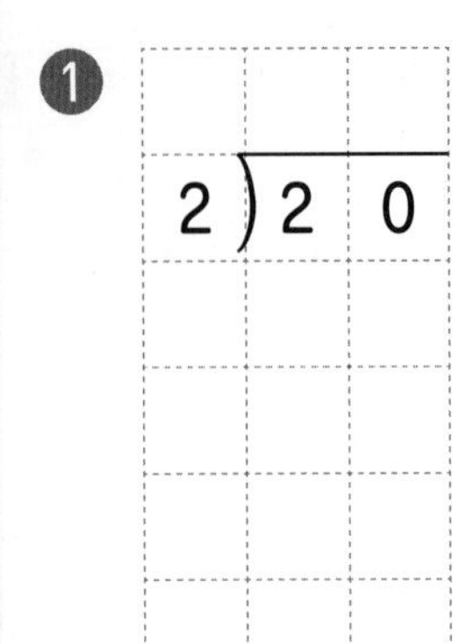

❷ 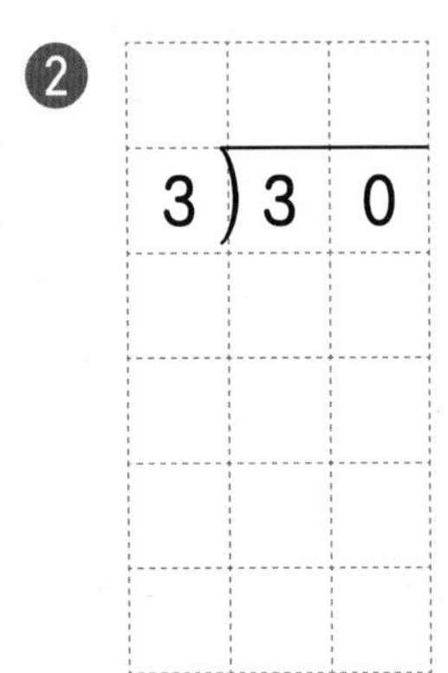

❸ 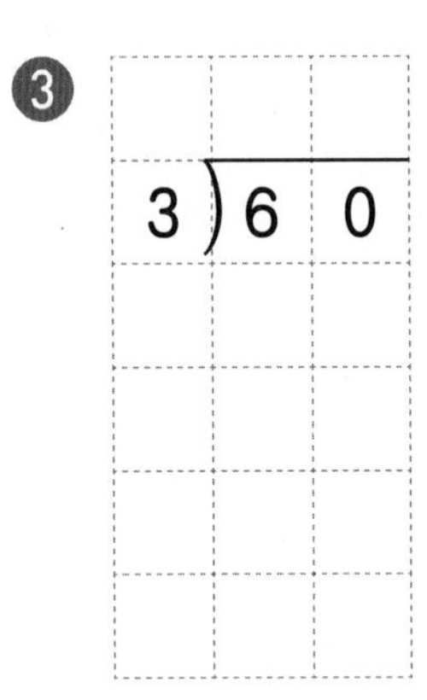

❹ 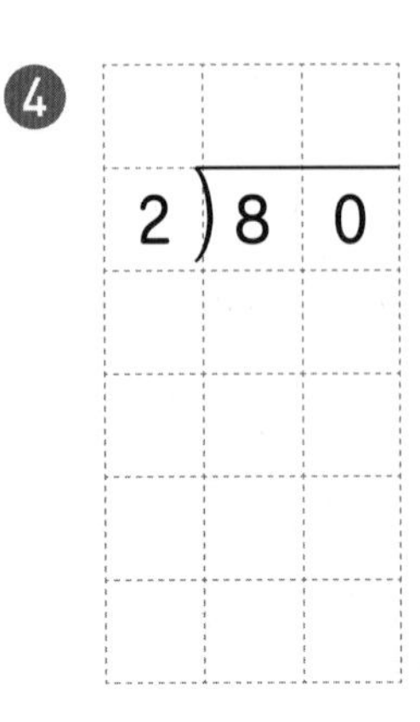

❺ 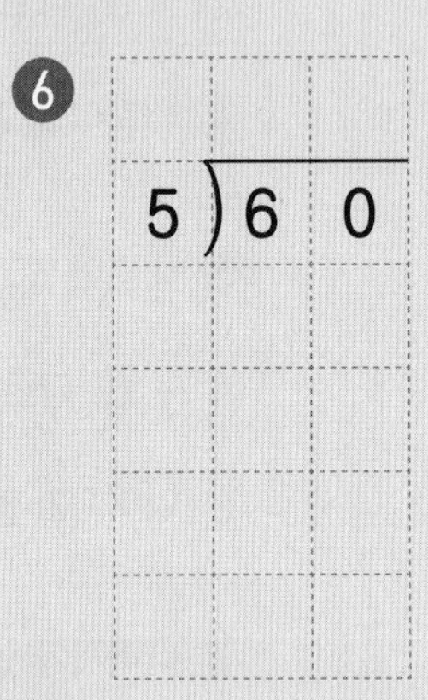

❻ 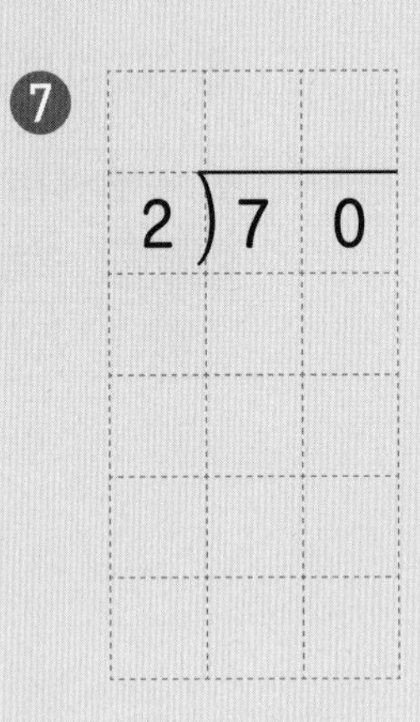

❼ 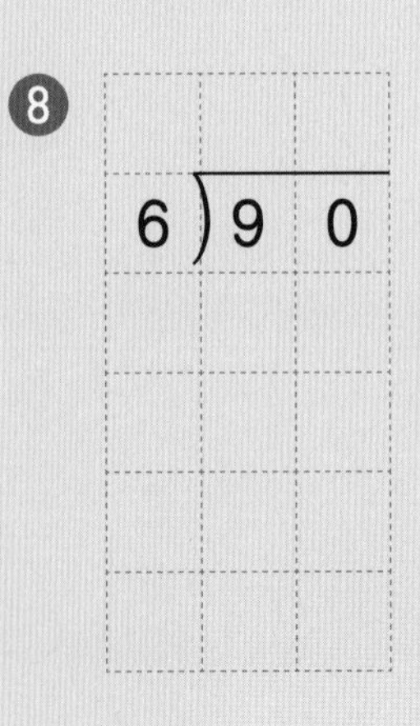

❽

⑨ 40÷2=☐

4÷2=☐

⑩ 50÷5=☐

5÷5=☐

⑪ 60÷2=☐

6÷2=☐

⑫ 80÷4=☐

8÷4=☐

⑬ 80÷8=☐

8÷8=☐

⑭ 90÷3=☐

9÷3=☐

⑮ 50÷2=

⑯ 60÷4=

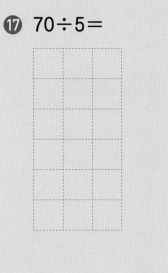

⑰ 70÷5=

⑱ 80÷5=

⑲ 90÷2=

⑳ 90÷5=

1 (몇십) ÷ (몇)

○ 계산해 보시오.

❶ $3\overline{)30}$

❷ $4\overline{)40}$

❸ $3\overline{)60}$

❹ $6\overline{)60}$

❺ $7\overline{)70}$

❻ $2\overline{)80}$

❼ $4\overline{)80}$

❽ $9\overline{)90}$

❾ $2\overline{)30}$

❿ $2\overline{)50}$

⓫ $5\overline{)60}$

⓬ $5\overline{)70}$

⓭ $5\overline{)80}$

⓮ $2\overline{)90}$

⓯ $5\overline{)90}$

정답 • 8쪽

⑯ $20 \div 2 =$

⑰ $40 \div 2 =$

⑱ $40 \div 4 =$

⑲ $50 \div 5 =$

⑳ $60 \div 2 =$

㉑ $60 \div 6 =$

㉒ $70 \div 7 =$

㉓ $80 \div 4 =$

㉔ $80 \div 8 =$

㉕ $90 \div 3 =$

㉖ $90 \div 9 =$

㉗ $30 \div 2 =$

㉘ $50 \div 2 =$

㉙ $60 \div 4 =$

㉚ $60 \div 5 =$

㉛ $70 \div 2 =$

㉜ $70 \div 5 =$

㉝ $80 \div 5 =$

㉞ $90 \div 2 =$

㉟ $90 \div 5 =$

㊱ $90 \div 6 =$

2 내림이 없는 (몇십몇)÷(몇)

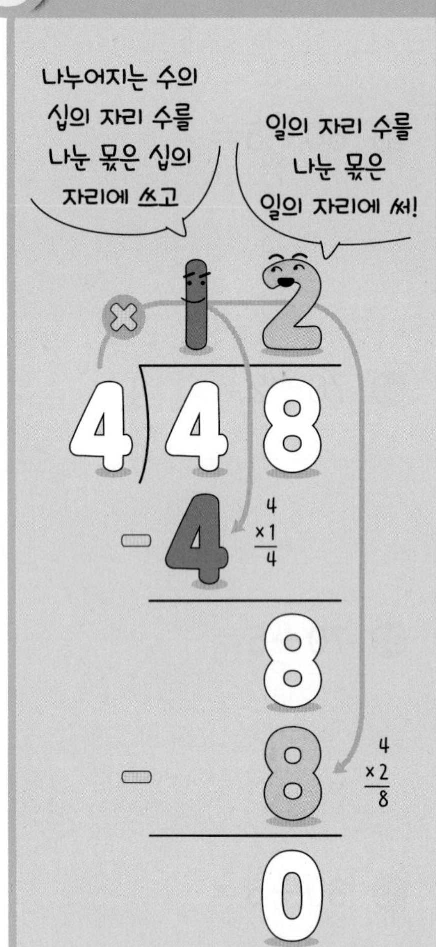

나누어지는 수의 십의 자리 수를 나눈 몫은 십의 자리에 쓰고
일의 자리 수를 나눈 몫은 일의 자리에 써!

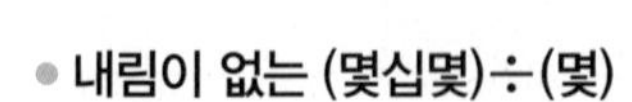

예 48÷4의 계산

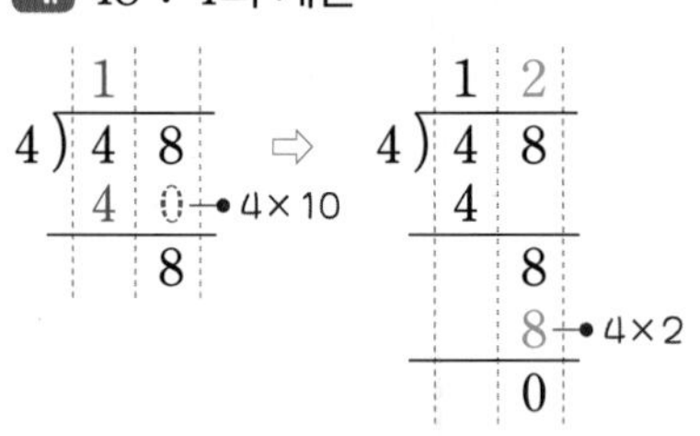

$48 \div 4 = 12$

○ 계산해 보시오.

❶
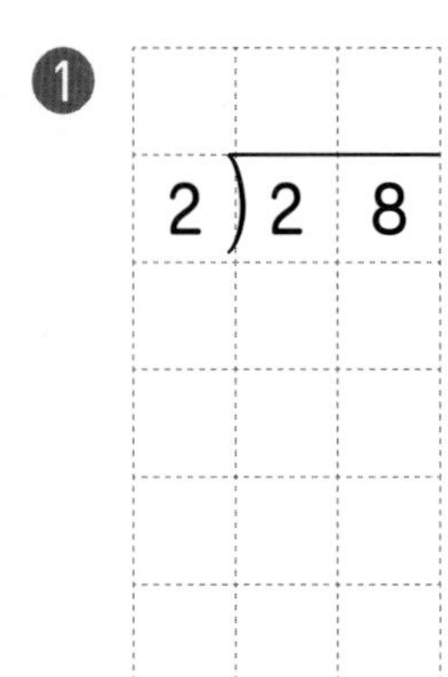

❷
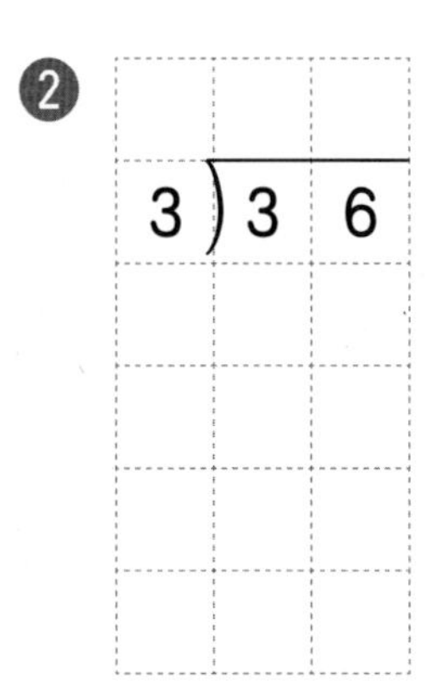

❸
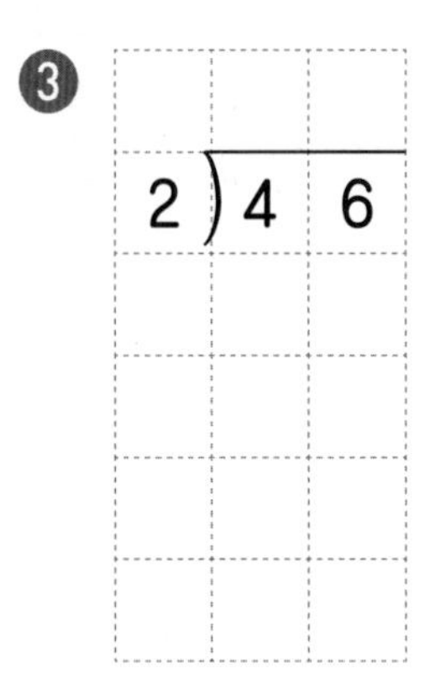

❹
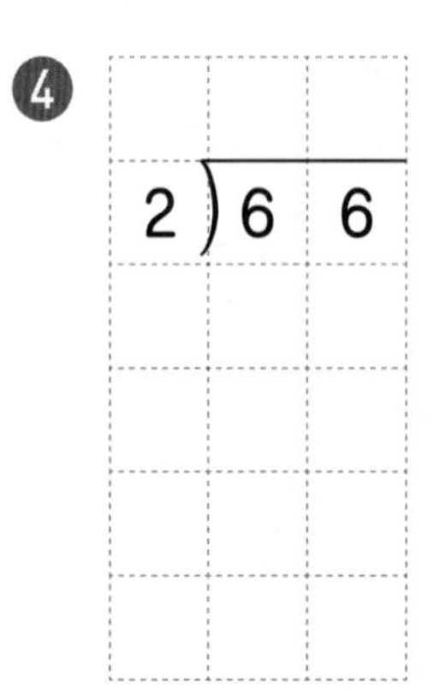

❺ 3)6 9

❻
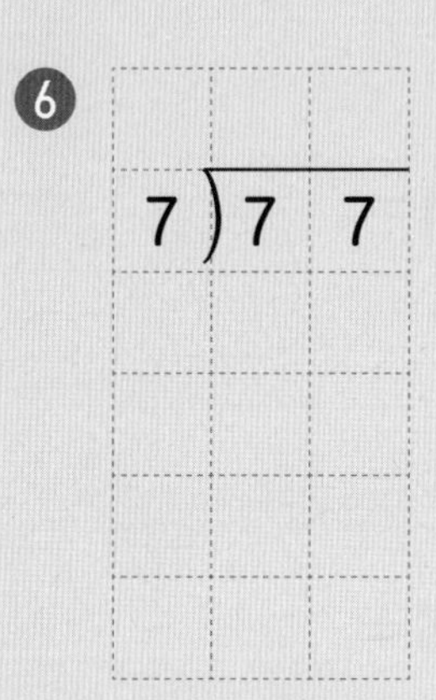

❼
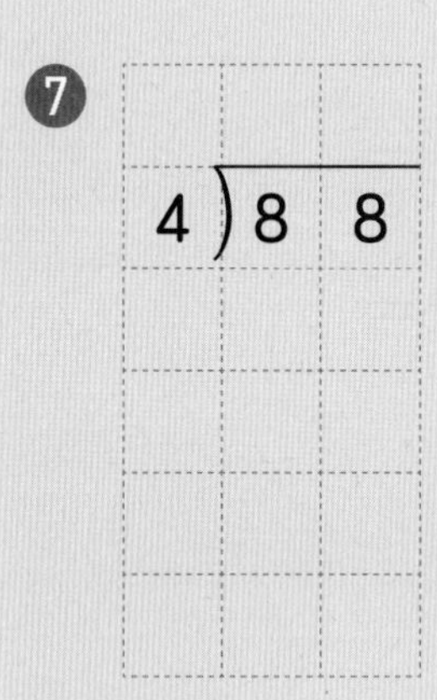

❽
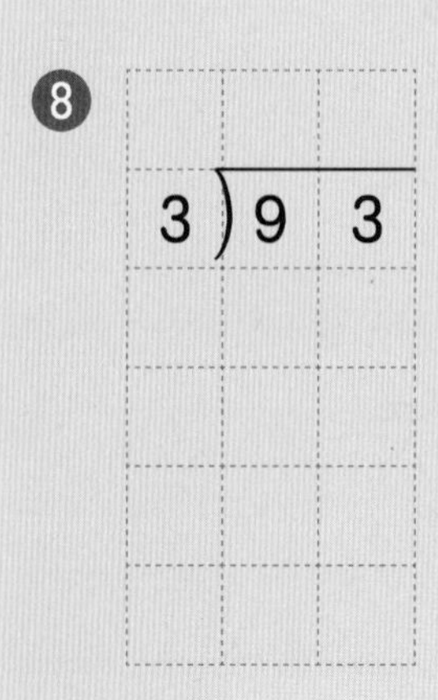

⑨ $24 \div 2 =$

⑩ $39 \div 3 =$

⑪ $44 \div 2 =$

⑫ $55 \div 5 =$

⑬ $62 \div 2 =$

⑭ $63 \div 3 =$

⑮ $84 \div 4 =$

⑯ $88 \div 2 =$

⑰ $96 \div 3 =$

2 내림이 없는 (몇십몇) ÷ (몇)

○ 계산해 보시오.

❶ $2\overline{)24}$

❷ $2\overline{)28}$

❸ $3\overline{)39}$

❹ $2\overline{)42}$

❺ $4\overline{)44}$

❻ $2\overline{)48}$

❼ $3\overline{)63}$

❽ $2\overline{)64}$

❾ $6\overline{)66}$

❿ $3\overline{)69}$

⓫ $2\overline{)82}$

⓬ $4\overline{)84}$

⓭ $8\overline{)88}$

⓮ $3\overline{)96}$

⓯ $9\overline{)99}$

⑯ $22 \div 2 =$

⑰ $26 \div 2 =$

⑱ $33 \div 3 =$

⑲ $36 \div 3 =$

⑳ $42 \div 2 =$

㉑ $44 \div 2 =$

㉒ $46 \div 2 =$

㉓ $48 \div 4 =$

㉔ $55 \div 5 =$

㉕ $62 \div 2 =$

㉖ $66 \div 2 =$

㉗ $66 \div 3 =$

㉘ $68 \div 2 =$

㉙ $77 \div 7 =$

㉚ $84 \div 2 =$

㉛ $86 \div 2 =$

㉜ $88 \div 2 =$

㉝ $88 \div 4 =$

㉞ $93 \div 3 =$

㉟ $99 \div 3 =$

㊱ $99 \div 9 =$

3 내림이 있는 (몇십몇)÷(몇)

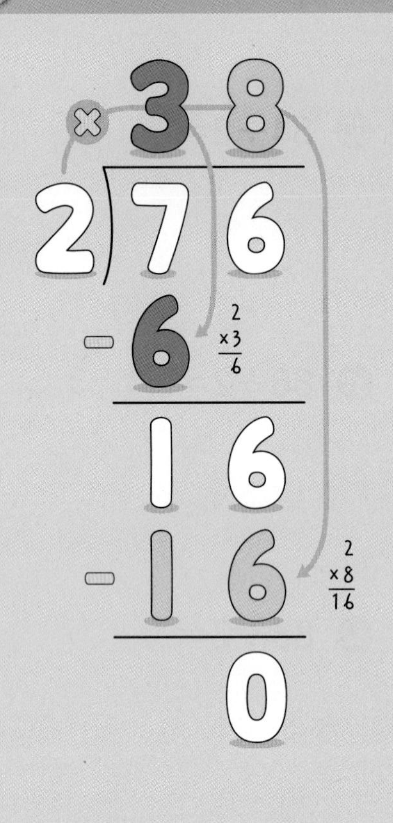

● 내림이 있는 (몇십몇)÷(몇)

예 76÷2의 계산

```
    3                  3 8
2)7 6        ⇨     2)7 6
  6 0 ← 2×30          6
  1 6                 1 6
                      1 6 ← 2×8
                        0
```

$76 \div 2 = 38$

○ 계산해 보시오.

❶ 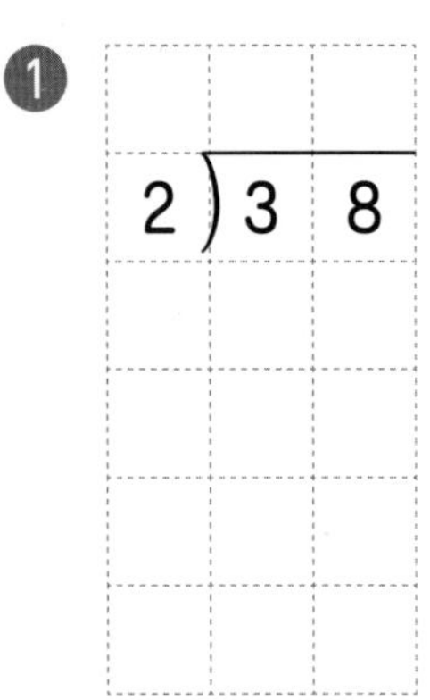

❷ 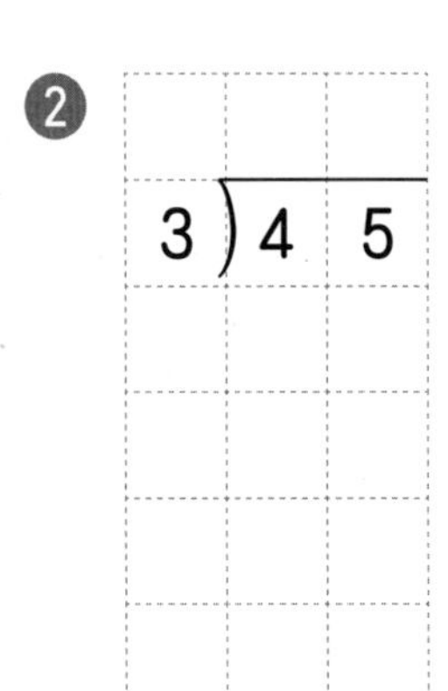

❸ 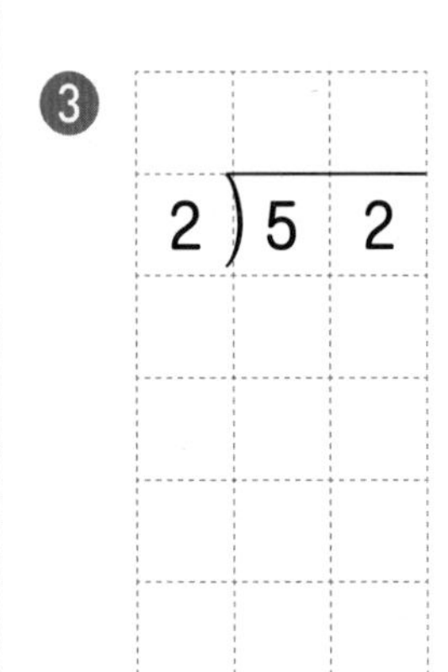

❹ 3)5 7

❺ 2)7 2

❻ 2)7 8

❼ 7)8 4

❽ 4)9 6

⑨ $32 \div 2 =$

⑩ $42 \div 3 =$

⑪ $51 \div 3 =$

⑫ $56 \div 4 =$

⑬ $65 \div 5 =$

⑭ $72 \div 4 =$

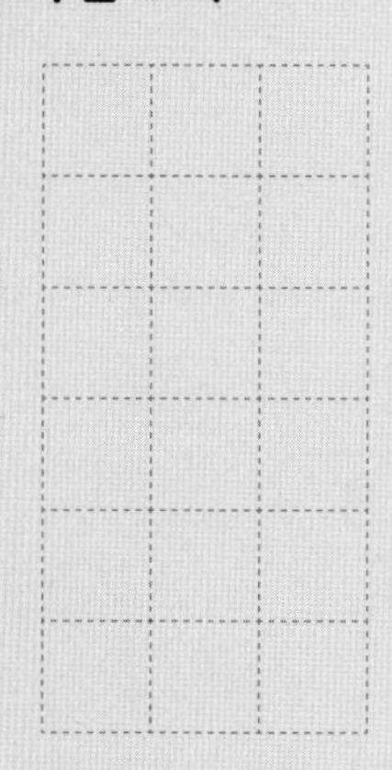

⑮ $81 \div 3 =$

⑯ $92 \div 4 =$

⑰ $96 \div 6 =$

3 내림이 있는 (몇십몇) ÷ (몇)

○ 계산해 보시오.

❶ $2\overline{)36}$

❷ $3\overline{)48}$

❸ $4\overline{)52}$

❹ $3\overline{)54}$

❺ $2\overline{)56}$

❻ $4\overline{)64}$

❼ $3\overline{)72}$

❽ $3\overline{)75}$

❾ $4\overline{)76}$

❿ $3\overline{)78}$

⓫ $6\overline{)84}$

⓬ $3\overline{)87}$

⓭ $7\overline{)91}$

⓮ $2\overline{)92}$

⓯ $2\overline{)98}$

⑯ $34 \div 2 =$

⑰ $38 \div 2 =$

⑱ $42 \div 3 =$

⑲ $54 \div 2 =$

⑳ $56 \div 4 =$

㉑ $58 \div 2 =$

㉒ $65 \div 5 =$

㉓ $68 \div 4 =$

㉔ $72 \div 6 =$

㉕ $74 \div 2 =$

㉖ $75 \div 5 =$

㉗ $76 \div 2 =$

㉘ $78 \div 6 =$

㉙ $84 \div 3 =$

㉚ $84 \div 7 =$

㉛ $85 \div 5 =$

㉜ $92 \div 4 =$

㉝ $94 \div 2 =$

㉞ $95 \div 5 =$

㉟ $96 \div 2 =$

㊱ $98 \div 7 =$

1 ~ 3 다르게 풀기

○ 빈칸에 알맞은 수를 써넣으시오.

1
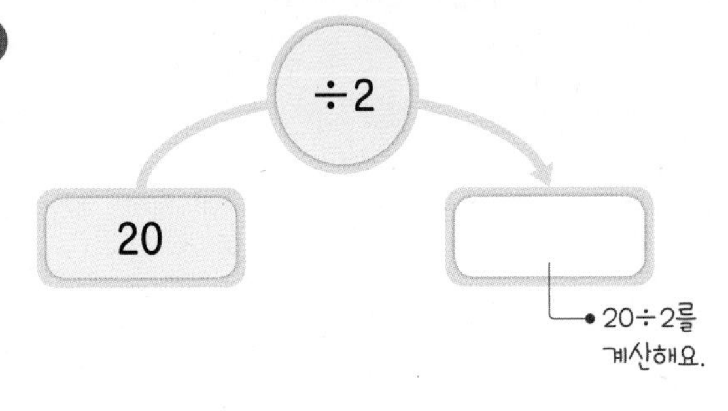

2
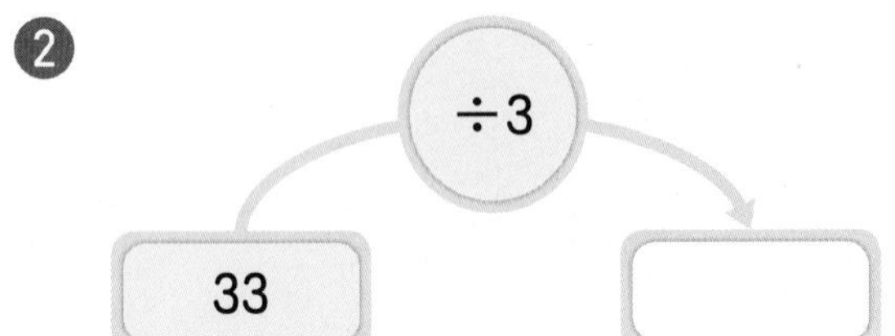

3
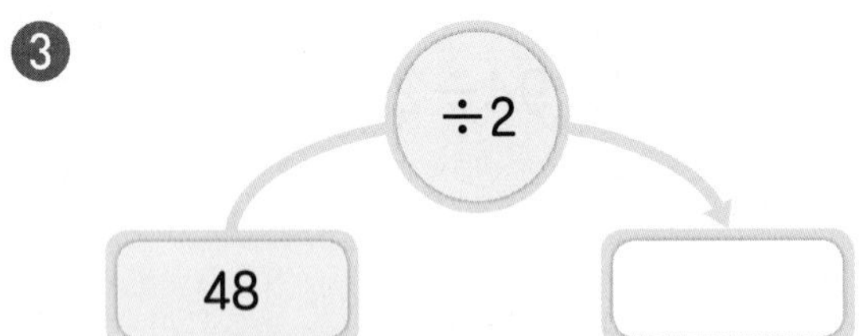

4
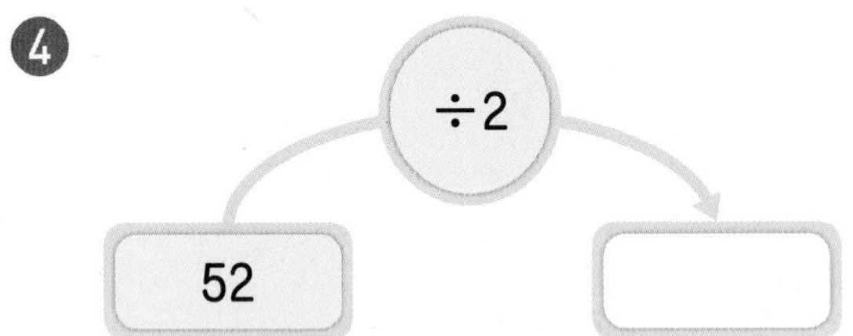

5
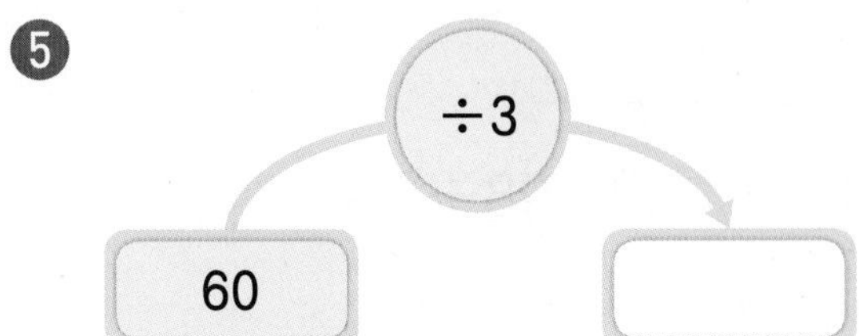

6
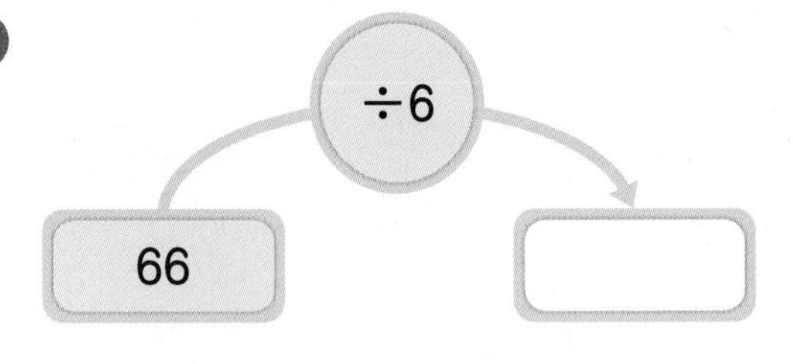

7
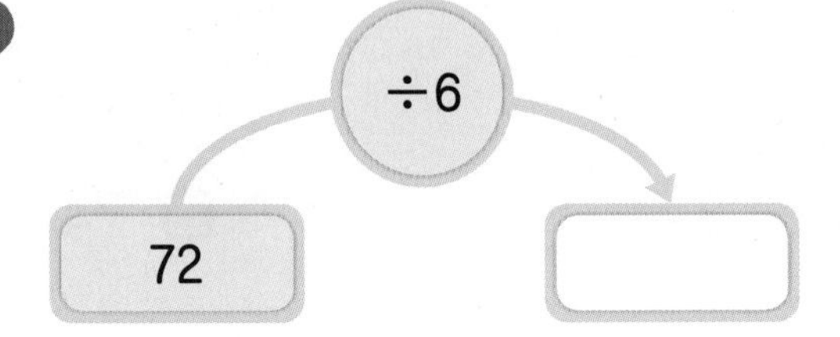

8
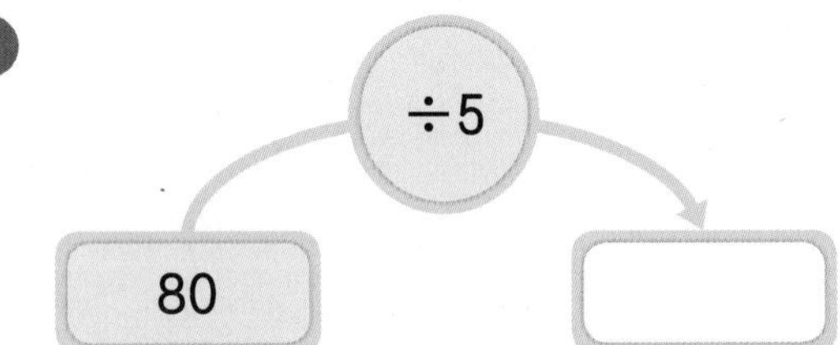

9
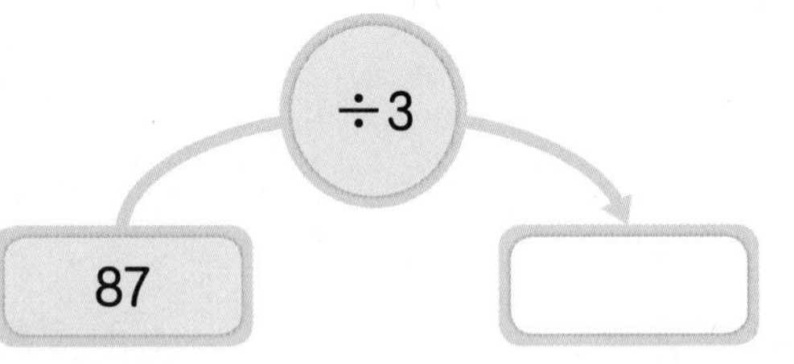

10
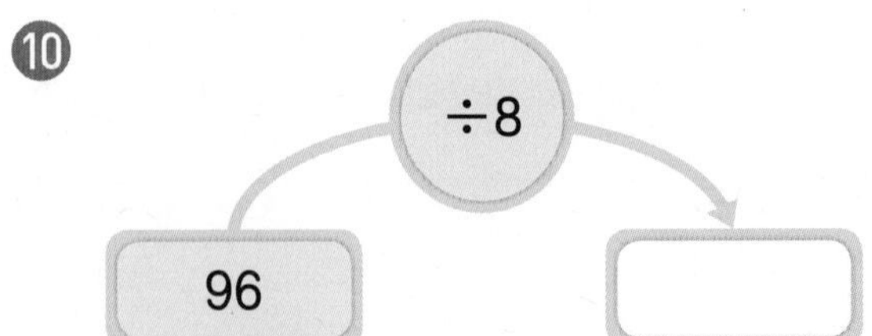

⑪
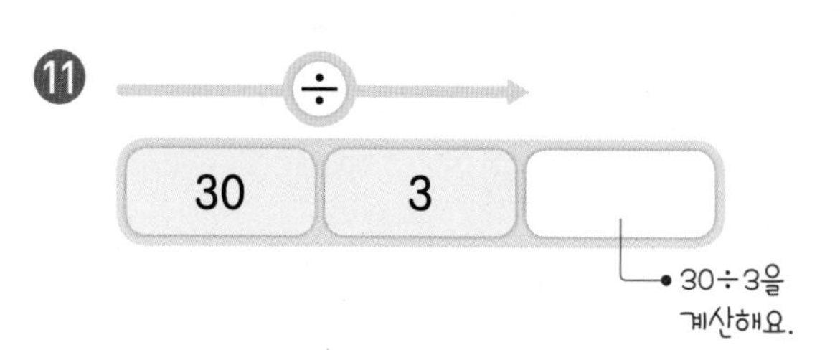

⑮
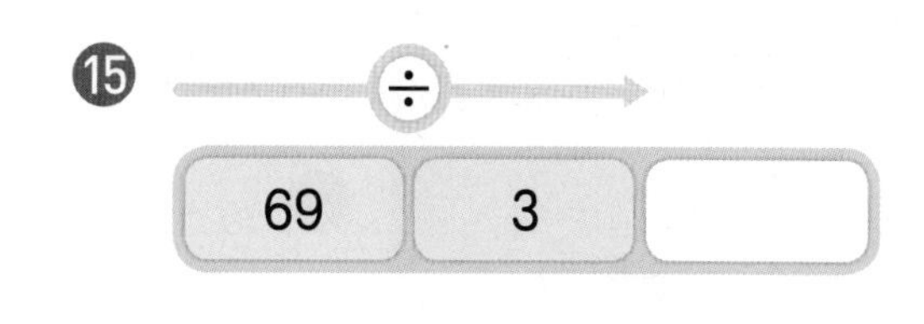

⑫
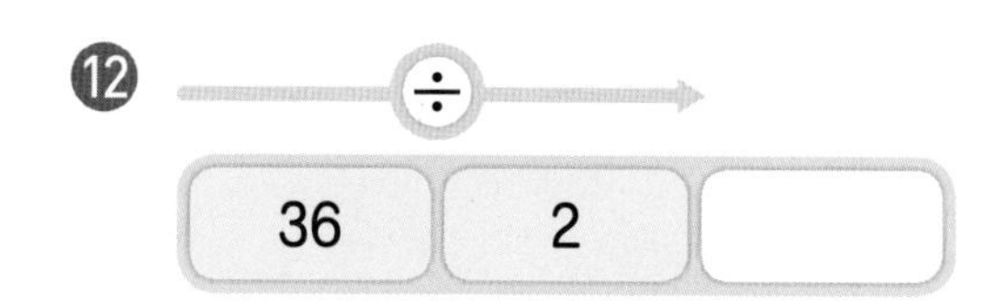

⑯
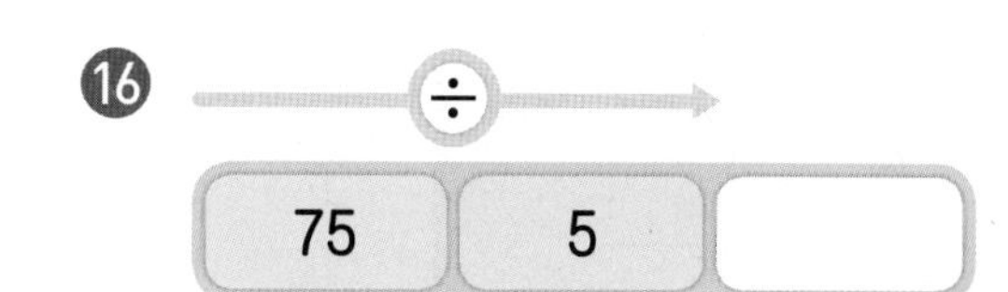

⑬
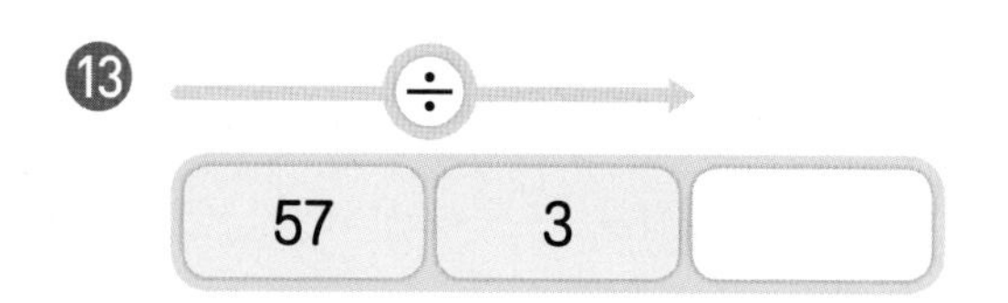

⑰
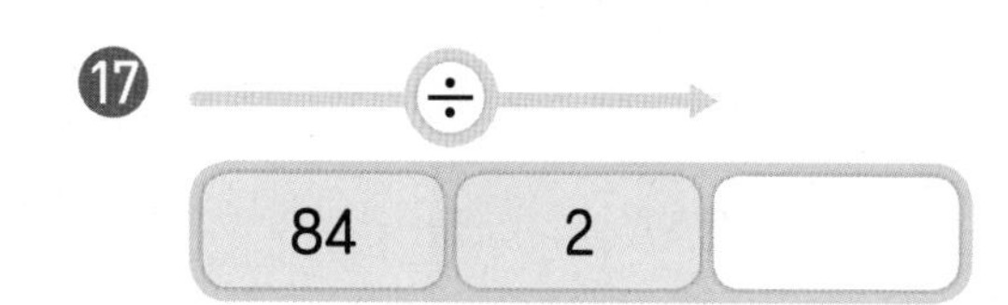

⑭
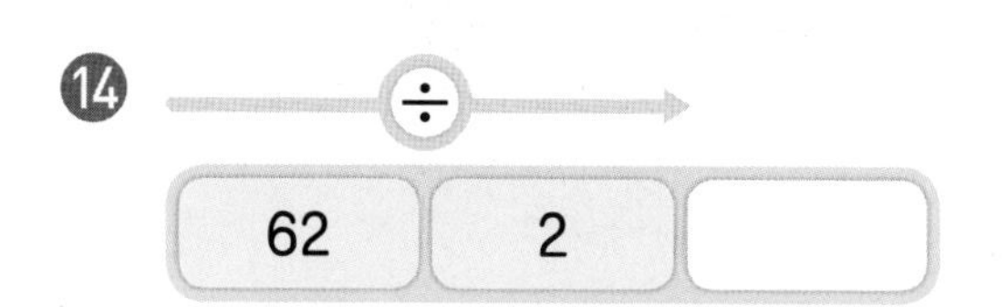

⑱
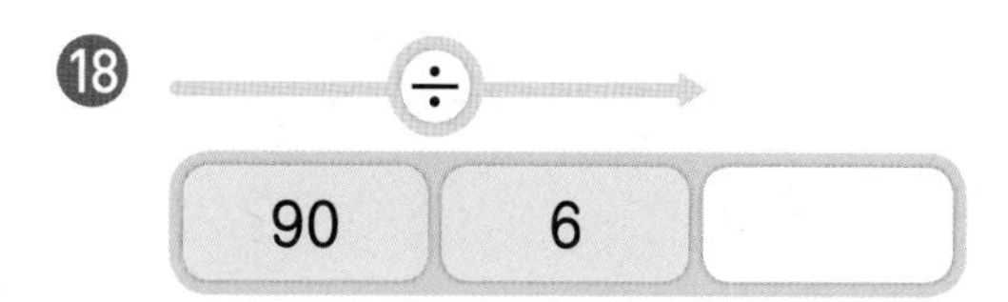

문장제 속 연산

⑲ 초콜릿이 45개 있습니다. 한 상자에 초콜릿을 3개씩 나누어 담으려면 상자는 몇 개가 필요한지 구해 보시오.

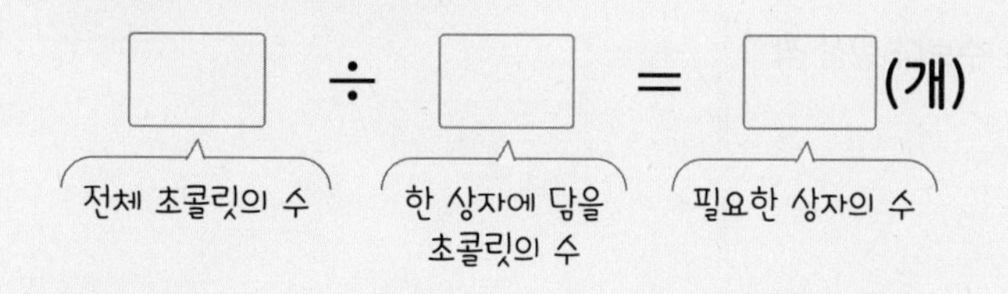

4 내림이 없고 나머지가 있는 (몇십몇)÷(몇)

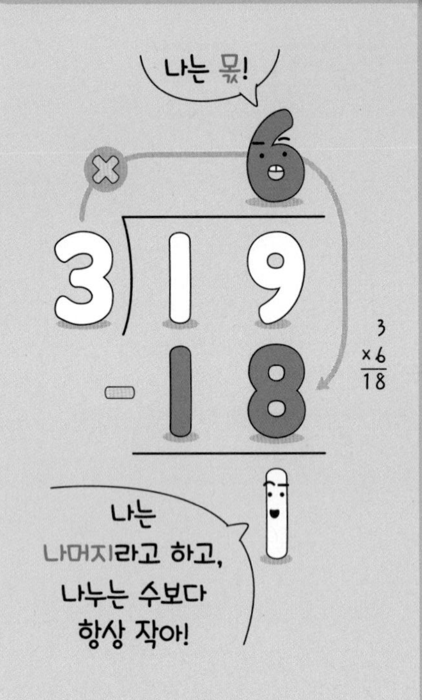

나는 몫!
3
×6
18
나는 나머지라고 하고, 나누는 수보다 항상 작아!

• 내림이 없고 나머지가 있는 (몇십몇)÷(몇)

예 19÷3의 계산

• 19를 3으로 나누면 몫은 6이고 1이 남습니다. 이때 1을 19÷3의 나머지라고 합니다.

$$\begin{array}{r} 6 \leftarrow \text{몫} \\ 3\overline{)\,19} \\ 18 \\ \hline 1 \leftarrow \text{나머지} \end{array}$$

$19 \div 3 = 6 \cdots 1$ (6: 몫, 1: 나머지)

• 나머지가 없으면 나머지가 0이라고 말할 수 있습니다. 나머지가 0일 때, 나누어떨어진다고 합니다.

참고 나머지는 나누는 수보다 항상 작습니다.

○ 계산해 보시오.

❶ $5\overline{)\,1\ 4}$

❷ $7\overline{)\,3\ 2}$

❸ $9\overline{)\,5\ 1}$

❹
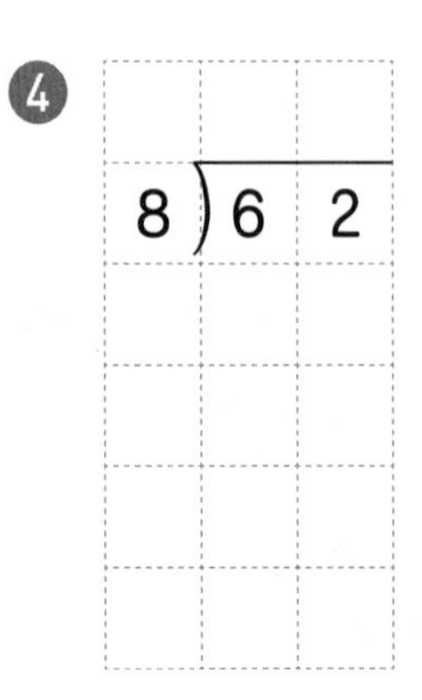

❺ $3\overline{)\,3\ 5}$

❻
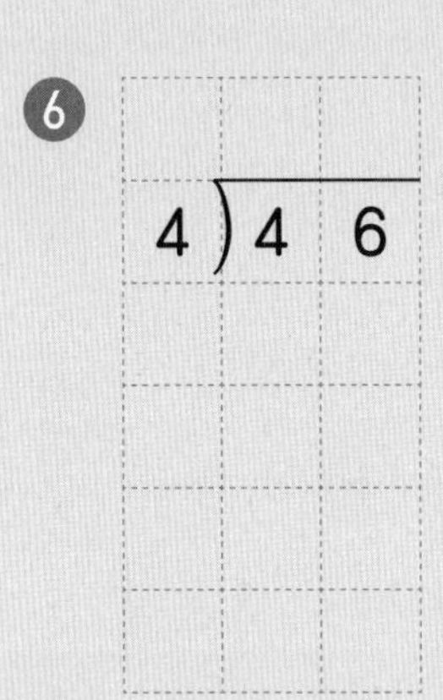

❼
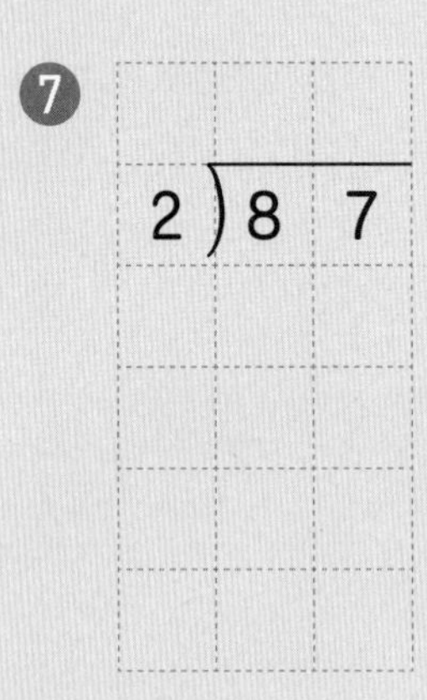

❽
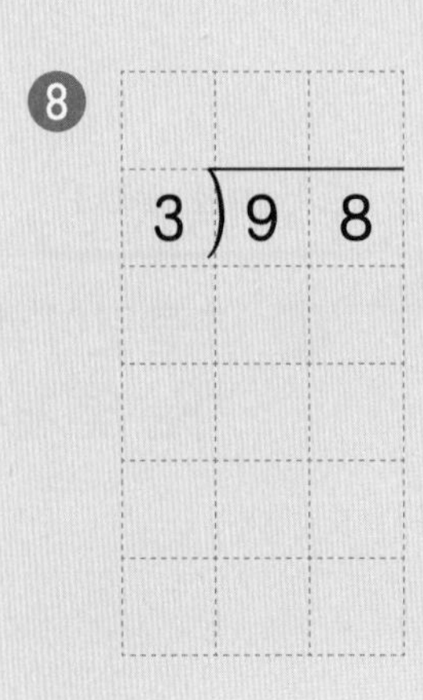

⑨ $25 \div 8 =$

⑫ $56 \div 6 =$

⑮ $47 \div 2 =$

⑩ $33 \div 6 =$

⑬ $67 \div 8 =$

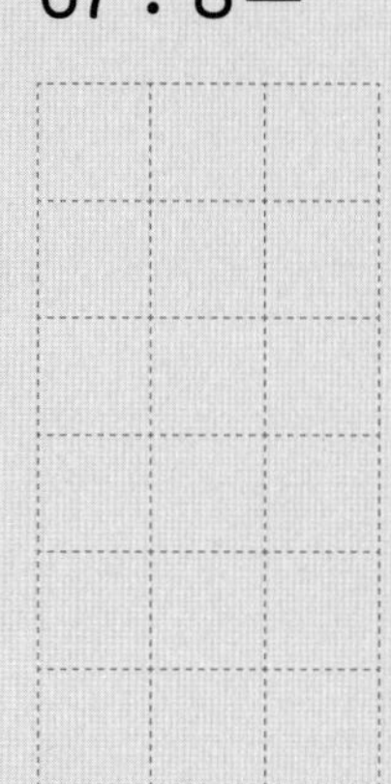

⑯ $65 \div 3 =$

⑪ $41 \div 5 =$

⑭ $75 \div 9 =$

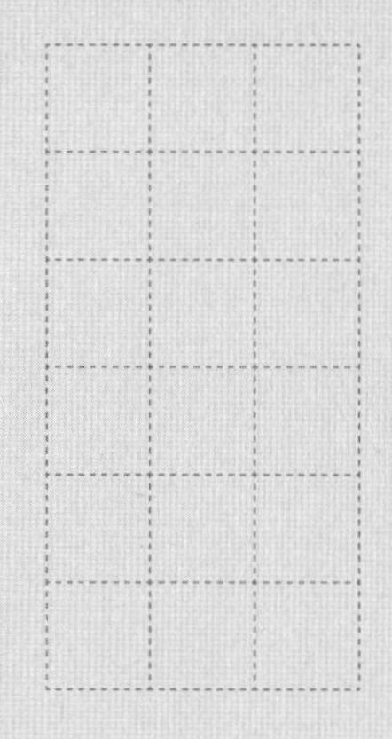

⑰ $86 \div 4 =$

4 내림이 없고 나머지가 있는 (몇십몇) ÷ (몇)

○ 계산해 보시오.

❶ $3\overline{)19}$

❷ $8\overline{)21}$

❸ $5\overline{)26}$

❹ $6\overline{)32}$

❺ $4\overline{)38}$

❻ $6\overline{)40}$

❼ $5\overline{)47}$

❽ $7\overline{)52}$

❾ $8\overline{)65}$

❿ $9\overline{)71}$

⓫ $3\overline{)38}$

⓬ $2\overline{)41}$

⓭ $6\overline{)68}$

⓮ $8\overline{)89}$

⓯ $3\overline{)95}$

⑯ $14\div6=$

⑰ $17\div4=$

⑱ $24\div7=$

⑲ $28\div3=$

⑳ $31\div8=$

㉑ $36\div5=$

㉒ $44\div6=$

㉓ $48\div7=$

㉔ $50\div6=$

㉕ $57\div8=$

㉖ $64\div7=$

㉗ $68\div9=$

㉘ $73\div8=$

㉙ $79\div9=$

㉚ $27\div2=$

㉛ $49\div4=$

㉜ $56\div5=$

㉝ $63\div2=$

㉞ $75\div7=$

㉟ $85\div4=$

㊱ $91\div3=$

5 내림이 있고 나머지가 있는 (몇십몇)÷(몇)

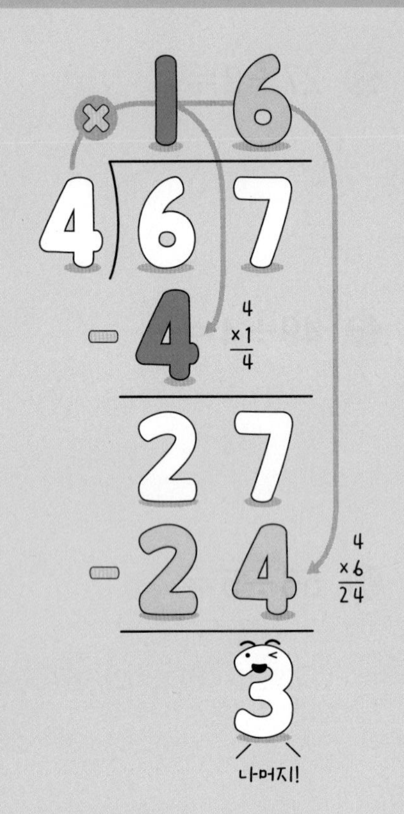

• 내림이 있고 나머지가 있는 (몇십몇)÷(몇)

예 67÷4의 계산

$$\begin{array}{r} 1 \\ 4\overline{)67} \\ 40 \\ \hline 27 \end{array} \Rightarrow \begin{array}{r} 16 \\ 4\overline{)67} \\ 4 \\ \hline 27 \\ 24 \\ \hline 3 \end{array}$$

40 ← 4×10, 24 ← 4×6

67÷4=16…3

○ 계산해 보시오.

❶ $2\overline{)35}$

❷ $3\overline{)46}$

❸ $2\overline{)53}$

❹ $3\overline{)59}$

❺ $4\overline{)67}$

❻ $3\overline{)77}$

❼ $5\overline{)89}$

❽ $7\overline{)95}$

⑨ 39÷2=

⑩ 44÷3=

⑪ 52÷3=

⑫ 55÷2=

⑬ 66÷5=

⑭ 75÷2=

⑮ 88÷7=

⑯ 94÷4=

⑰ 99÷6=

5 내림이 있고 나머지가 있는 (몇십몇) ÷ (몇)

○ 계산해 보시오.

❶ $2\overline{)33}$

❷ $3\overline{)43}$

❸ $2\overline{)51}$

❹ $3\overline{)53}$

❺ $3\overline{)58}$

❻ $5\overline{)64}$

❼ $4\overline{)65}$

❽ $3\overline{)71}$

❾ $5\overline{)77}$

❿ $6\overline{)79}$

⓫ $3\overline{)83}$

⓬ $5\overline{)84}$

⓭ $7\overline{)89}$

⓮ $2\overline{)93}$

⓯ $7\overline{)96}$

정답 • 10쪽

⑯ $31 \div 2 =$

⑰ $37 \div 2 =$

⑱ $47 \div 3 =$

⑲ $49 \div 3 =$

⑳ $55 \div 4 =$

㉑ $56 \div 3 =$

㉒ $59 \div 2 =$

㉓ $63 \div 4 =$

㉔ $66 \div 4 =$

㉕ $69 \div 5 =$

㉖ $73 \div 2 =$

㉗ $74 \div 5 =$

㉘ $75 \div 6 =$

㉙ $76 \div 3 =$

㉚ $82 \div 3 =$

㉛ $85 \div 7 =$

㉜ $88 \div 5 =$

㉝ $91 \div 4 =$

㉞ $95 \div 2 =$

㉟ $97 \div 5 =$

㊱ $99 \div 8 =$

4 ~ 5 다르게 풀기

○ 몫은 ☐ 안에, 나머지는 ◯ 안에 써넣으시오.

❶

÷7

16 → ☐ … ◯

16÷7을 계산하여 몫과 나머지를 써요.

❷

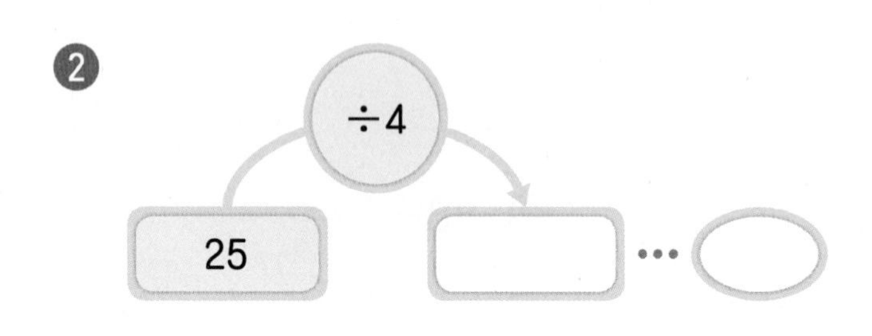

❸

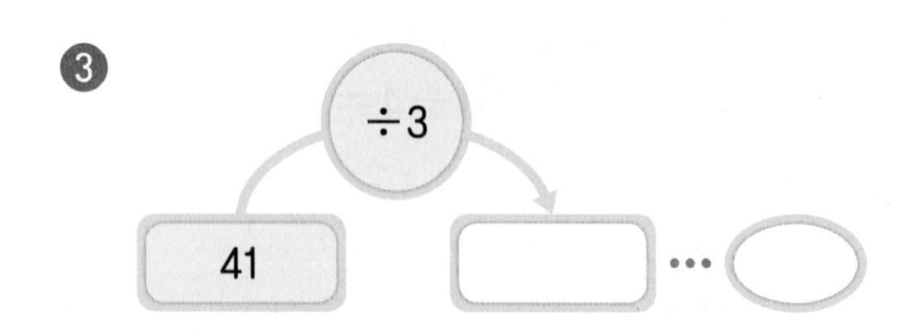

❹

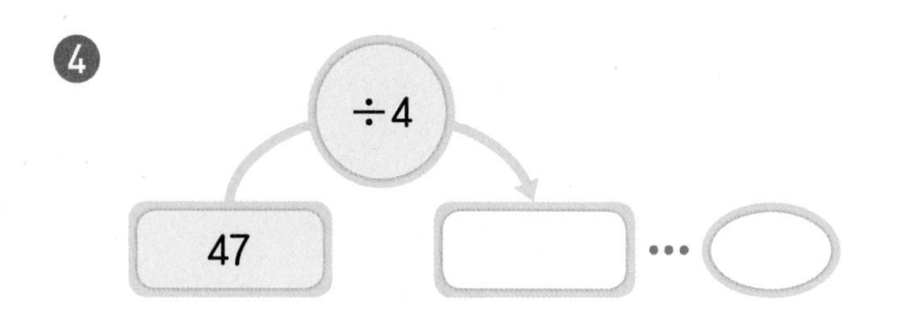

❺

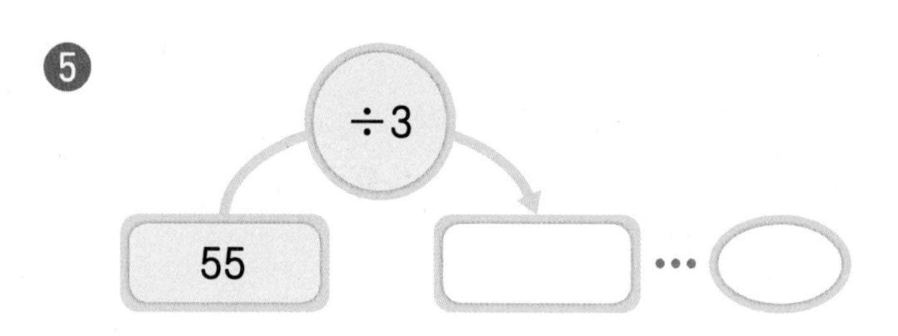

❻

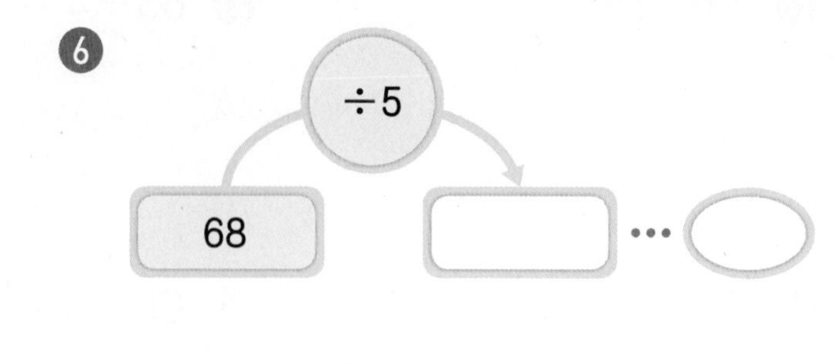

❼

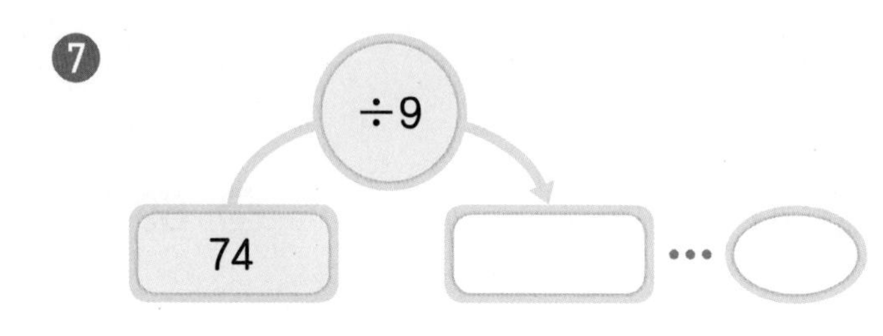

❽

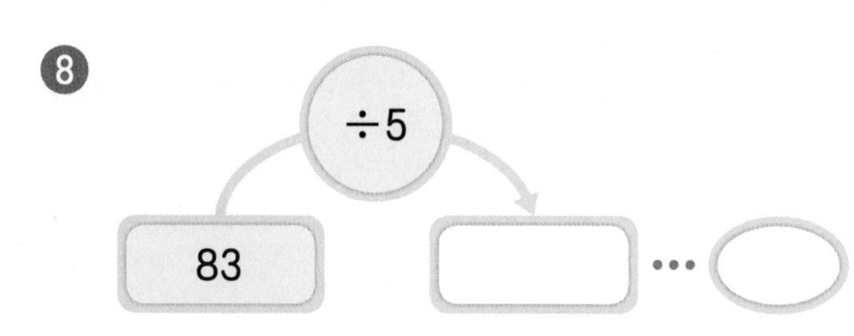

❾

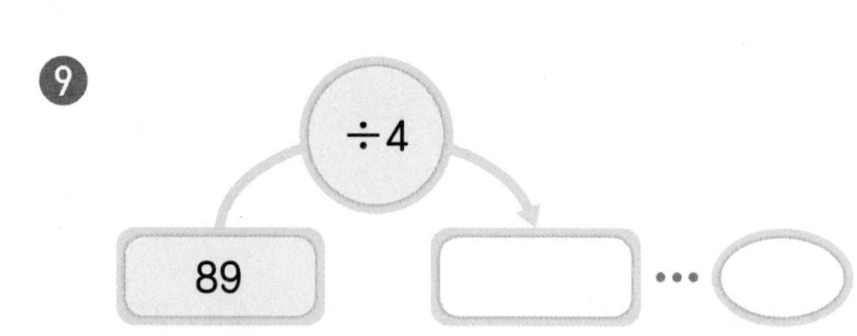

❿

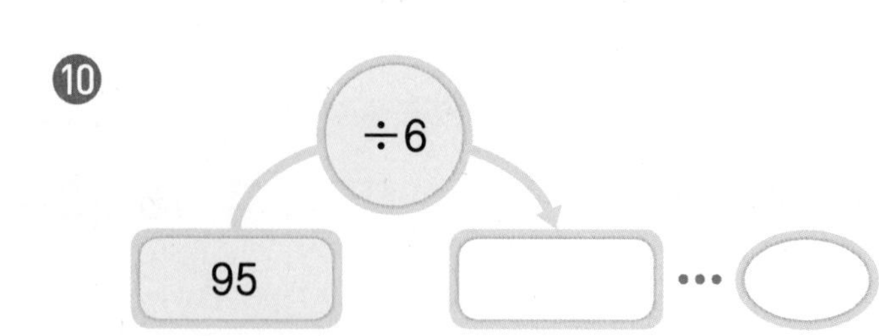

○ 몫은 □ 안에, 나머지는 ○ 안에 써넣으시오.

⑪

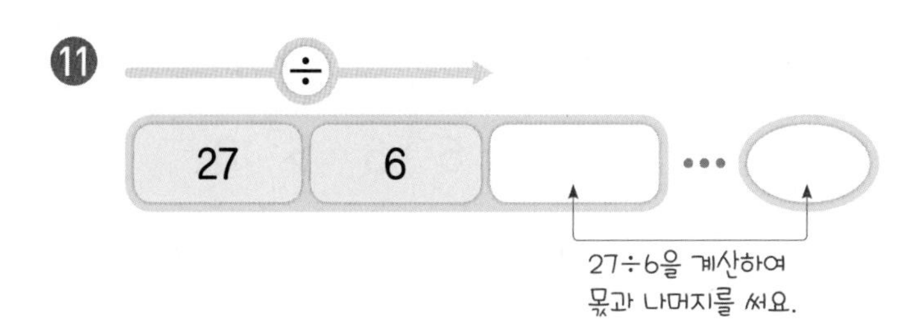

⑮
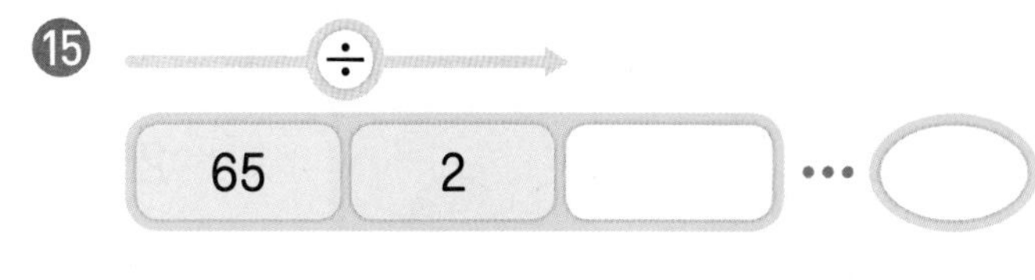

⑫
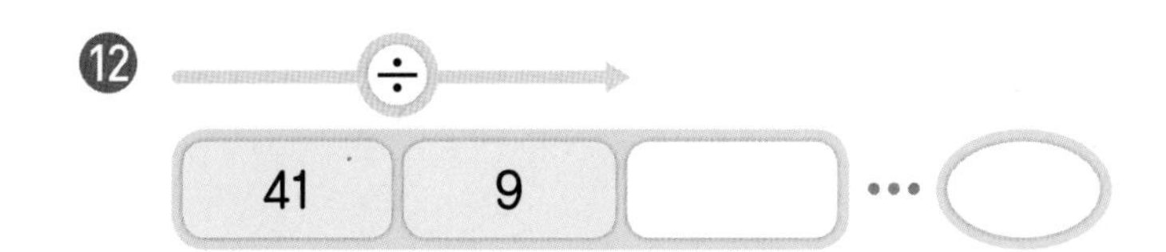

⑯
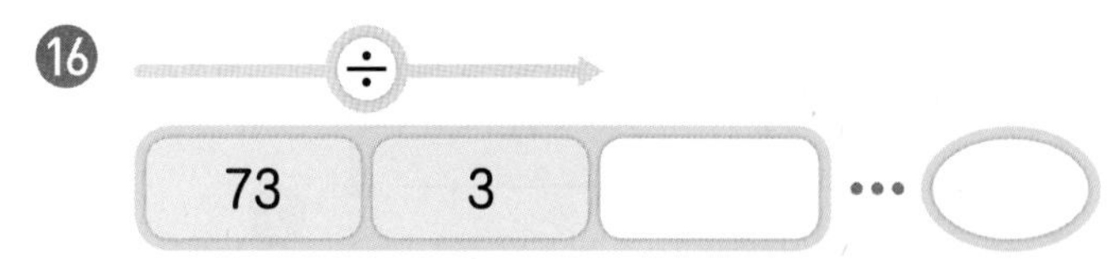

⑬
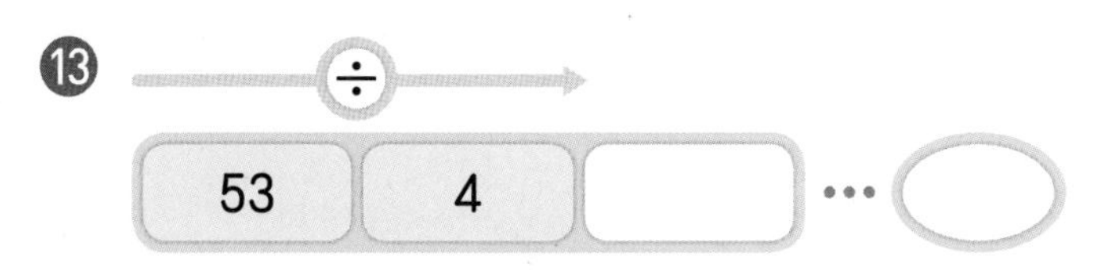

⑰
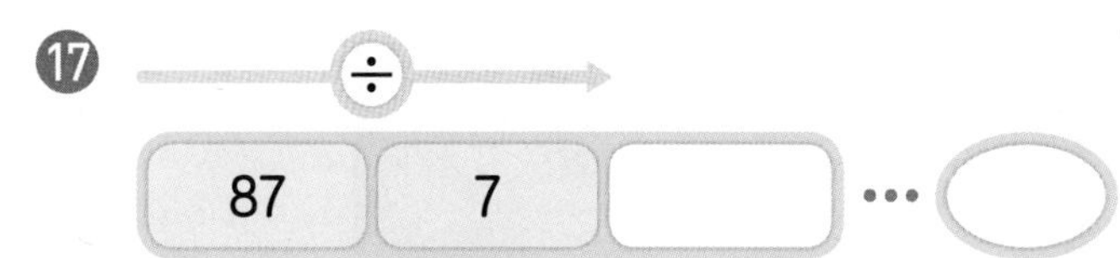

⑭
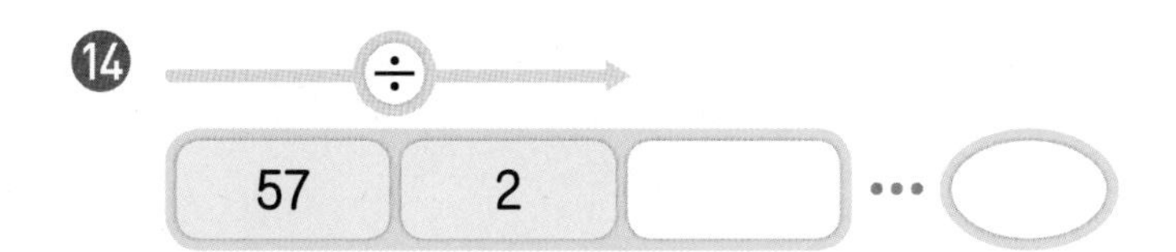

⑱
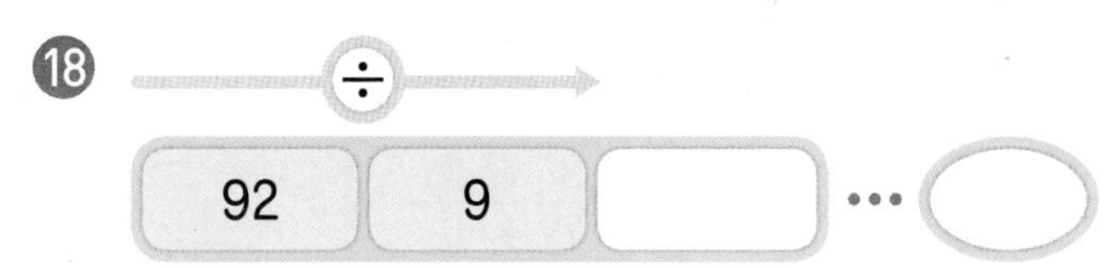

문장제 속 연산

⑲ 귤 37개를 한 사람에게 3개씩 나누어 주려고 합니다. 귤을 몇 명까지 나누어 줄 수 있고 몇 개가 남는지 구해 보시오.

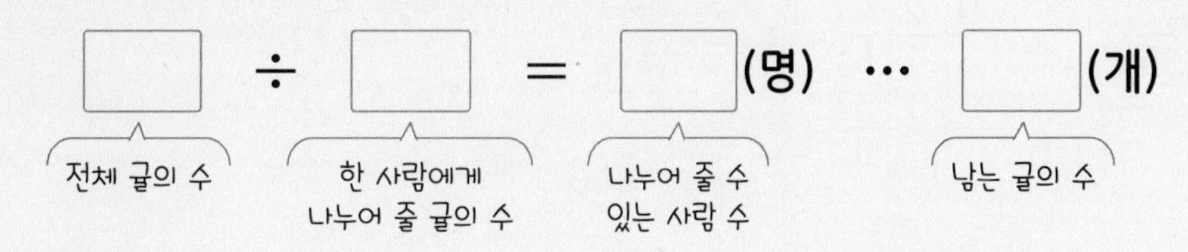

6 나머지가 없는 (세 자리 수)÷(한 자리 수)

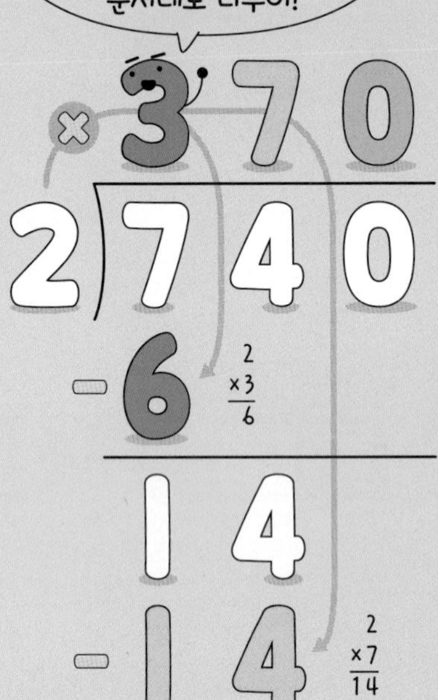

나누어지는 수의 백의 자리부터
순서대로 나누어!

• 나머지가 없는
(세 자리 수)÷(한 자리 수)

예 740÷2의 계산

$$\begin{array}{r} 3 \\ 2\overline{)740} \\ 6 \\ \hline 14 \end{array} \Rightarrow \begin{array}{r} 370 \\ 2\overline{)740} \\ 6 \\ \hline 14 \\ 14 \\ \hline 0 \end{array}$$

$740 \div 2 = 370$

참고 백의 자리에서 나눌 수 없으면 십의 자리부터 나눕니다.

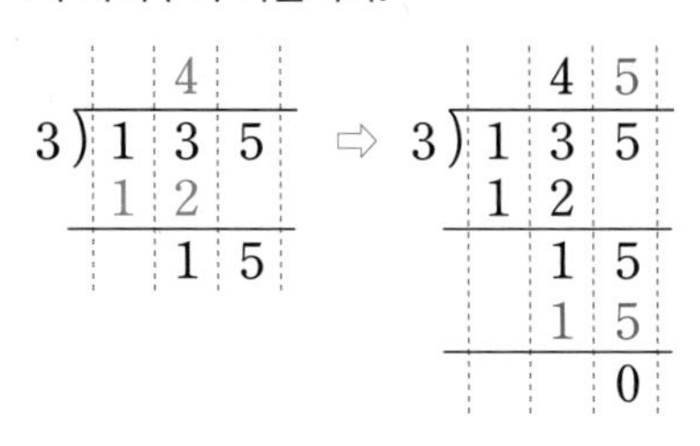

○ 계산해 보시오.

❶ 2)240

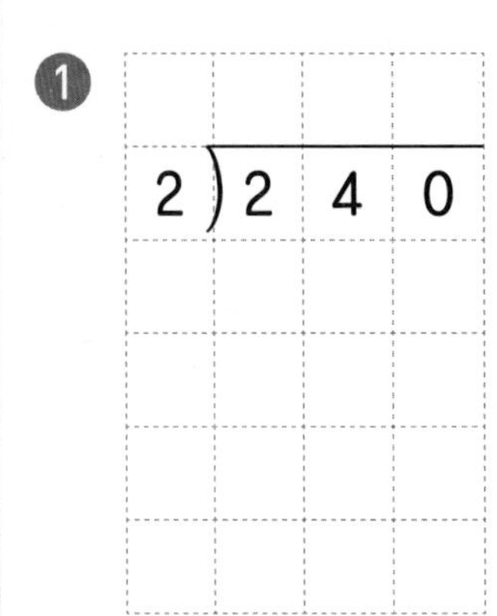

❷ 3)390

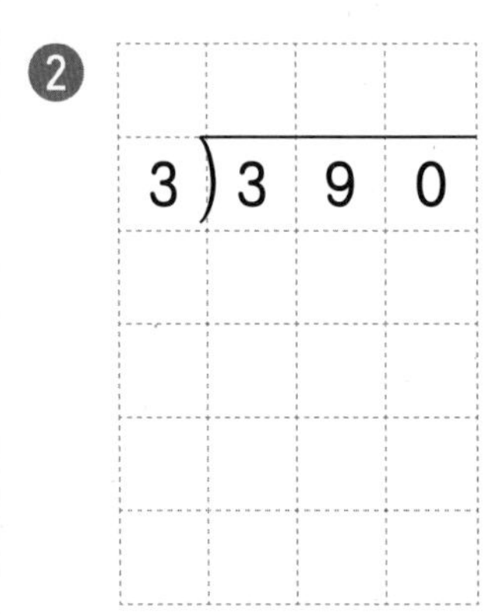

❸ 2)480

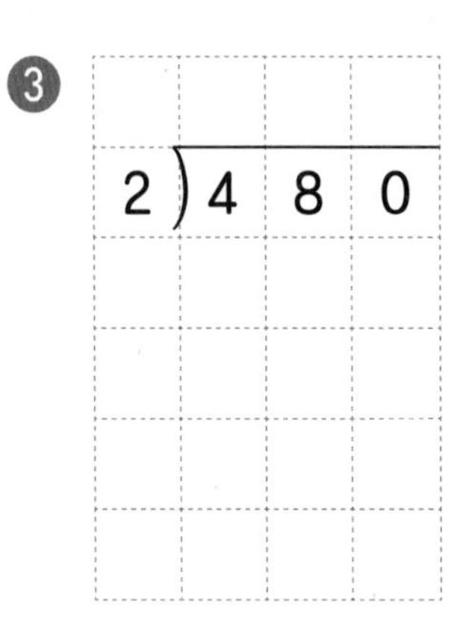

❹ 4)520

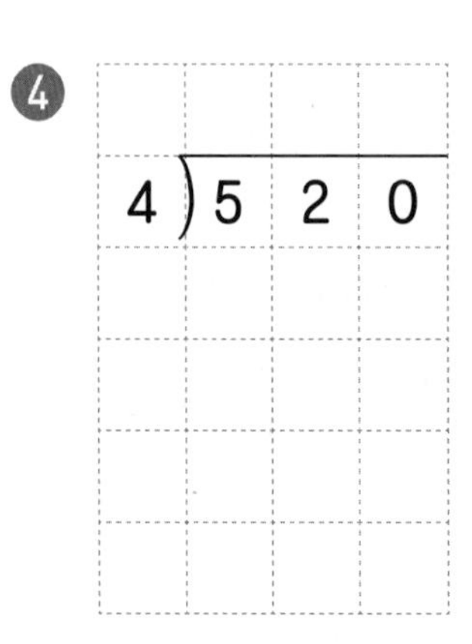

❺ 5)650

❻ 7)756

❼ 8)760

❽ 9)819

❾ 220÷2=

❿ 360÷2=

⓫ 480÷4=

⓬ 450÷3=

⓭ 550÷5=

⓮ 600÷5=

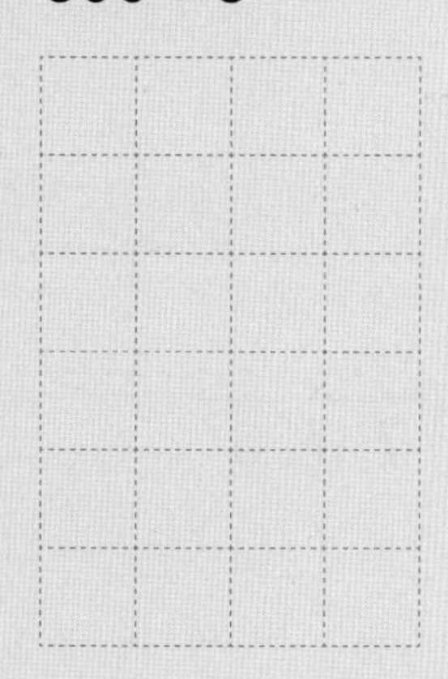

⓯ 624÷3=

⓰ 765÷9=

⓱ 855÷9=

6 나머지가 없는 (세 자리 수) ÷ (한 자리 수)

○ 계산해 보시오.

❶ $2\overline{)228}$

❷ $3\overline{)300}$

❸ $2\overline{)358}$

❹ $3\overline{)420}$

❺ $4\overline{)456}$

❻ $4\overline{)504}$

❼ $9\overline{)531}$

❽ $4\overline{)600}$

❾ $7\overline{)637}$

❿ $8\overline{)776}$

⓫ $5\overline{)795}$

⓬ $4\overline{)800}$

⓭ $5\overline{)860}$

⓮ $6\overline{)924}$

⓯ $9\overline{)954}$

⑯ 238÷2=

⑰ 280÷2=

⑱ 352÷2=

⑲ 378÷3=

⑳ 435÷3=

㉑ 448÷4=

㉒ 476÷2=

㉓ 501÷3=

㉔ 536÷4=

㉕ 552÷8=

㉖ 665÷7=

㉗ 688÷8=

㉘ 692÷2=

㉙ 725÷5=

㉚ 747÷9=

㉛ 774÷6=

㉜ 816÷4=

㉝ 856÷8=

㉞ 867÷3=

㉟ 900÷6=

㊱ 972÷4=

7 나머지가 있는 (세 자리 수)÷(한 자리 수)

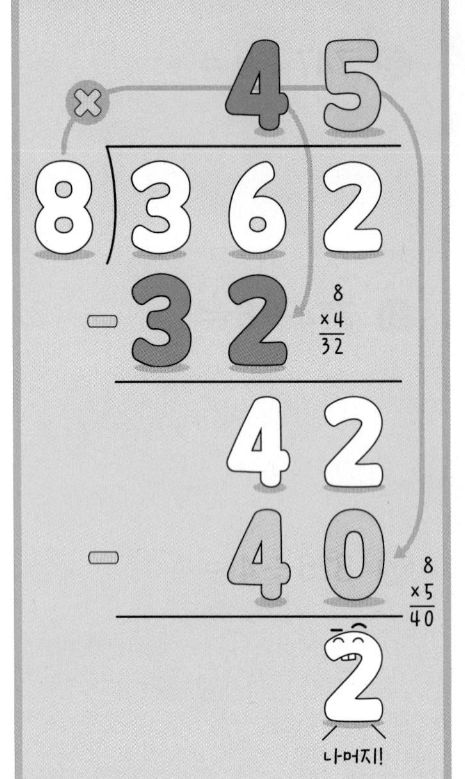

- 나머지가 있는 (세 자리 수)÷(한 자리 수)

예 362÷8의 계산

```
    4             4 5
8)3 6 2   ⇨   8)3 6 2
  3 2           3 2
    4 2           4 2
                  4 0
                    2
```

$362 \div 8 = 45 \cdots 2$

○ 계산해 보시오.

❶

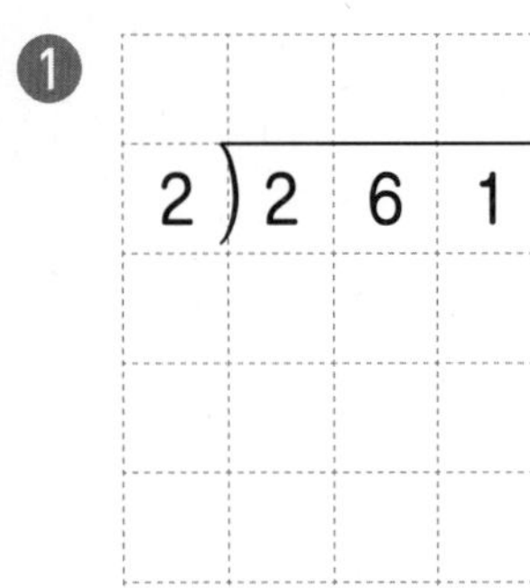

$2\overline{)261}$

❷

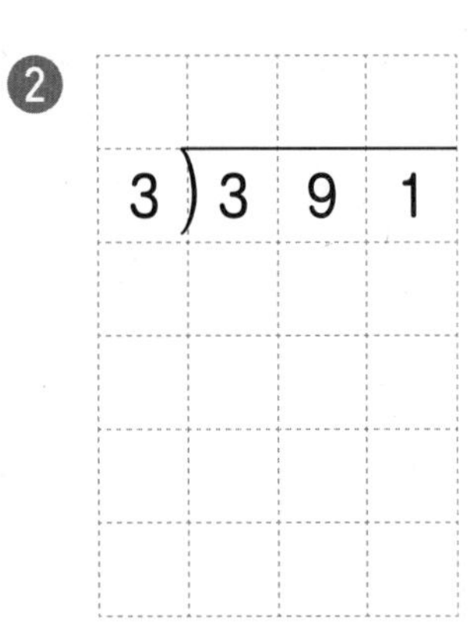

$3\overline{)391}$

❸ $3\overline{)422}$

❹ $5\overline{)554}$

❺ $5\overline{)653}$

❻ $6\overline{)656}$

❼ $8\overline{)759}$

❽ $9\overline{)803}$

❾ 281÷2=

⓬ 599÷7=

⓯ 738÷7=

❿ 362÷3=

⓭ 631÷3=

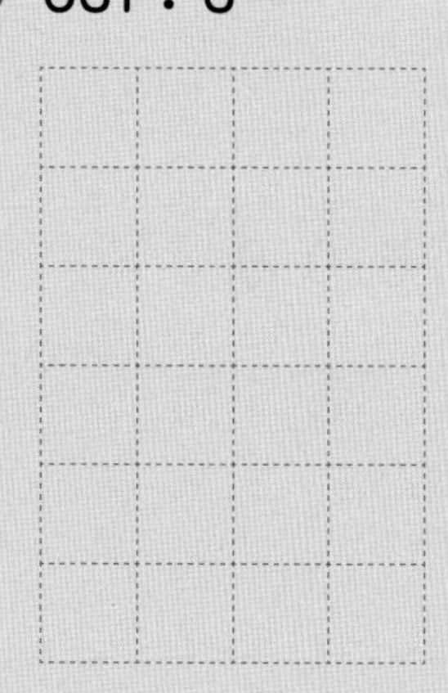

⓰ 713÷8=

⓫ 452÷3=

⓮ 643÷4=

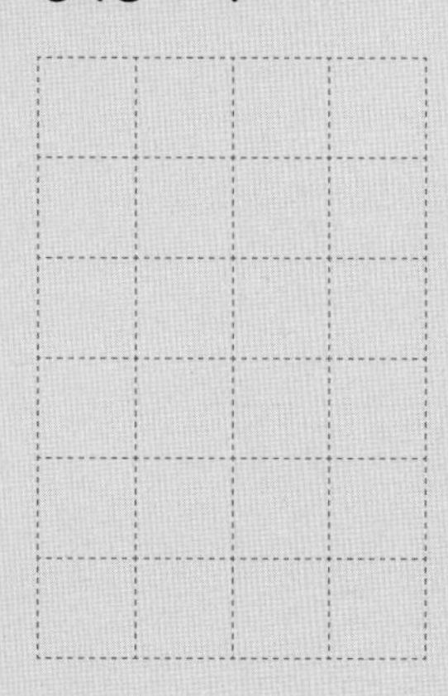

⓱ 835÷9=

7 나머지가 있는 (세 자리 수) ÷ (한 자리 수)

○ 계산해 보시오.

❶ $2\overline{)253}$

❷ $2\overline{)293}$

❸ $2\overline{)315}$

❹ $3\overline{)368}$

❺ $2\overline{)451}$

❻ $4\overline{)479}$

❼ $9\overline{)587}$

❽ $7\overline{)600}$

❾ $5\overline{)628}$

❿ $5\overline{)757}$

⓫ $8\overline{)791}$

⓬ $9\overline{)808}$

⓭ $4\overline{)818}$

⓮ $7\overline{)930}$

⓯ $2\overline{)995}$

정답 • 11쪽

⑯ 241÷2=

⑰ 285÷2=

⑱ 305÷2=

⑲ 335÷3=

⑳ 386÷3=

㉑ 449÷4=

㉒ 466÷3=

㉓ 489÷6=

㉔ 510÷4=

㉕ 556÷8=

㉖ 592÷3=

㉗ 624÷5=

㉘ 657÷7=

㉙ 700÷3=

㉚ 749÷8=

㉛ 757÷7=

㉜ 824÷9=

㉝ 833÷3=

㉞ 872÷9=

㉟ 906÷4=

㊱ 975÷6=

8 계산이 맞는지 확인하기

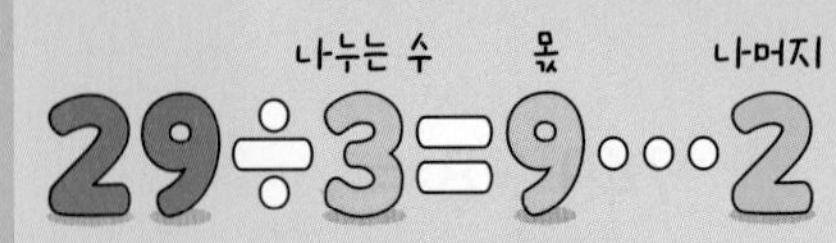

나누는 수와 몫의 곱에 나머지를 더해서 나누어지는 수가 되면 맞게 계산한 거야.

• 계산이 맞는지 확인하기

나누는 수와 몫의 곱에 나머지를 더하면 나누어지는 수가 되어야 합니다.

$29 \div 3 = 9 \cdots 2$

확인 $3 \times 9 = 27,\ 27 + 2 = 29$

○ 계산해 보고 계산 결과가 맞는지 확인해 보시오.

❶ 4)3 8

확인 $4 \times \square = \square$, $\square + \square = 38$

❷ 2)5 7

확인 $2 \times \square = \square$, $\square + \square = 57$

❸ 5)6 3

확인 $5 \times \square = \square$, $\square + \square = 63$

❹ 9)9 8

확인 $9 \times \square = \square$, $\square + \square = 98$

❺ 7)3 2 0

확인 $7 \times \square = \square$, $\square + \square = 320$

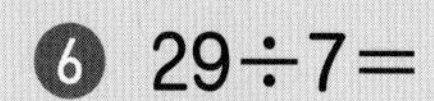

❻ $29 \div 7 =$

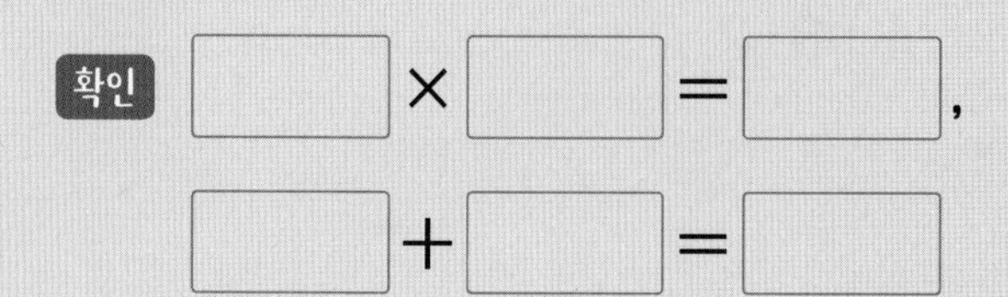

확인 □ × □ = □, □ + □ = □

❼ $35 \div 2 =$

확인 □ × □ = □, □ + □ = □

❽ $47 \div 3 =$

확인 □ × □ = □, □ + □ = □

❾ $55 \div 3 =$

확인 □ × □ = □, □ + □ = □

❿ $70 \div 3 =$

확인 □ × □ = □, □ + □ = □

⓫ $87 \div 4 =$

확인 □ × □ = □, □ + □ = □

⓬ $92 \div 3 =$

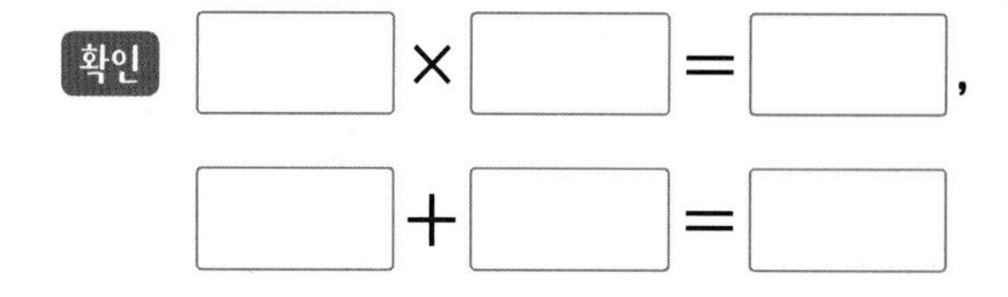

확인 □ × □ = □, □ + □ = □

⓭ $148 \div 5 =$

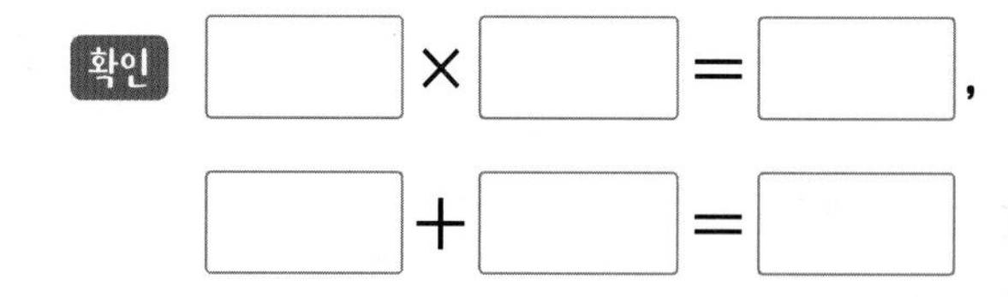

확인 □ × □ = □, □ + □ = □

⓮ $517 \div 2 =$

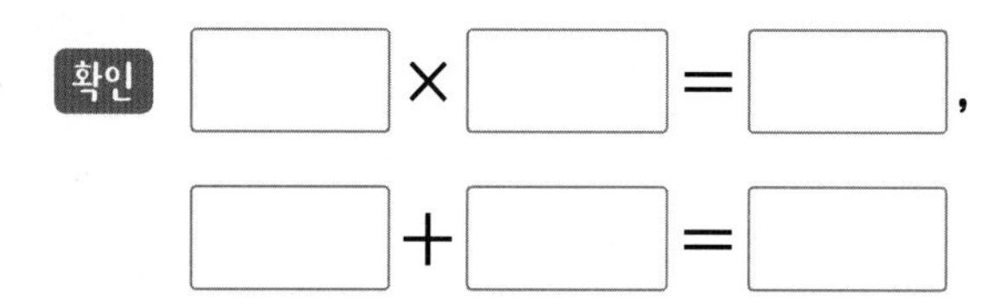

확인 □ × □ = □, □ + □ = □

⓯ $815 \div 4 =$

확인 □ × □ = □, □ + □ = □

8 계산이 맞는지 확인하기

○ 계산해 보고 계산 결과가 맞는지 확인해 보시오.

❶ $2\overline{)25}$

확인 ______

❷ $6\overline{)44}$

확인 ______

❸ $9\overline{)58}$

확인 ______

❹ $6\overline{)77}$

확인 ______

❺ $4\overline{)82}$

확인 ______

❻ $7\overline{)94}$

확인 ______

❼ $9\overline{)415}$

확인 ______

❽ $3\overline{)827}$

확인 ______

정답 • 12쪽

⑨ $38 \div 8 =$

확인

⑩ $42 \div 4 =$

확인

⑪ $58 \div 4 =$

확인

⑫ $73 \div 5 =$

확인

⑬ $86 \div 7 =$

확인

⑭ $95 \div 3 =$

확인

⑮ $97 \div 6 =$

확인

⑯ $374 \div 4 =$

확인

⑰ $595 \div 2 =$

확인

⑱ $716 \div 9 =$

확인

6 ~ 8 다르게 풀기

○ 빈칸에 알맞은 수를 써넣으시오.

❶
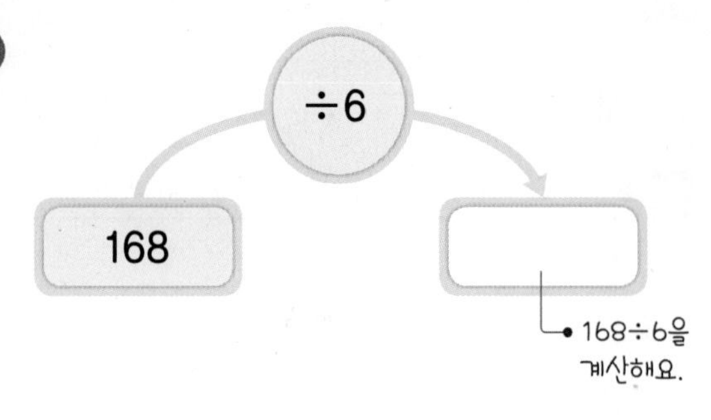

❷
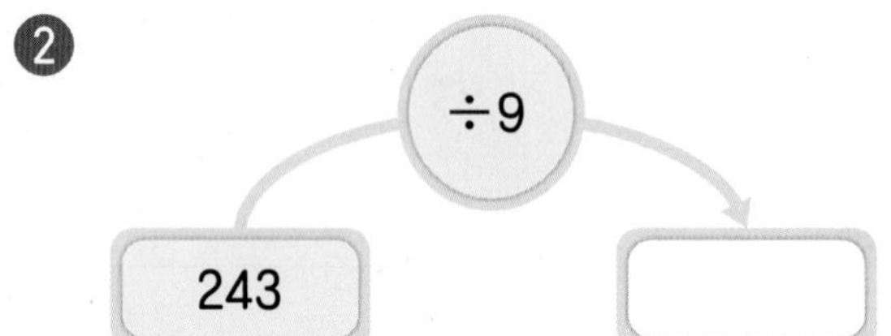

❸
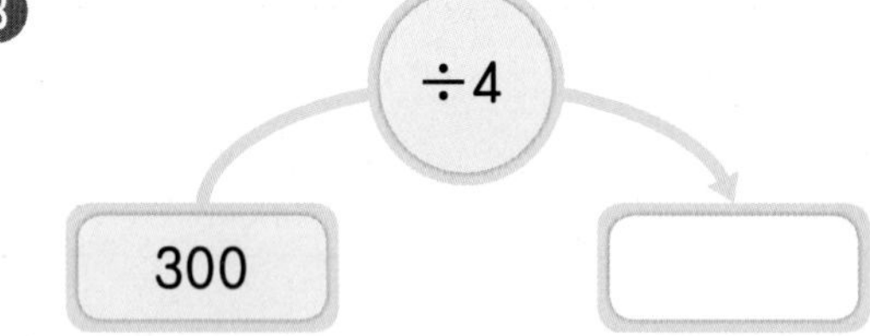

❹
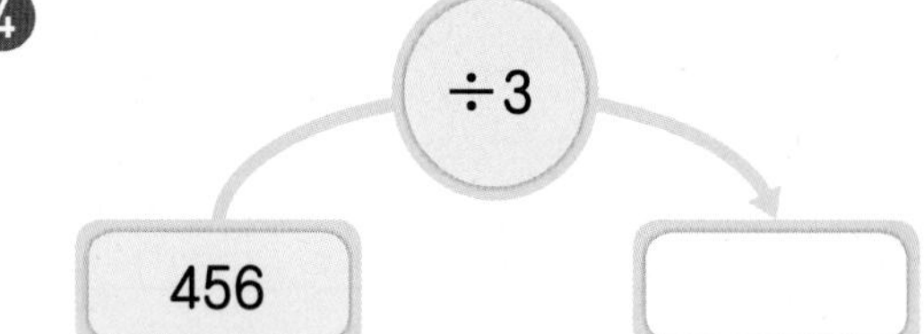

❺
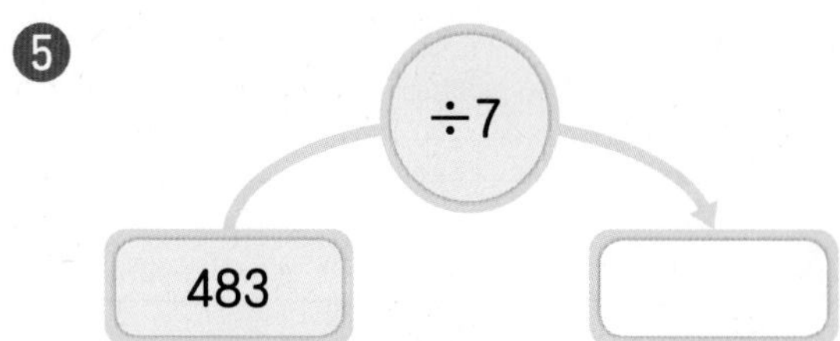

❻
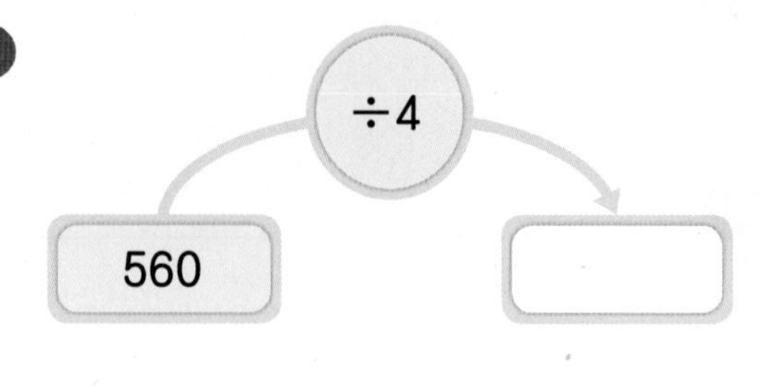

❼
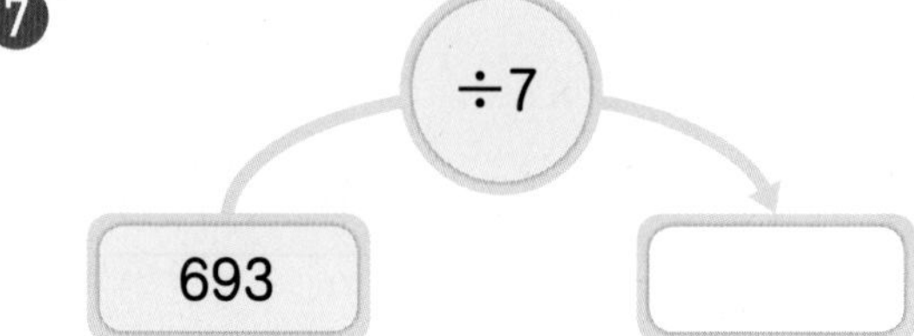

❽
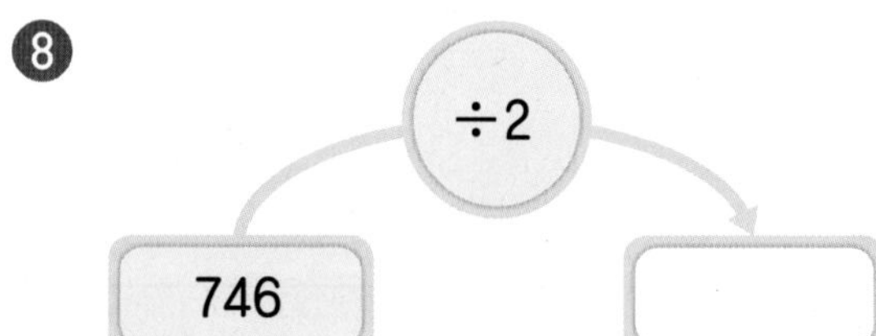

❾
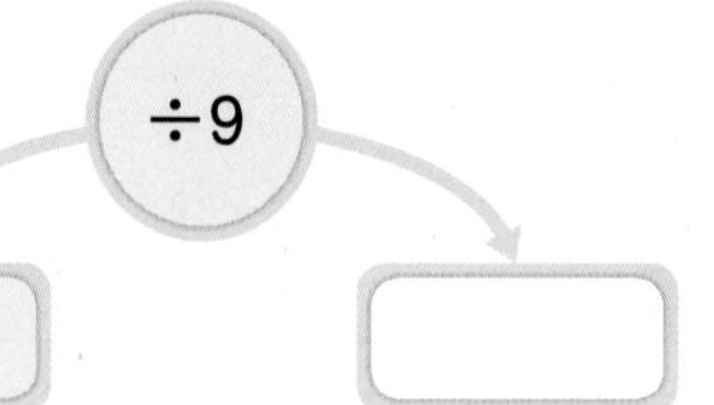

❿
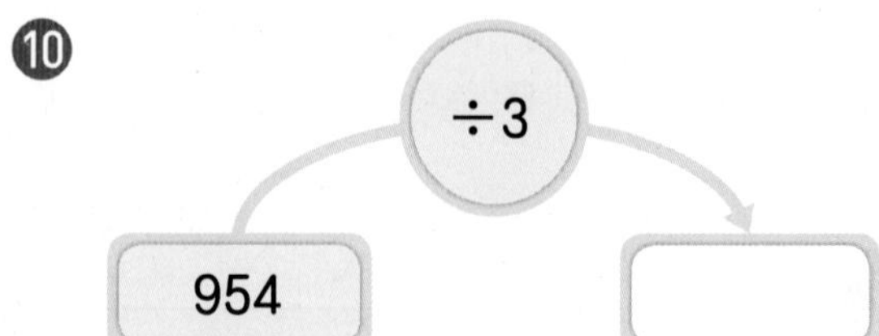

○ 몫은 □ 안에, 나머지는 ○ 안에 써넣고, 계산 결과가 맞는지 확인해 보시오.

⑪
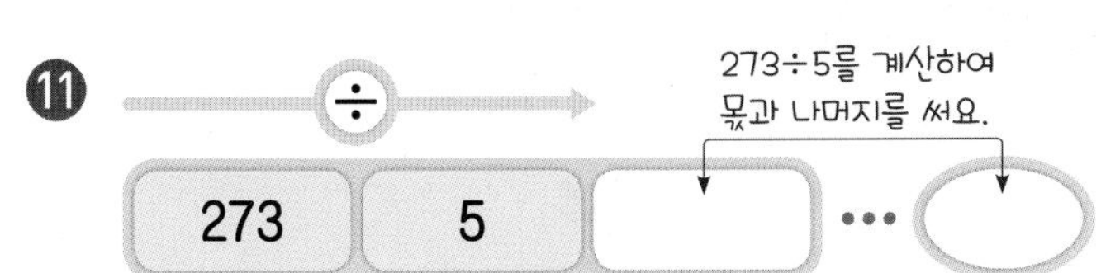

확인 ______________________

⑭
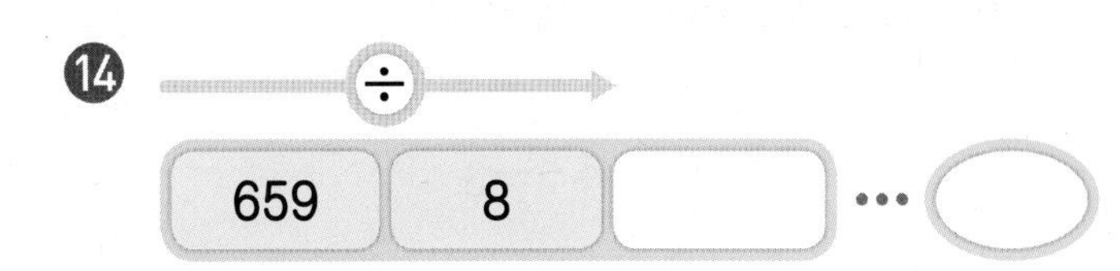

확인 ______________________

⑫

확인 ______________________

⑮

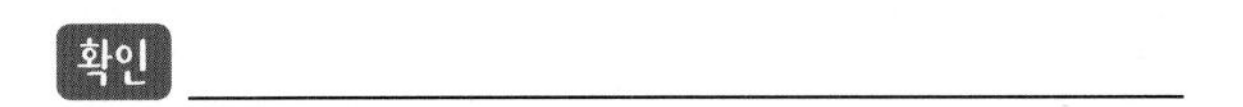
확인 ______________________

⑬

확인 ______________________

⑯

확인 ______________________

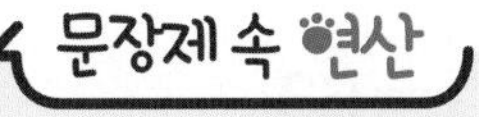

⑰ 구슬 114개를 6명에게 똑같이 나누어 주려고 합니다. 한 명에게 구슬을 몇 개씩 줄 수 있는지 구해 보시오.

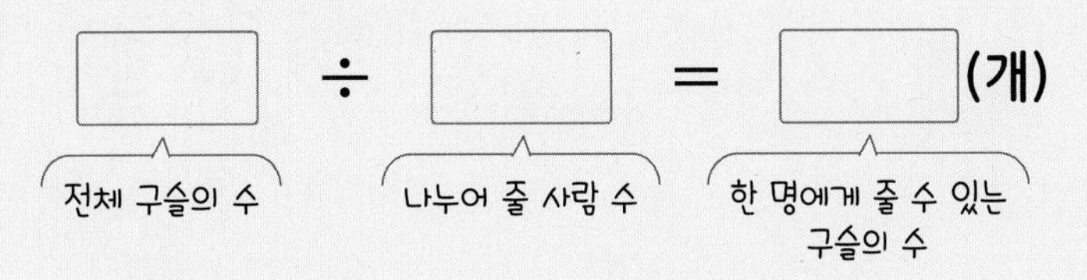

초등에서 푸는 방정식 계산 비법

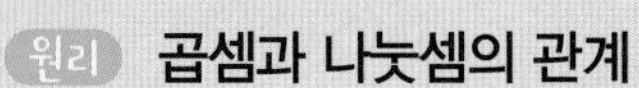

$2\times3=6 \Rightarrow \begin{cases} 6\div3=2 \\ 6\div2=3 \end{cases}$

적용 곱셈식의 어떤 수(□) 구하기

- □$\times3=48$ ⟶ □$=48\div3=16$
- $3\times$□$=48$ ⟶ □$=48\div3=16$

○ 어떤 수(□)를 구하려고 합니다. □ 안에 알맞은 수를 써넣으시오.

❶ □$\times4=80$

$80\div4=$□

❷ □$\times3=33$

$33\div3=$□

❸ □$\times4=60$

$60\div4=$□

❹ □$\times6=72$

$72\div6=$□

❺ $3\times$□$=90$

$90\div3=$□

❻ $2\times$□$=50$

$50\div2=$□

❼ $4\times$□$=52$

$52\div4=$□

❽ $3\times$□$=63$

$63\div3=$□

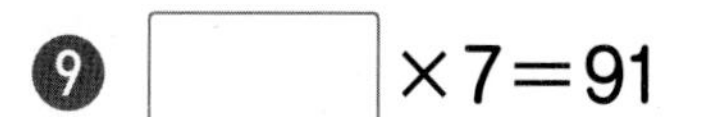

❾ □ × 7 = 91

91 ÷ 7 = □

❿ □ × 3 = 96

96 ÷ 3 = □

⓫ □ × 6 = 186

186 ÷ 6 = □

⓬ □ × 5 = 235

235 ÷ 5 = □

⓭ □ × 9 = 864

864 ÷ 9 = □

⓮ 5 × □ = 75

75 ÷ 5 = □

⓯ 2 × □ = 82

82 ÷ 2 = □

⓰ 8 × □ = 384

384 ÷ 8 = □

⓱ 7 × □ = 714

714 ÷ 7 = □

⓲ 8 × □ = 904

904 ÷ 8 = □

평가 2. 나눗셈

○ 계산해 보시오.

1 $2\overline{)30}$

2 $4\overline{)48}$

3 $3\overline{)57}$

4 $2\overline{)67}$

5 $6\overline{)74}$

6 $5\overline{)270}$

7 $3\overline{)715}$

8 $20\div2=$

9 $39\div3=$

10 $68\div4=$

11 $79\div9=$

12 $97\div8=$

13 $212\div4=$

14 $462\div9=$

15 $654\div5=$

○ 계산해 보고 계산 결과가 맞는지 확인해 보시오.

16 $27 \div 2 =$

확인 ________

17 $59 \div 4 =$

확인 ________

18 $65 \div 3 =$

확인 ________

19 $217 \div 5 =$

확인 ________

20 $581 \div 9 =$

확인 ________

○ 빈칸에 알맞은 수를 써넣으시오.

21 40 → $\div 2$ → □

22 68 → $\div 2$ → □

23 84 → $\div 3$ → □

24 174 → $\div 6$ → □

25 540 → $\div 4$ → □

2단원의 연산 실력을 보충하고 싶다면 **클리닉 북 9~16쪽**을 풀어 보세요.

원

학습하는 데 걸린 시간을 작성해 봐요!

학습 내용	학습 회차	걸린 시간
1 원의 중심, 반지름, 지름	1일 차	/6분
2 원의 지름의 성질	2일 차	/8분
3 원의 지름과 반지름 사이의 관계	3일 차	/10분
평가 3. 원	4일 차	/13분

1 원의 중심, 반지름, 지름

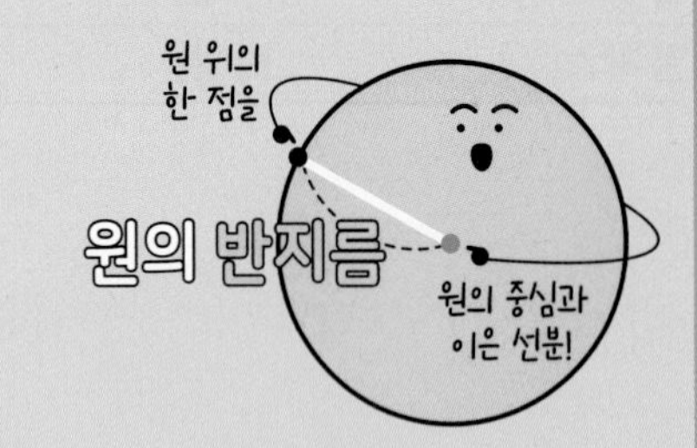

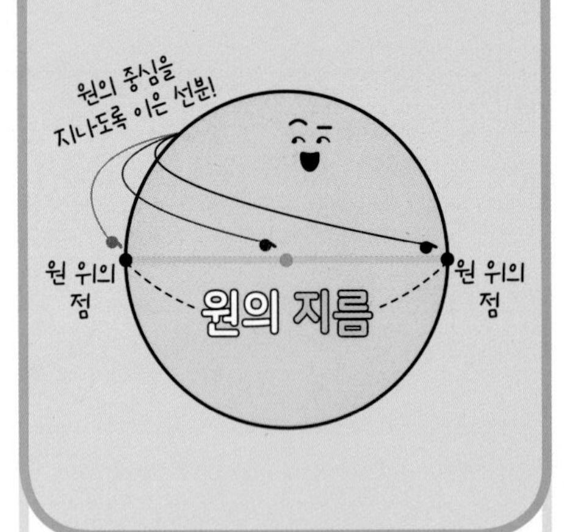

- **원의 중심, 반지름, 지름**
  - 원의 중심: 원의 가장 안쪽에 있는 점 ㅇ
  - 원의 반지름: 원의 중심 ㅇ과 원 위의 한 점을 이은 선분
  - 원의 지름: 원 위의 두 점을 원의 중심 ㅇ을 지나도록 이은 선분

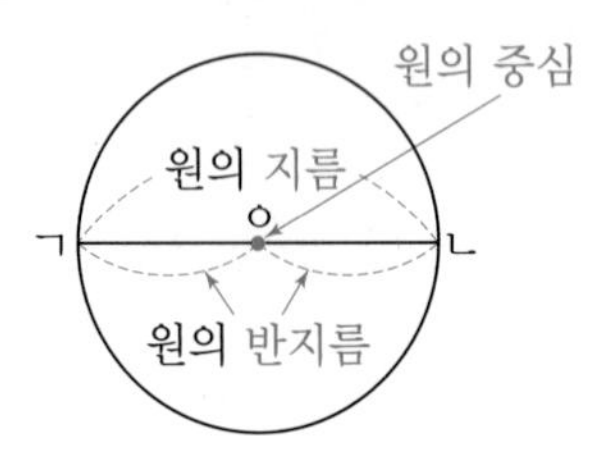

○ 원의 중심을 찾아 써 보시오.

1

( )

2

( )

3

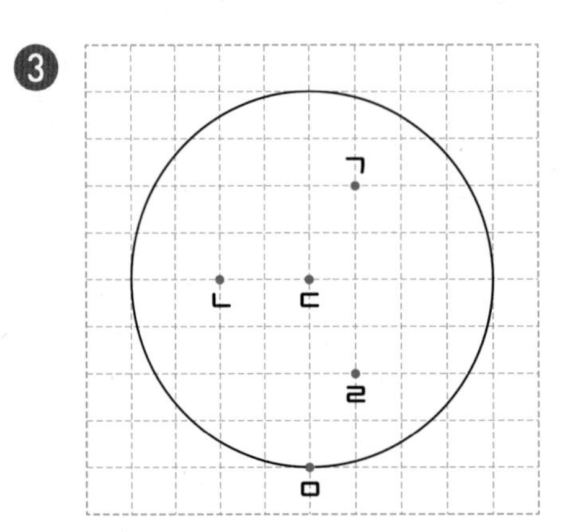

( )

4

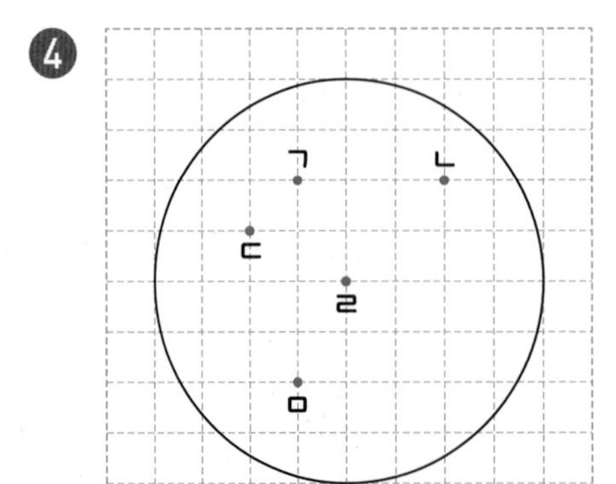

( )

◎ 원의 반지름을 나타내는 선분을 모두 찾아 써 보시오.

5

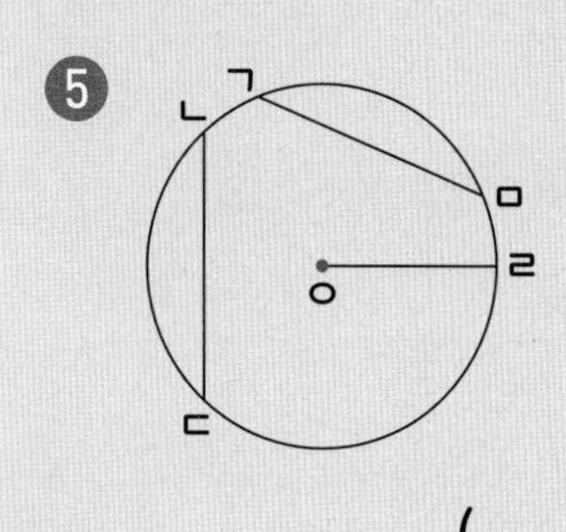

( )

6

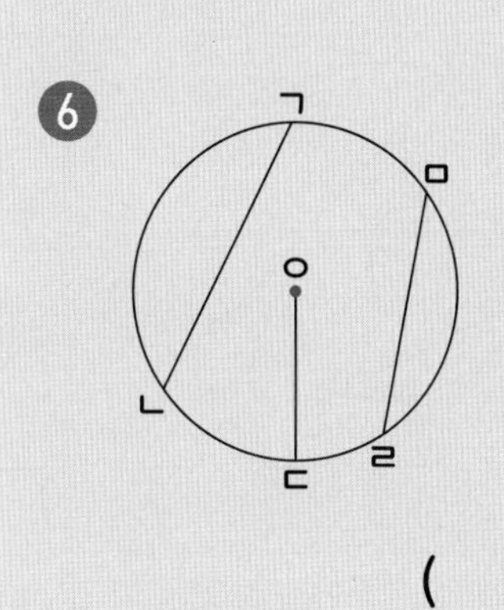

( )

7

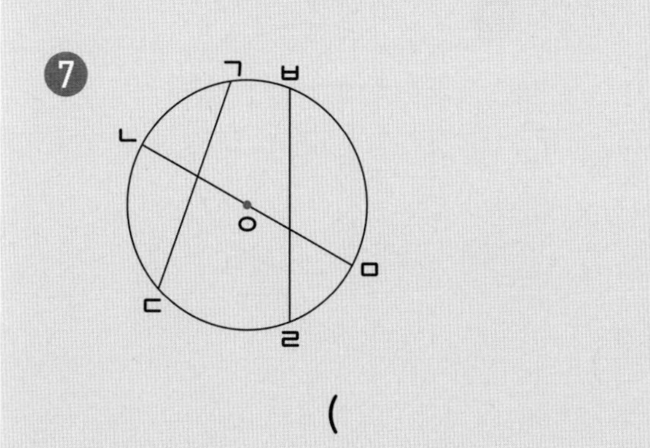

( )

8

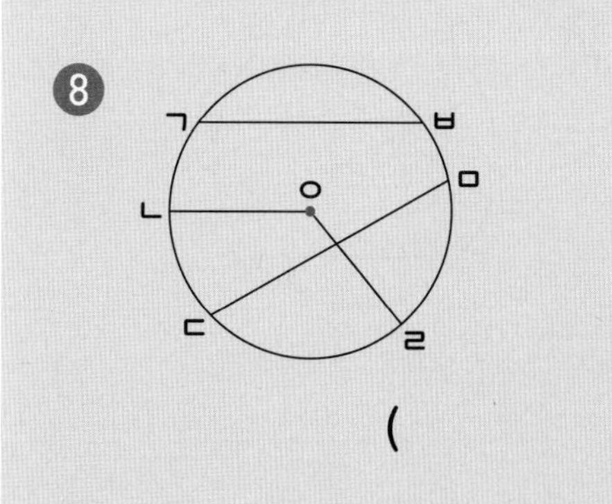

( )

◎ 원의 지름을 나타내는 선분을 찾아 써 보시오.

9

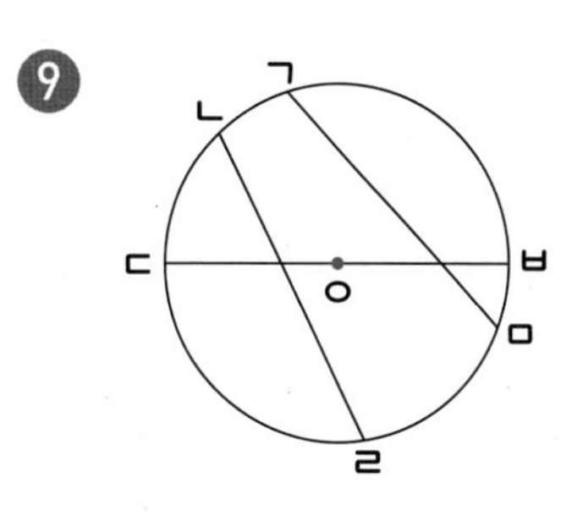

( )

10

ㄱ ㅁ ㄹ ㅇ ㄴ ㄷ

( )

11

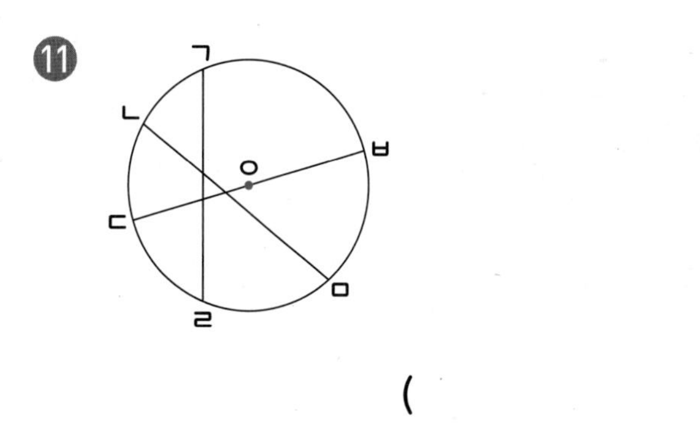

( )

12

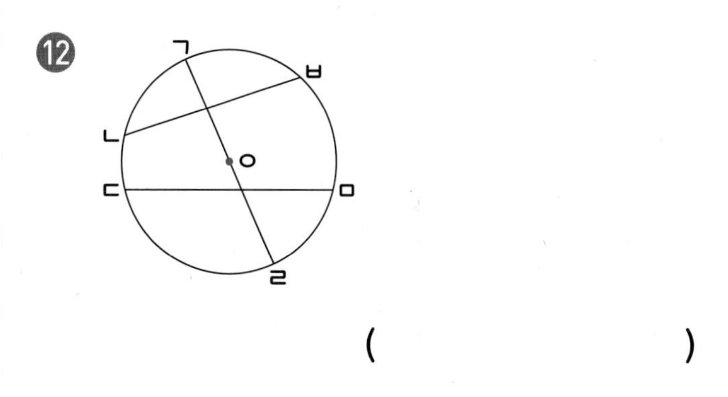

( )

2 원의 지름의 성질

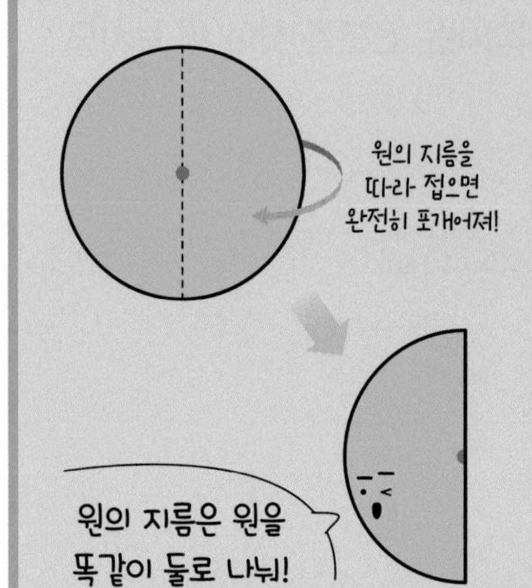

원의 지름을
따라 접으면
완전히 포개어져!

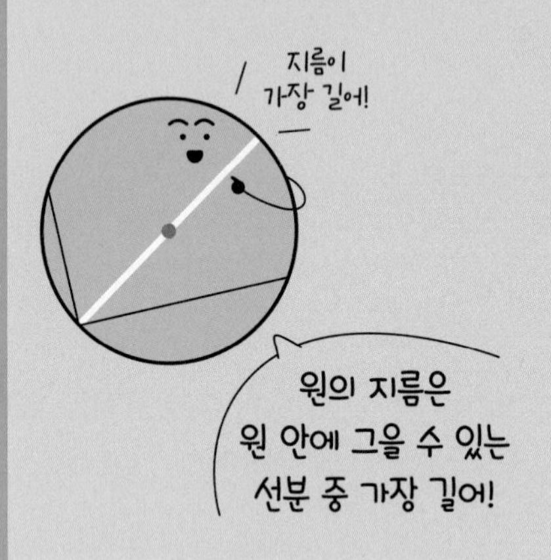

원의 지름은 원을
똑같이 둘로 나눠!
지름이
가장 길어!
원의 지름은
원 안에 그을 수 있는
선분 중 가장 길어!

- 원의 지름의 성질
- 원의 지름은 원을 둘로 똑같이 나눕니다.

- 원의 지름은 원 안에 그을 수 있는 가장 긴 선분입니다.

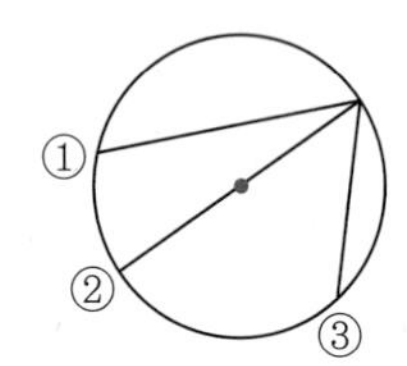

⇨ 원 위의 두 점을 이은 선분 중 가장 긴 선분인 ②가 원의 지름입니다.

○ 원을 둘로 똑같이 나눌 수 있는 선분을 찾아 써 보시오.

❶

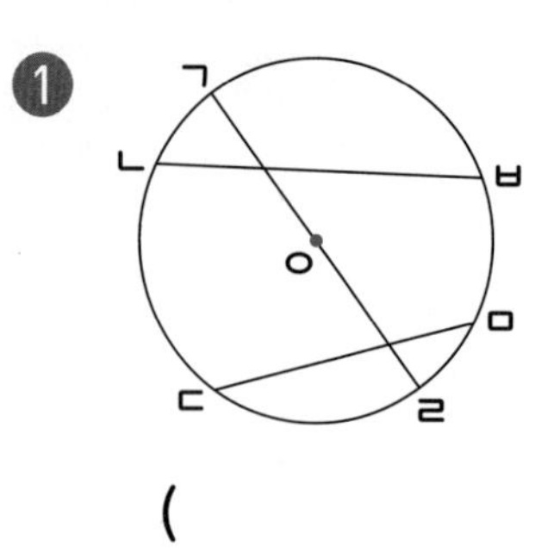

(   )

❷

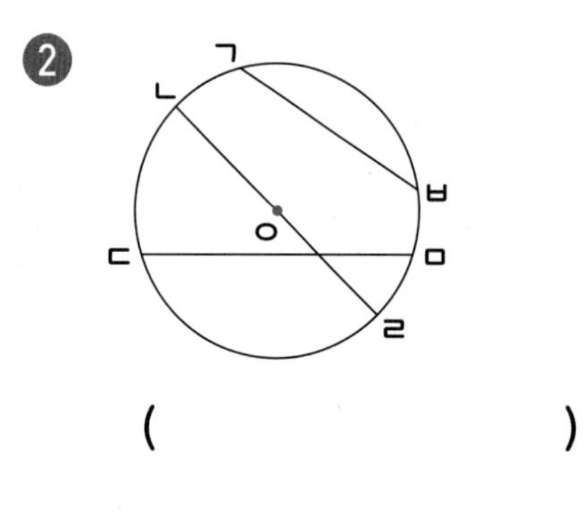

(   )

❸

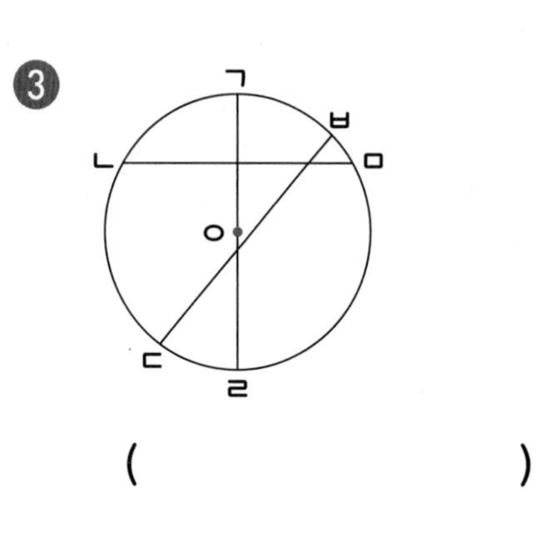

(   )

❹

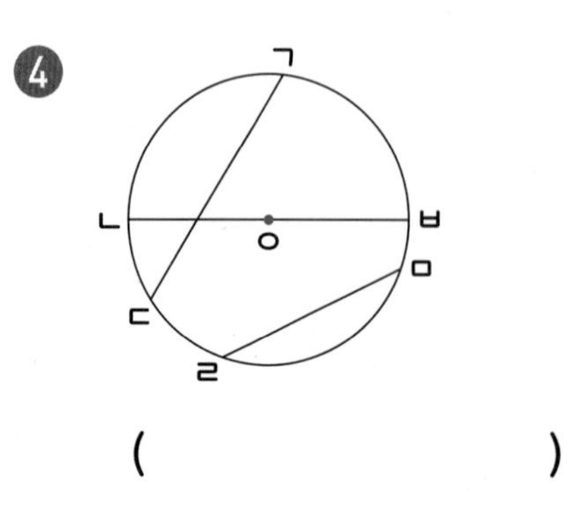

(   )

❺

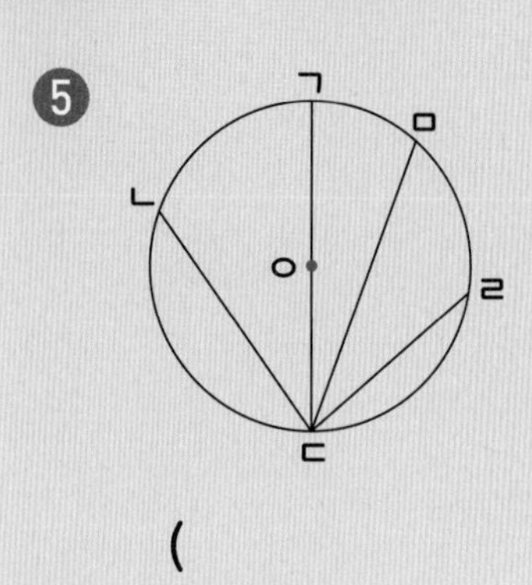

(   )

❻

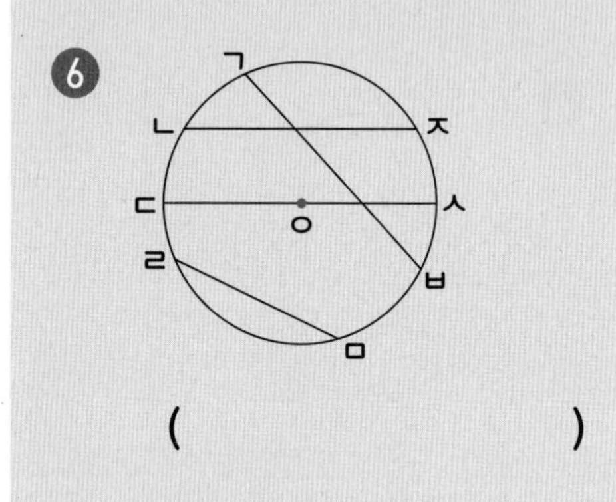

(   )

❼

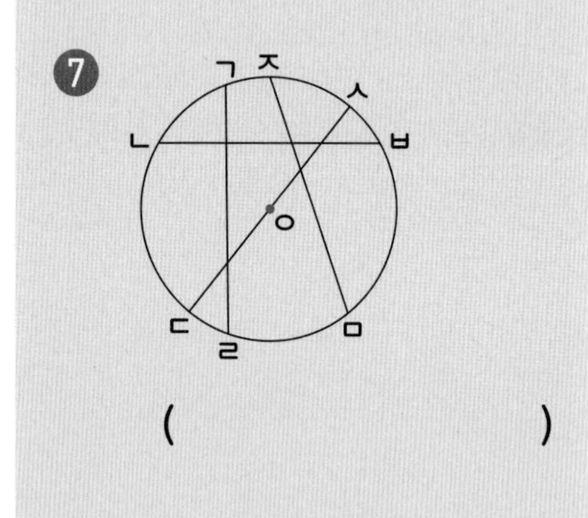

(   )

❽

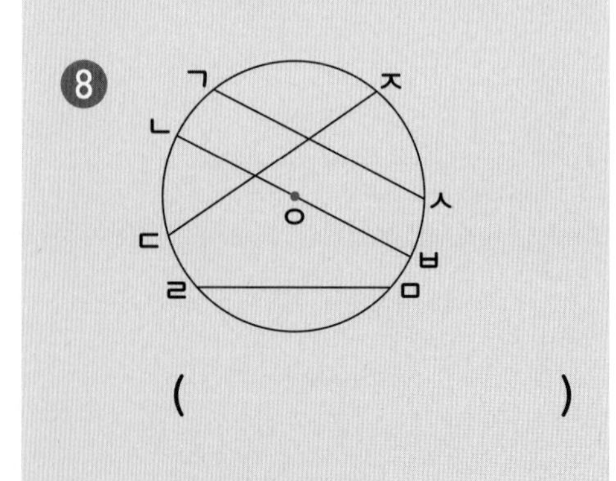

(   )

정답 • 13쪽

○ 길이가 가장 긴 선분과 원의 지름을 나타내는 선분을 각각 찾아 써 보시오.

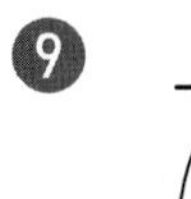

9

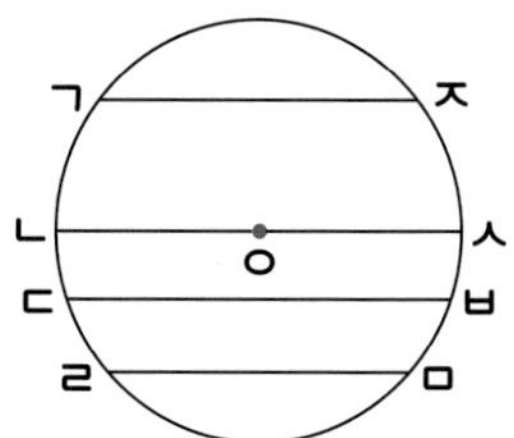

가장 긴 선분 ( )
원의 지름 ( )

10

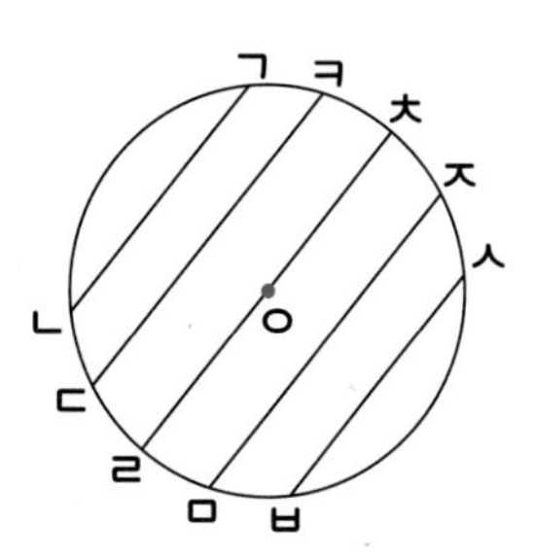

가장 긴 선분 ( )
원의 지름 ( )

11

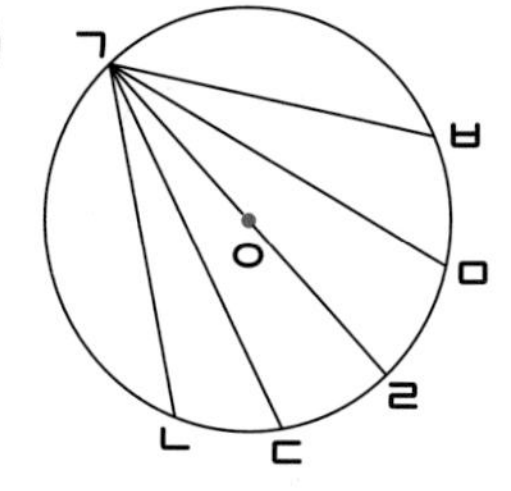

가장 긴 선분 ( )
원의 지름 ( )

12

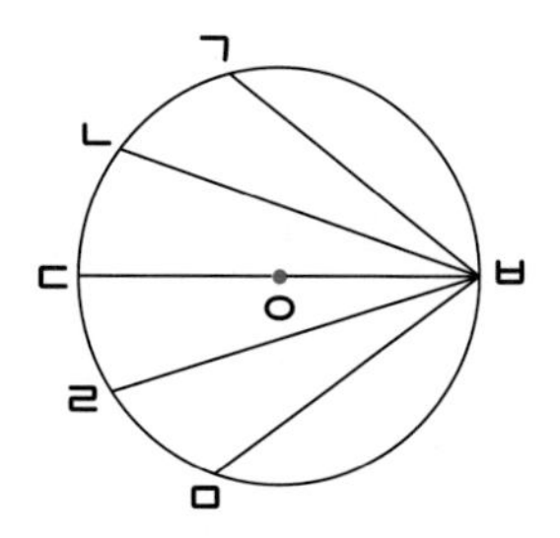

가장 긴 선분 ( )
원의 지름 ( )

13

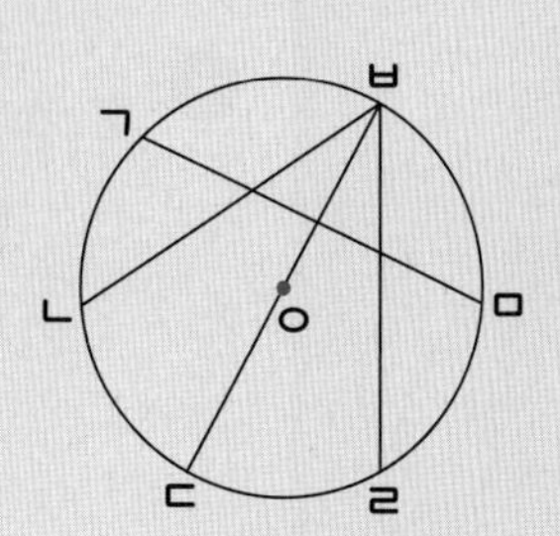

가장 긴 선분 ( )
원의 지름 ( )

14

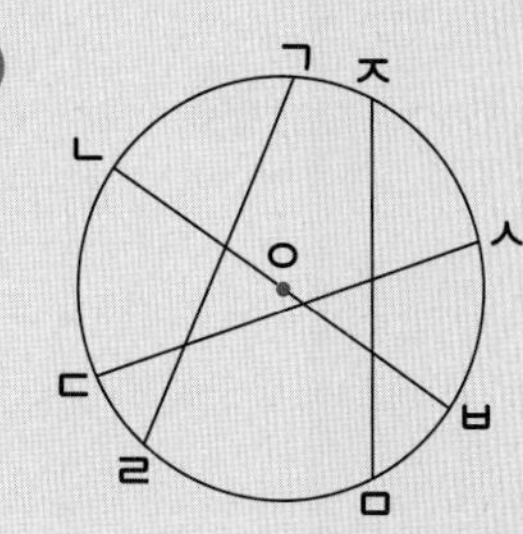

가장 긴 선분 ( )
원의 지름 ( )

15

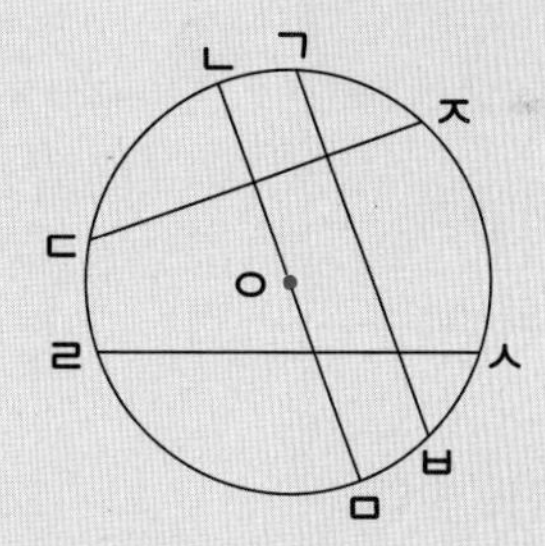

가장 긴 선분 ( )
원의 지름 ( )

16

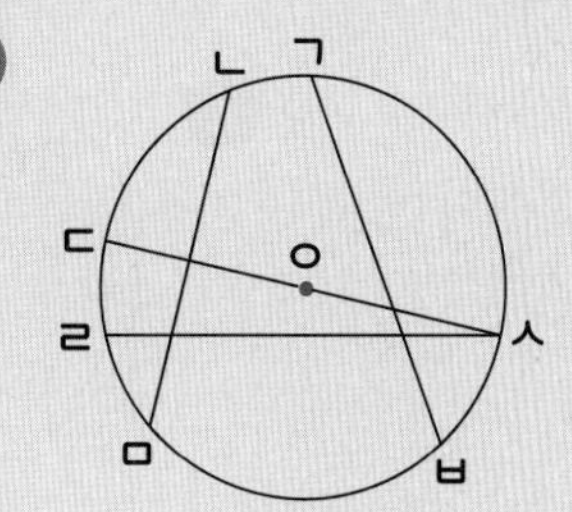

가장 긴 선분 ( )
원의 지름 ( )

3 원의 지름과 반지름 사이의 관계

(지름)=(반지름)×2

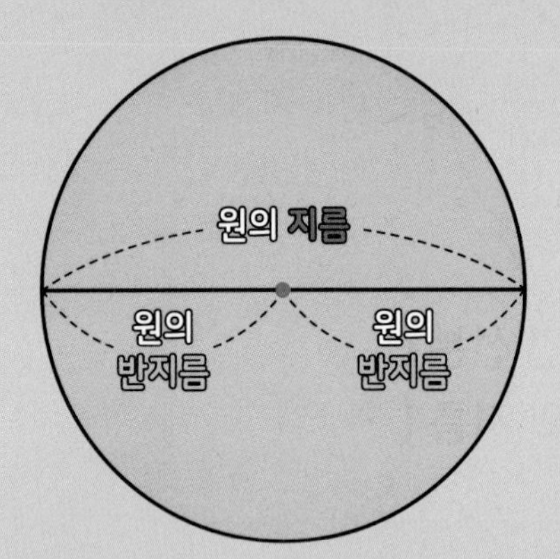

(반지름)=(지름)÷2

- **원의 지름과 반지름 사이의 관계**
  - 한 원에서 지름은 반지름의 2배입니다.
  - 한 원에서 반지름은 지름의 반입니다.

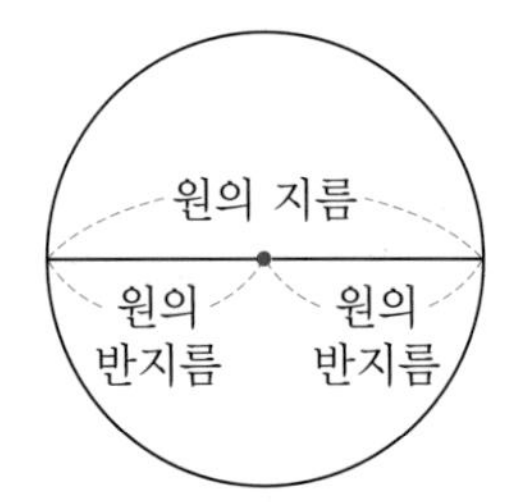

(지름)=(반지름)×2
(반지름)=(지름)÷2

○ 원의 지름을 구하려고 합니다. □ 안에 알맞은 수를 써넣으시오.

❶

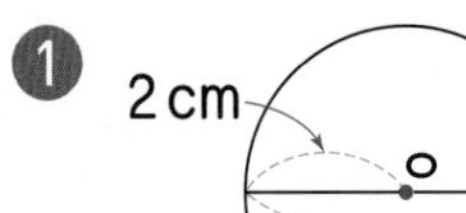
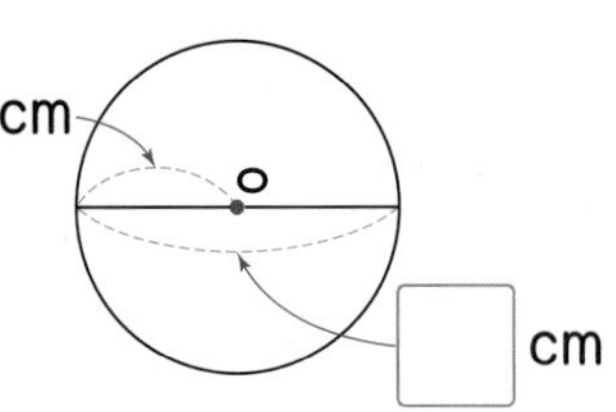

❷

4 cm ㅇ □ cm

❸

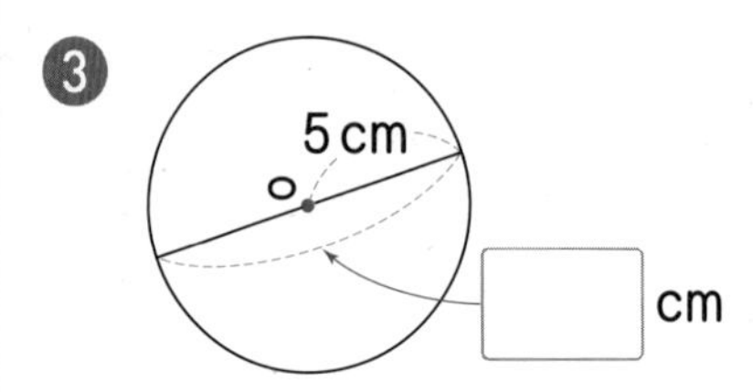

❹

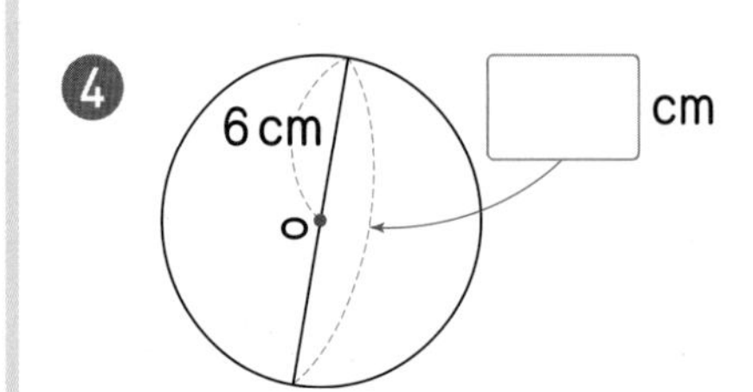

❺

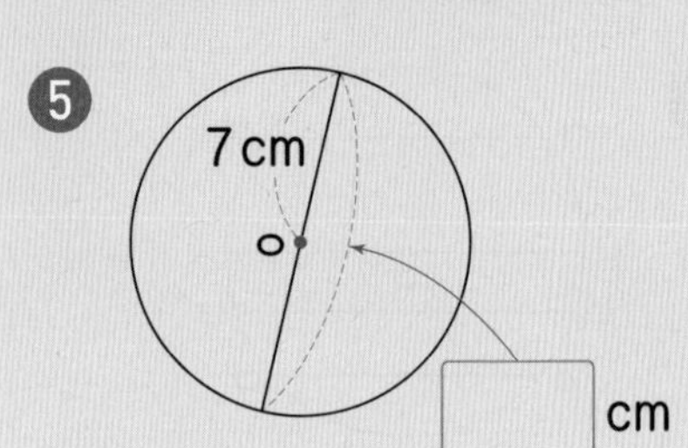

❻

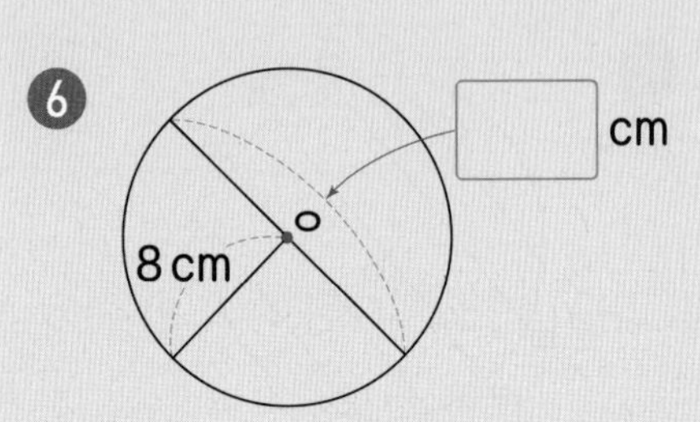

❼

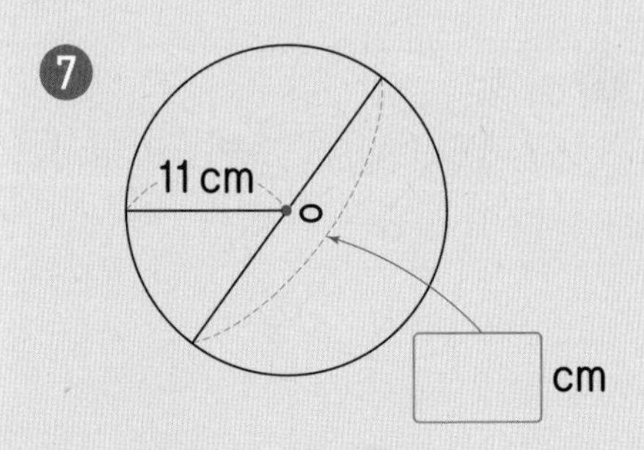

❽

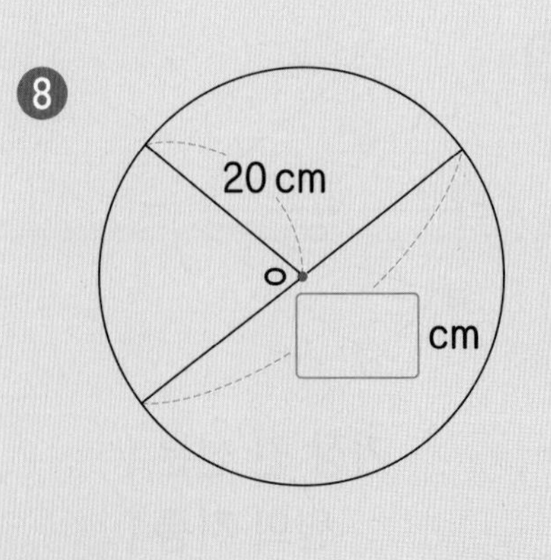

정답 • 14쪽

○ 원의 반지름을 구하려고 합니다. □ 안에 알맞은 수를 써넣으시오.

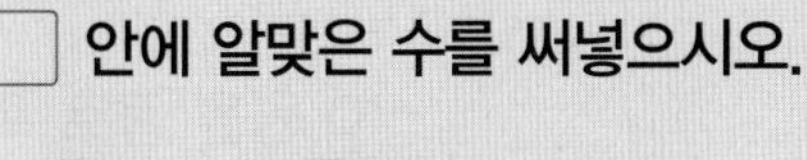

❾
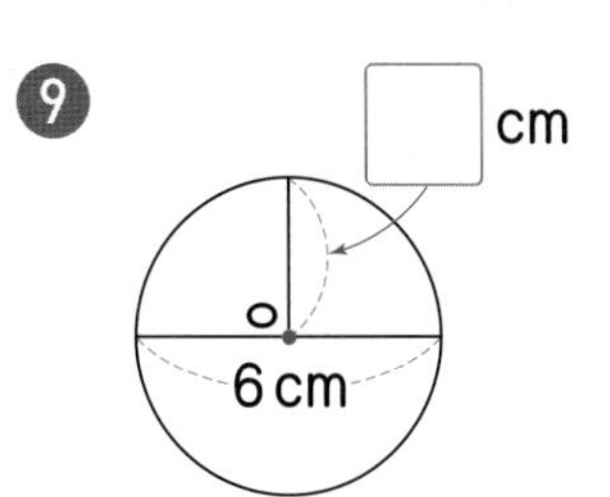

❿
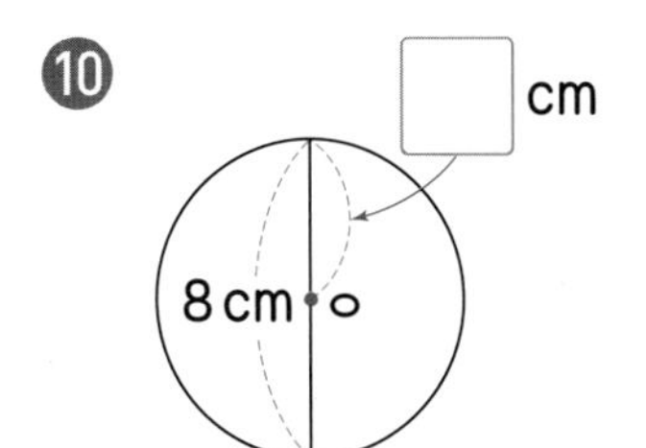

⓫
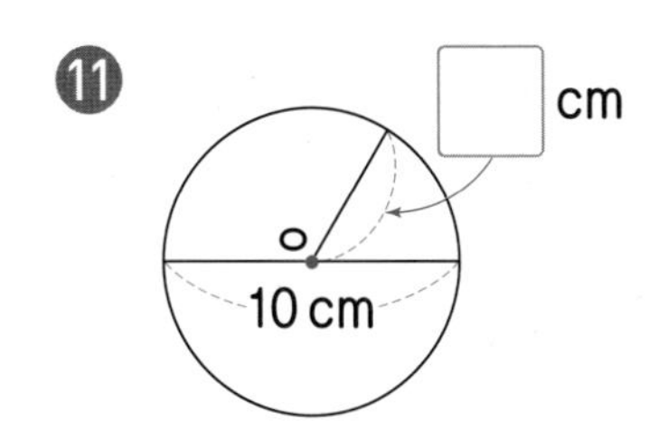

⓬
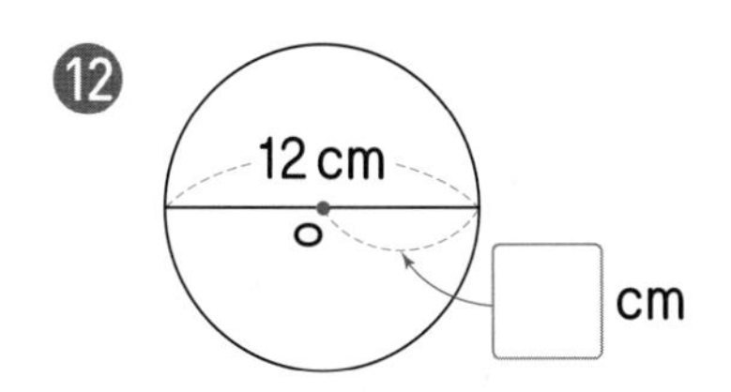

⓭
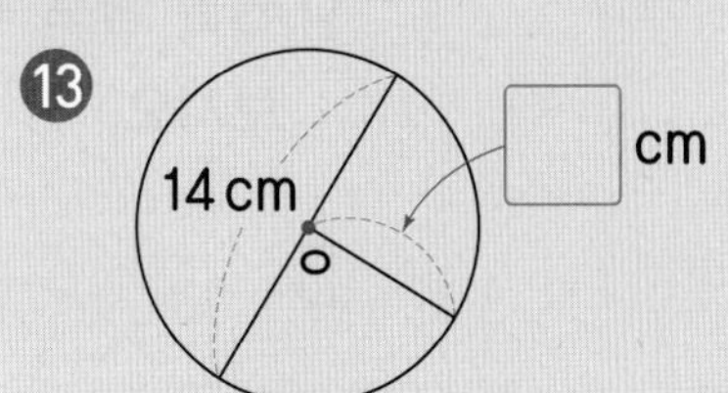

⓮
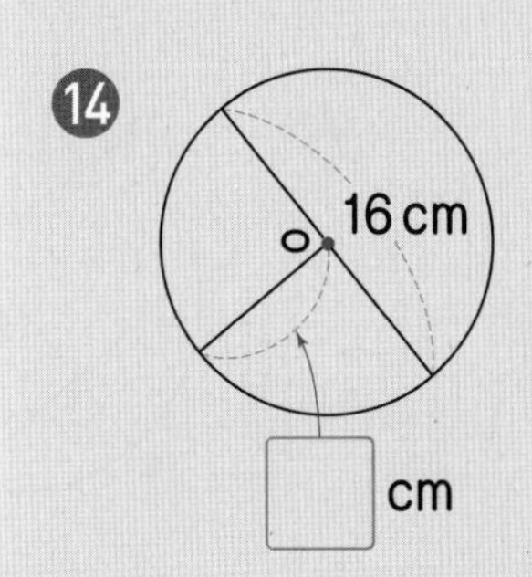

⓯
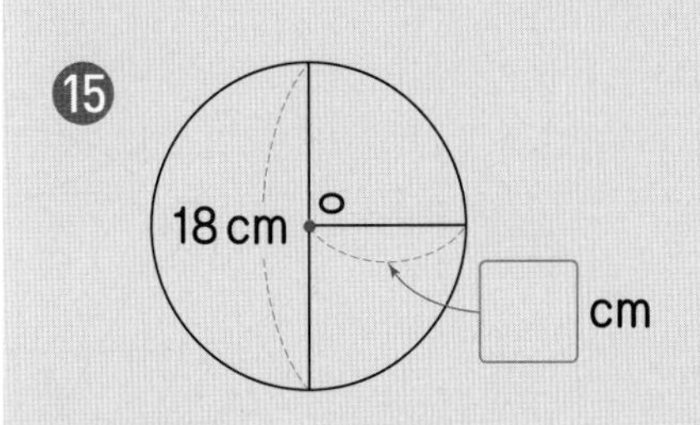

⓰
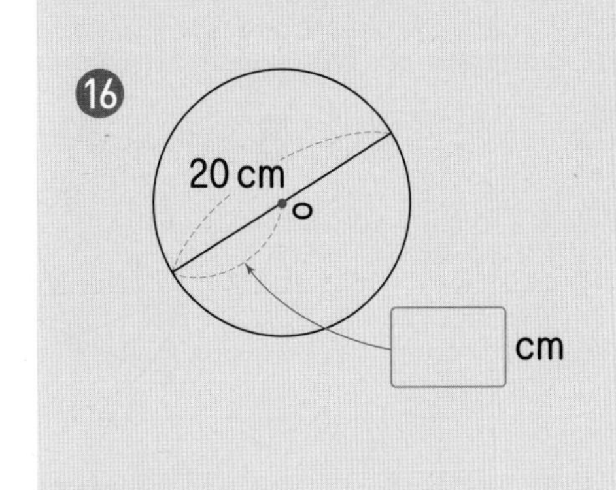

⓱
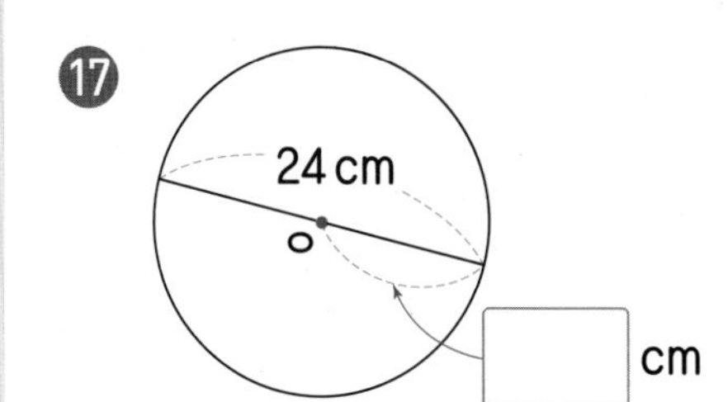

⓲
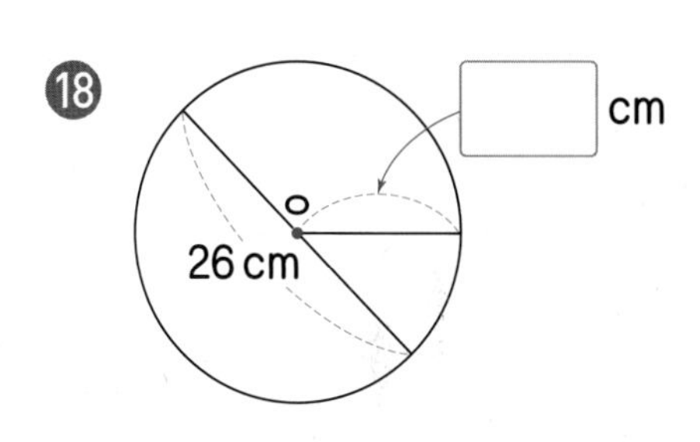

⓳
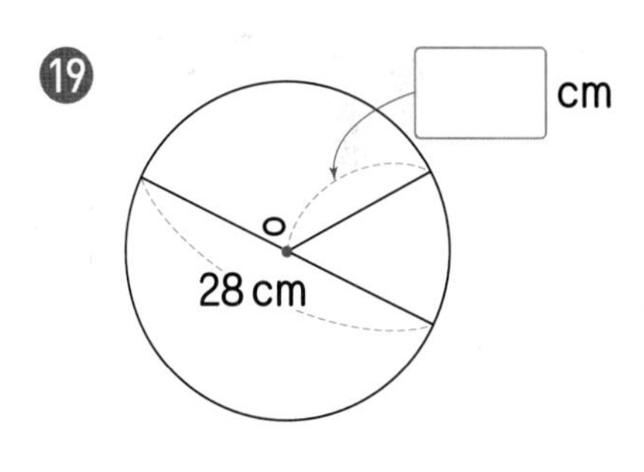

⓴
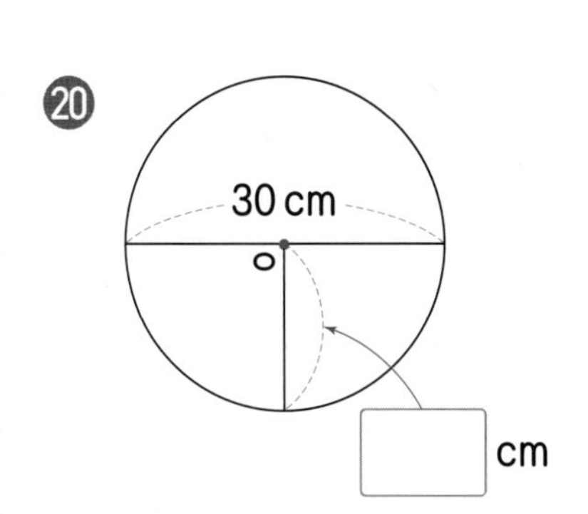

평가 3. 원

○ 원의 중심을 찾아 써 보시오.

1
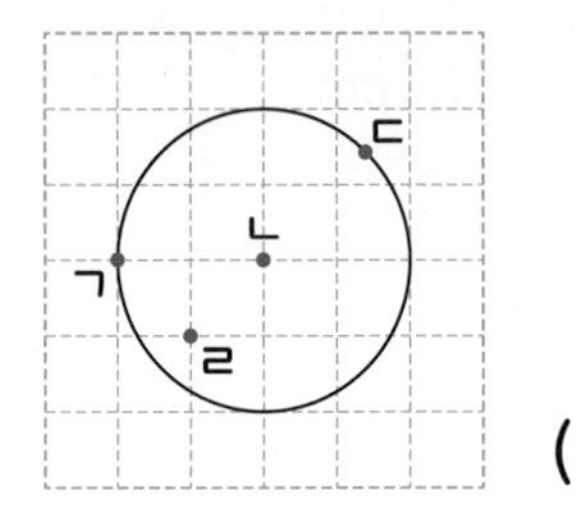

(　　　　　　　　)

2
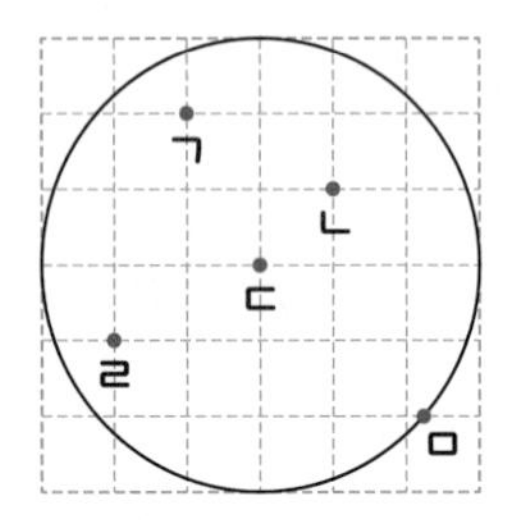

(　　　　　　　　)

○ 원을 둘로 똑같이 나눌 수 있는 선분을 찾아 써 보시오.

5
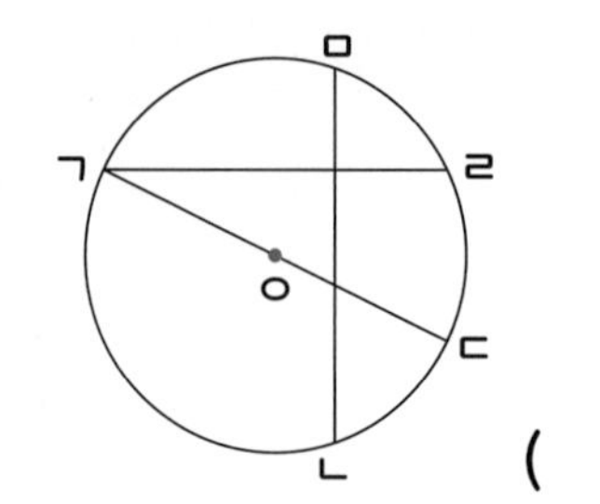

(　　　　　　　　)

6
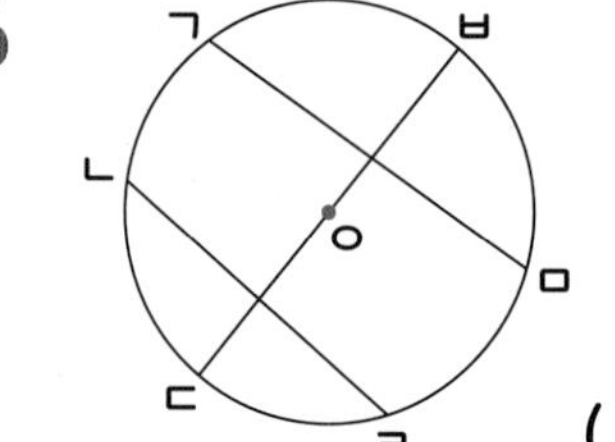

(　　　　　　　　)

○ 원의 반지름과 지름을 나타내는 선분을 모두 찾아 써 보시오.

3
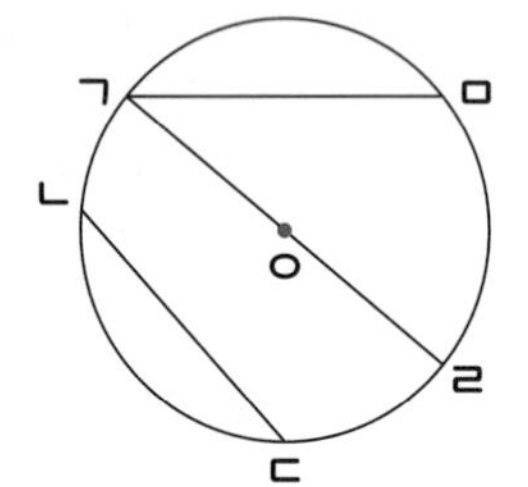

원의 반지름 (　　　　　　　　)
원의 지름 (　　　　　　　　)

4
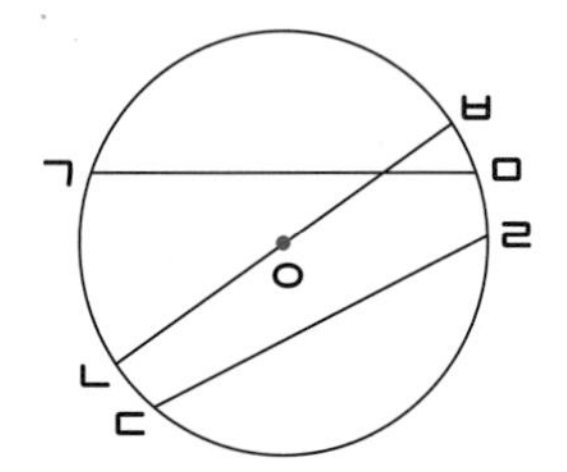

원의 반지름 (　　　　　　　　)
원의 지름 (　　　　　　　　)

○ 길이가 가장 긴 선분과 원의 지름을 나타내는 선분을 각각 찾아 써 보시오.

7
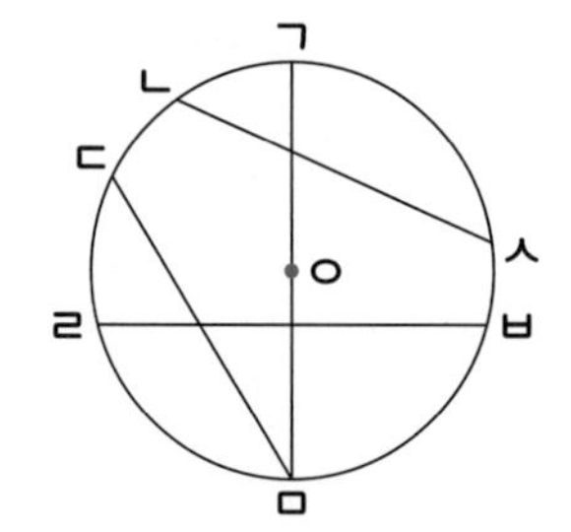

가장 긴 선분 (　　　　　　　　)
원의 지름 (　　　　　　　　)

8
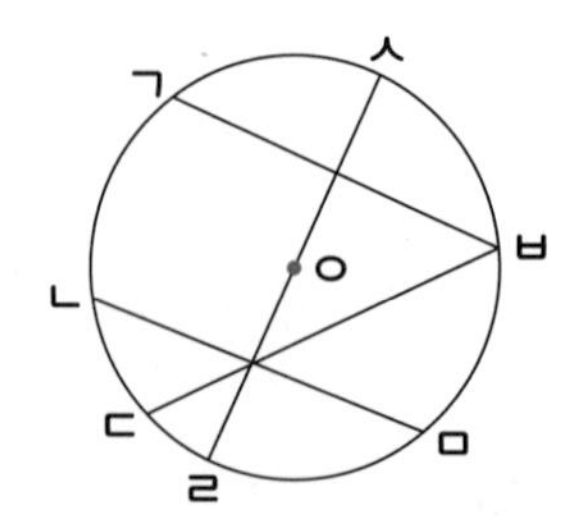

가장 긴 선분 (　　　　　　　　)
원의 지름 (　　　　　　　　)

○ 원의 지름을 구하려고 합니다. □ 안에 알맞은 수를 써넣으시오.

9
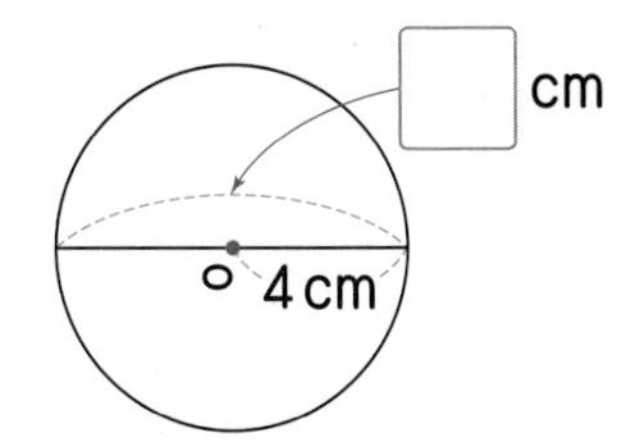

10
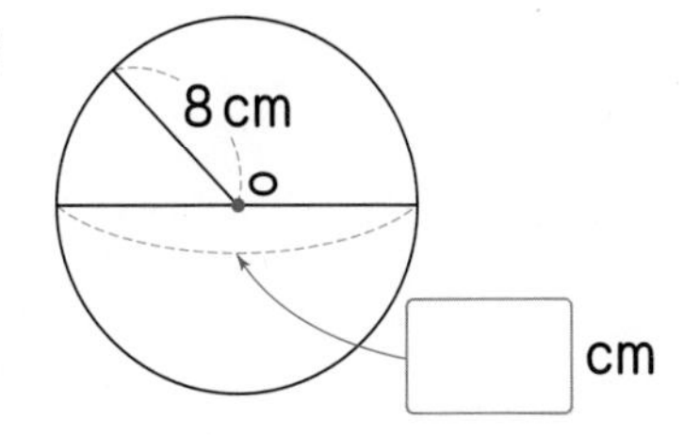

11
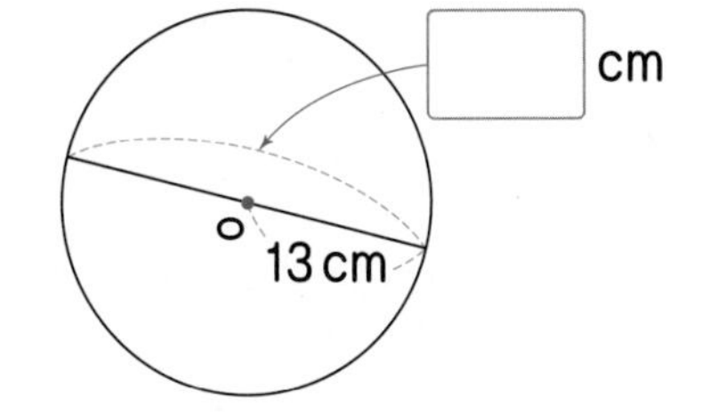

12
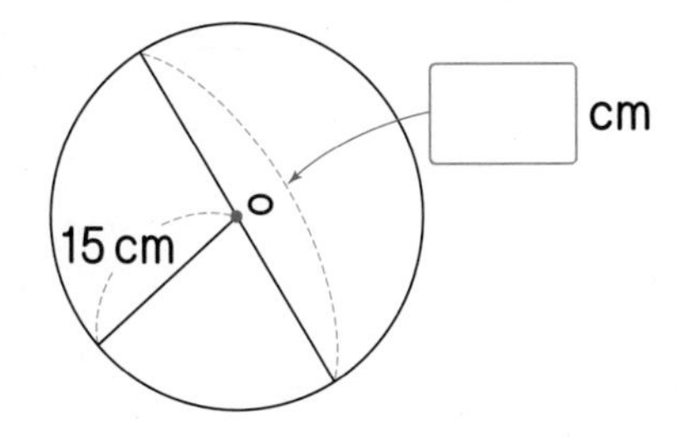

○ 원의 반지름을 구하려고 합니다. □ 안에 알맞은 수를 써넣으시오.

13
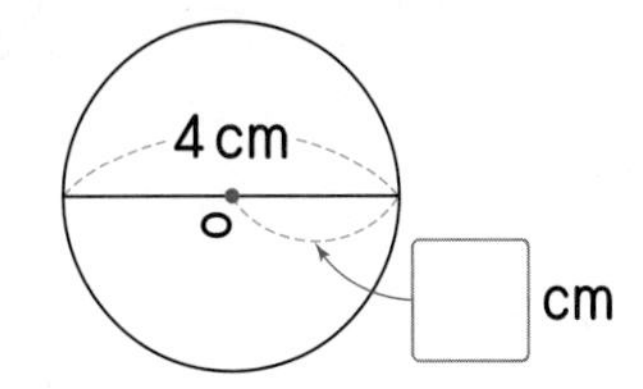

14
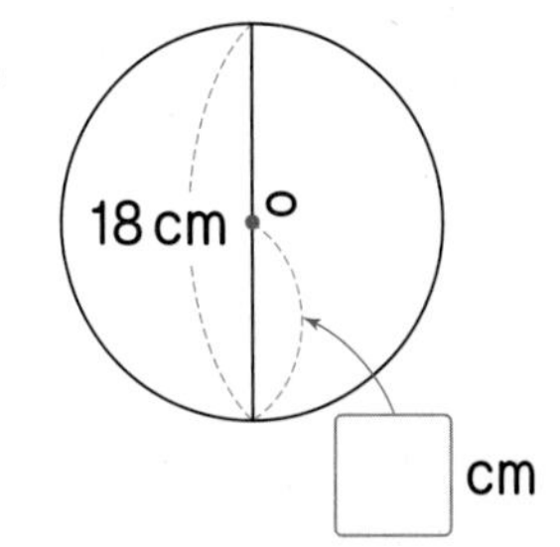

15
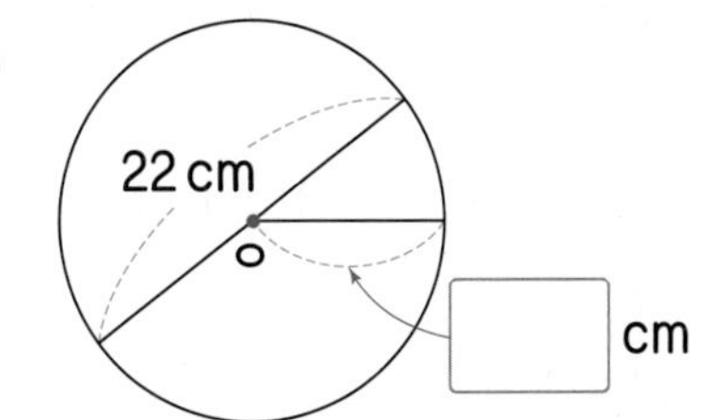

16
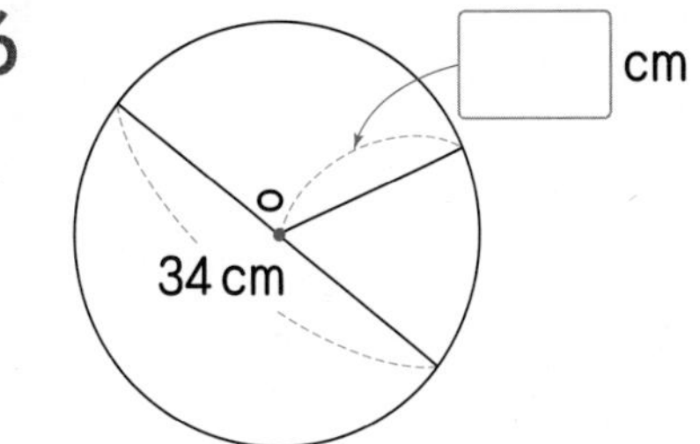

3단원의 연산 실력을 보충하고 싶다면 **클리닉 북 17~19쪽**을 풀어 보세요.

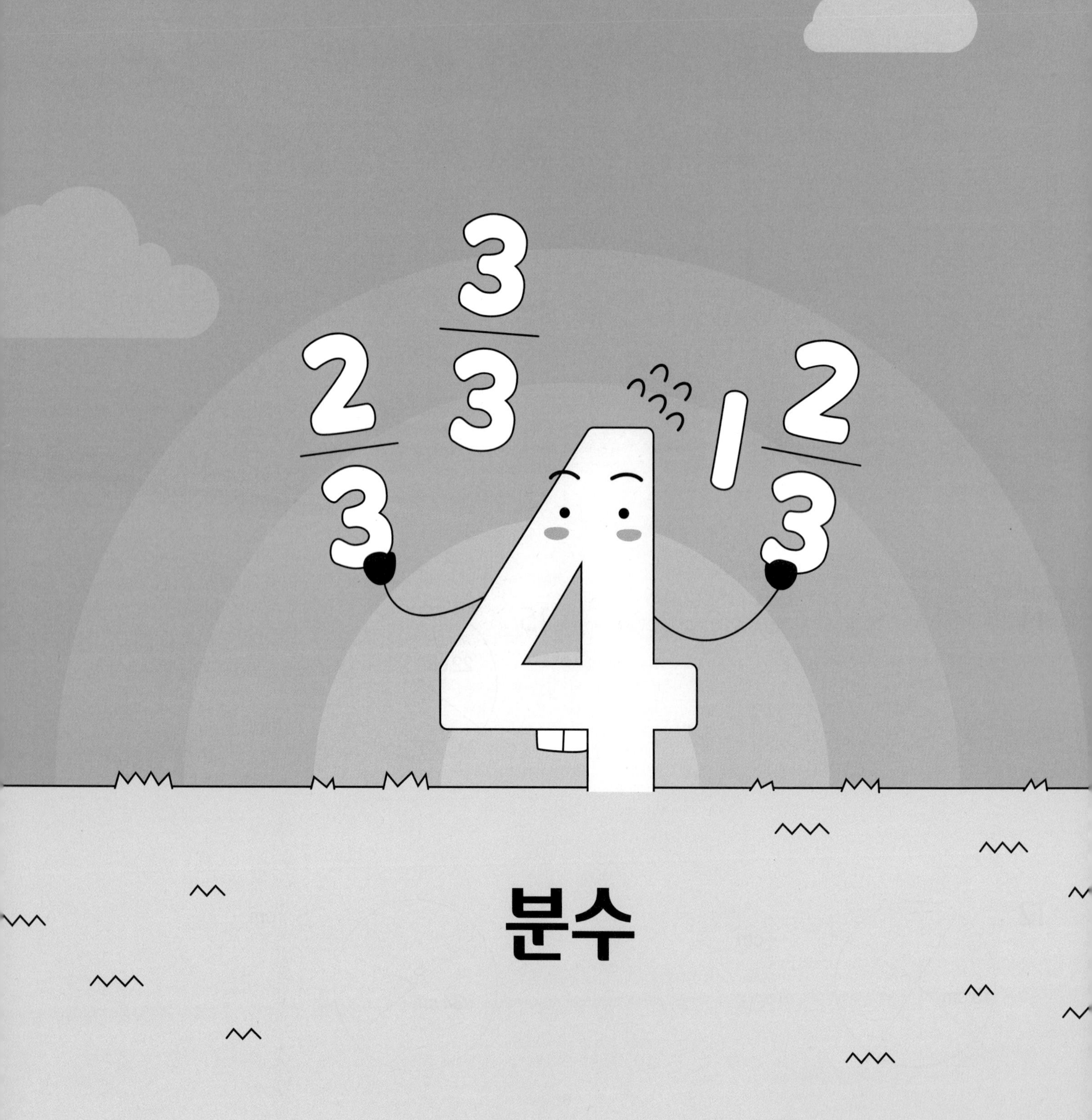

분수

학습하는 데 걸린 시간을 작성해 봐요!

학습 내용	학습 회차	걸린 시간
1 분수로 나타내기	1일 차	/4분
	2일 차	/4분
2 분수만큼 알아보기	3일 차	/4분
	4일 차	/4분
3 진분수, 가분수, 대분수	5일 차	/9분
	6일 차	/13분
4 대분수를 가분수로, 가분수를 대분수로 나타내기	7일 차	/4분
	8일 차	/21분
5 가분수의 크기 비교, 대분수의 크기 비교	9일 차	/9분
	10일 차	/12분
6 가분수와 대분수의 크기 비교	11일 차	/18분
	12일 차	/21분
평가 4. 분수	13일 차	/15분

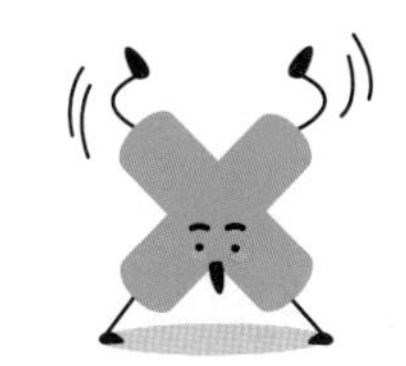

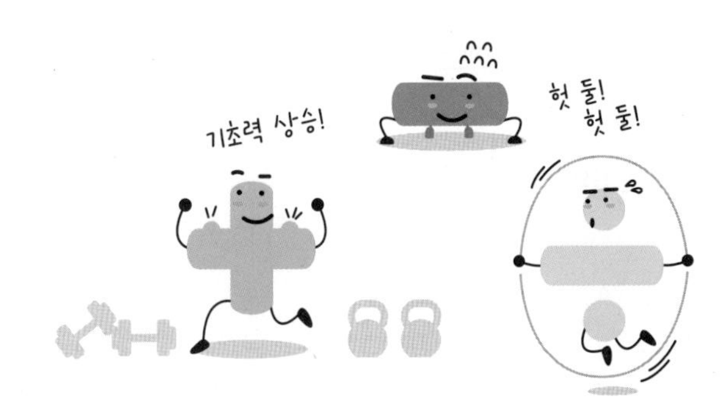

1 분수로 나타내기

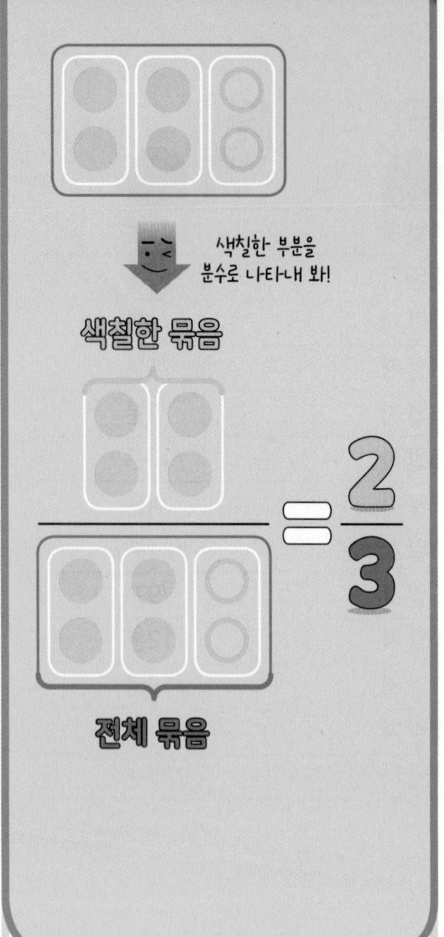

- 부분은 전체의 얼마인지 분수로 나타내기

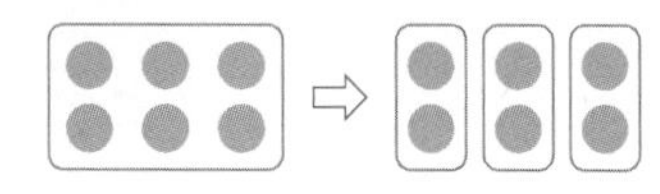

- 부분 은 전체 를 똑같이 3부분으로 나눈 것 중의 1입니다.

⇨ 2는 6의 $\frac{1}{3}$입니다.

- 부분 은 전체 를 똑같이 3부분으로 나눈 것 중의 2입니다.

⇨ 4는 6의 $\frac{2}{3}$입니다.

○ 그림을 보고 □ 안에 알맞은 수를 써넣으시오.

❶

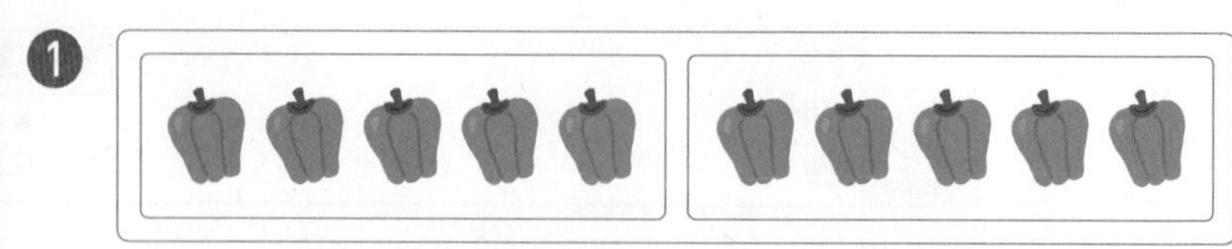

10을 5씩 묶으면 □묶음이 됩니다.

5는 10의 $\frac{\square}{\square}$입니다.

❷

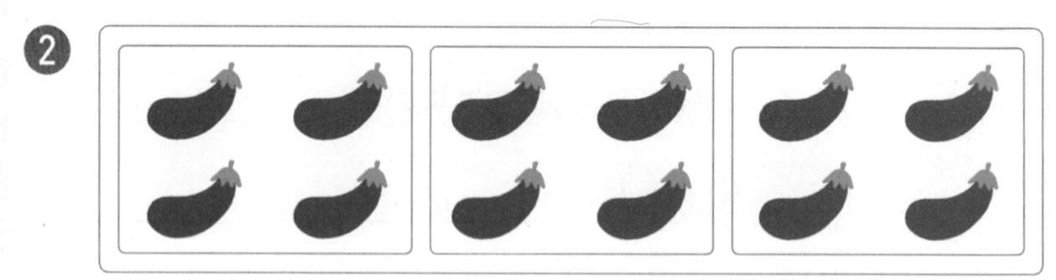

12를 4씩 묶으면 □묶음이 됩니다.

4는 12의 $\frac{\square}{\square}$입니다.

❸

14를 2씩 묶으면 □묶음이 됩니다.

6은 14의 $\frac{\square}{\square}$입니다.

❹

16을 2씩 묶으면 ☐ 묶음이 됩니다. 14는 16의 $\frac{☐}{☐}$ 입니다.

❺

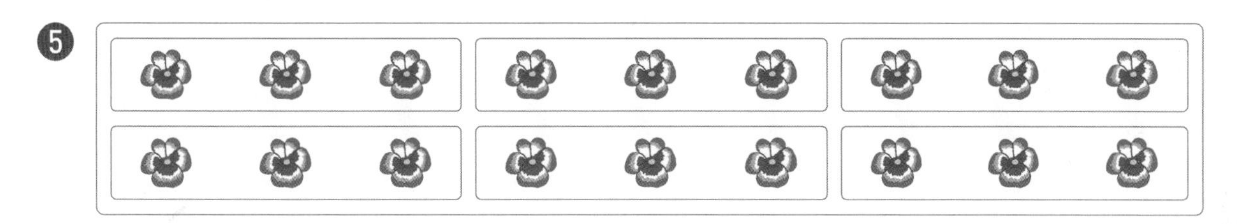

18을 3씩 묶으면 ☐ 묶음이 됩니다. 15는 18의 $\frac{☐}{☐}$ 입니다.

❻

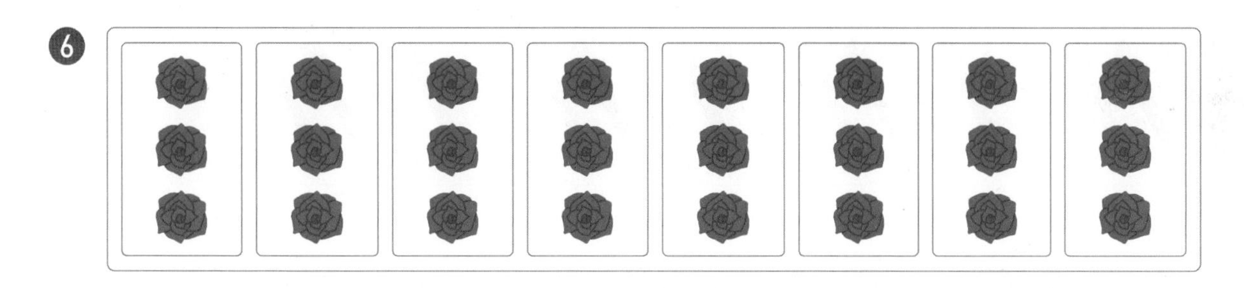

24를 3씩 묶으면 ☐ 묶음이 됩니다. 15는 24의 $\frac{☐}{☐}$ 입니다.

❼

28을 4씩 묶으면 ☐ 묶음이 됩니다. 8은 28의 $\frac{☐}{☐}$ 입니다.

1 분수로 나타내기

○ 그림을 보고 □ 안에 알맞은 수를 써넣으시오.

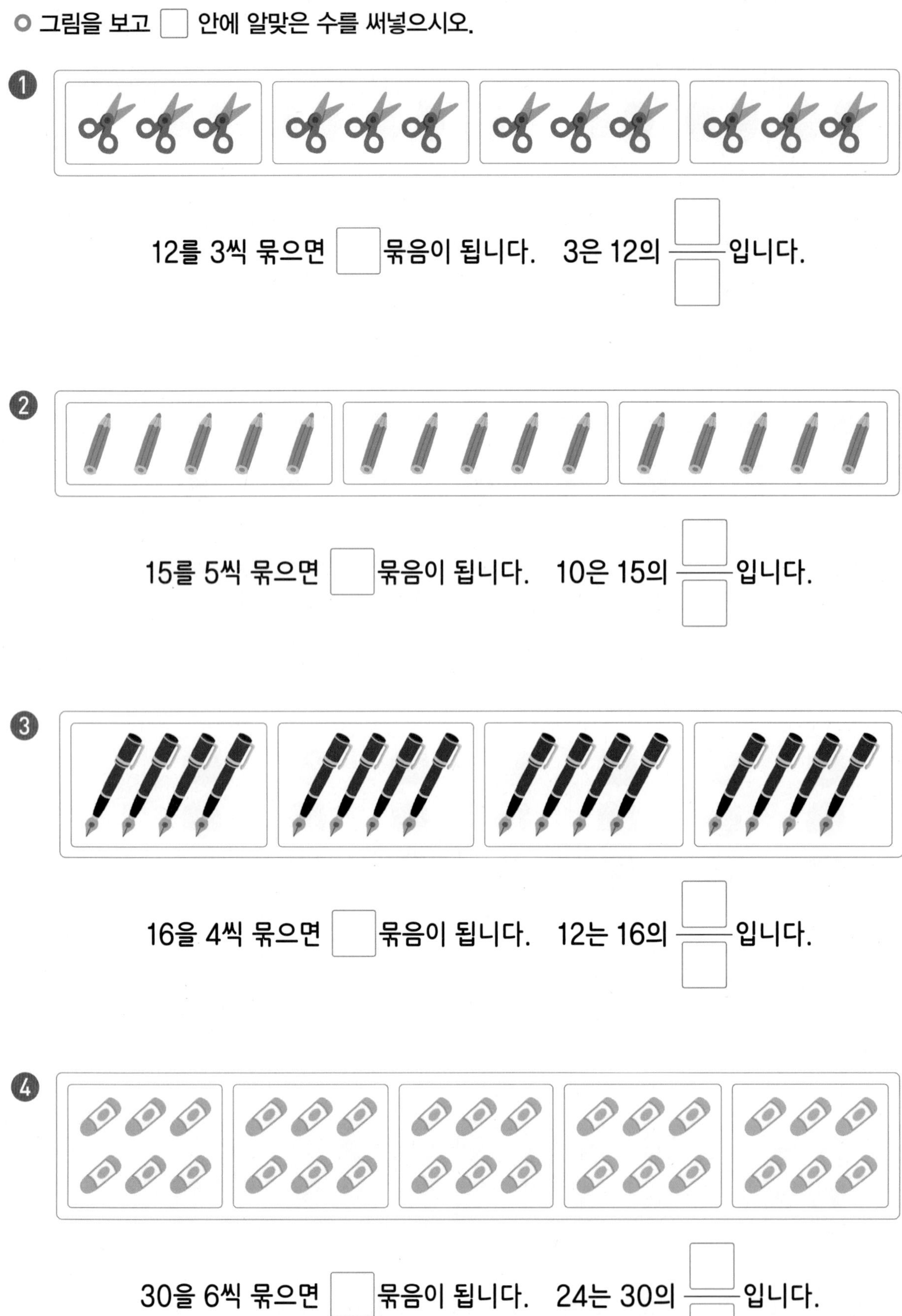

❶ 12를 3씩 묶으면 □ 묶음이 됩니다. 3은 12의 $\frac{\square}{\square}$ 입니다.

❷ 15를 5씩 묶으면 □ 묶음이 됩니다. 10은 15의 $\frac{\square}{\square}$ 입니다.

❸ 16을 4씩 묶으면 □ 묶음이 됩니다. 12는 16의 $\frac{\square}{\square}$ 입니다.

❹

30을 6씩 묶으면 □ 묶음이 됩니다. 24는 30의 $\frac{\square}{\square}$ 입니다.

정답 • 14쪽

❺

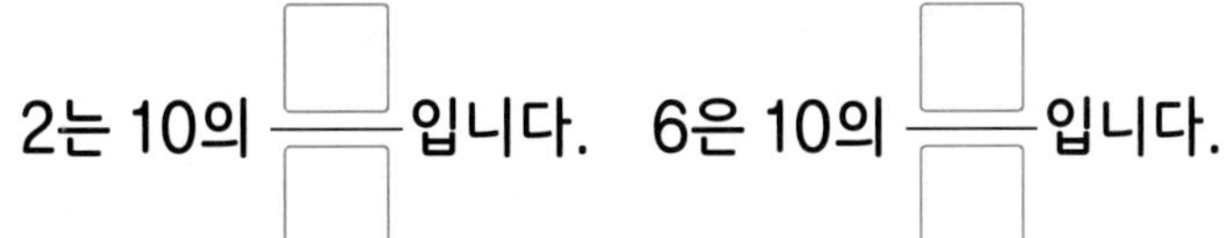

2는 10의 $\frac{\square}{\square}$ 입니다. 6은 10의 $\frac{\square}{\square}$ 입니다.

❻

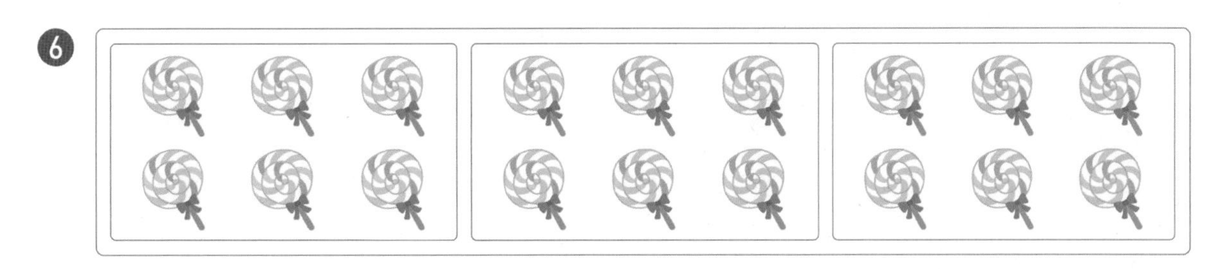

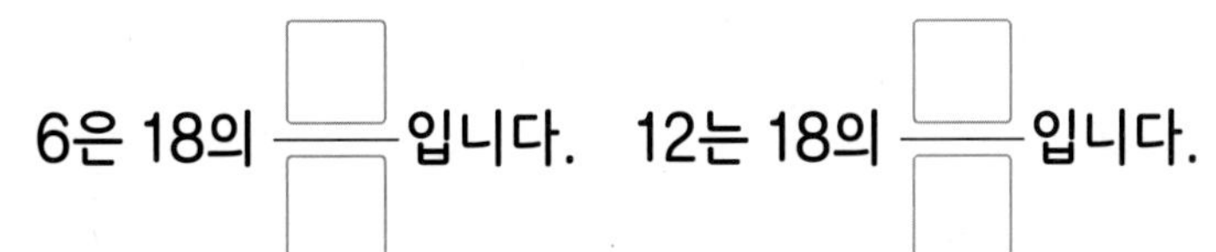

6은 18의 $\frac{\square}{\square}$ 입니다. 12는 18의 $\frac{\square}{\square}$ 입니다.

❼

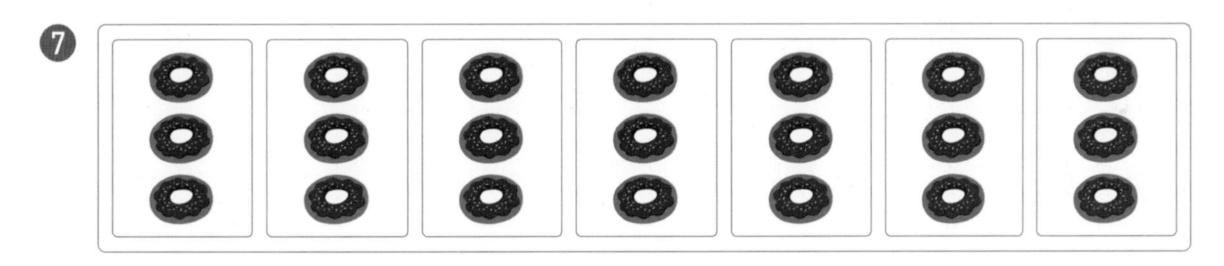

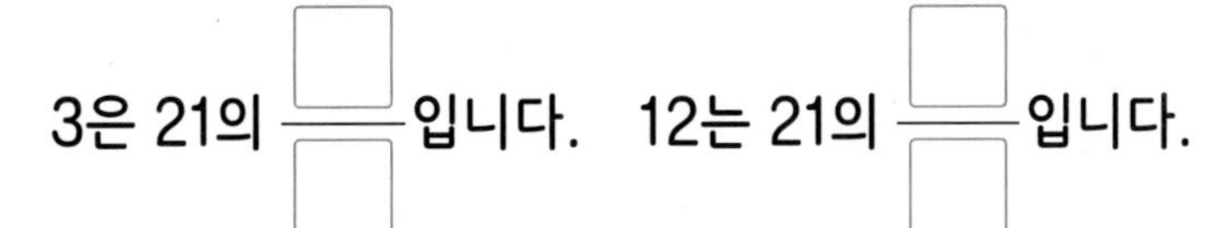

3은 21의 $\frac{\square}{\square}$ 입니다. 12는 21의 $\frac{\square}{\square}$ 입니다.

❽

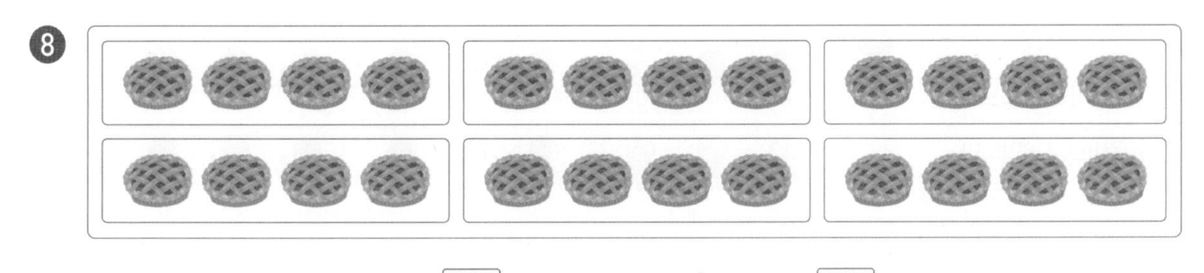

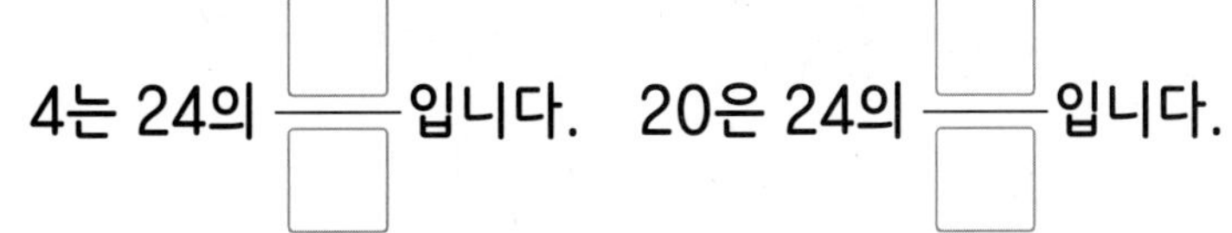

4는 24의 $\frac{\square}{\square}$ 입니다. 20은 24의 $\frac{\square}{\square}$ 입니다.

2 분수만큼 알아보기

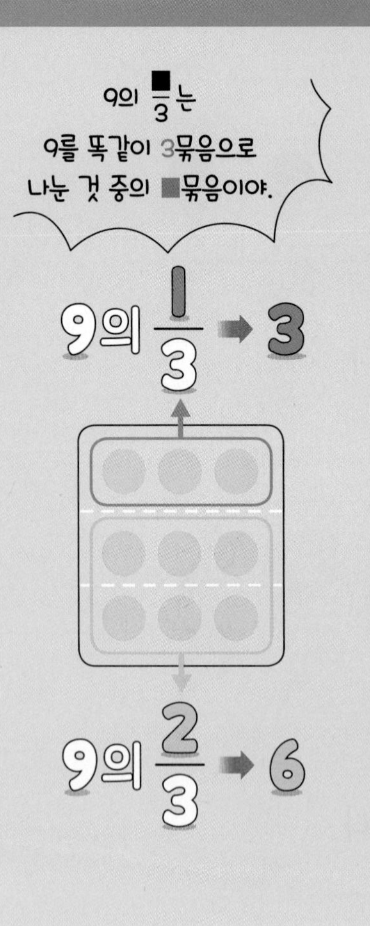

9의 ■/3는
9를 똑같이 3묶음으로
나눈 것 중의 ■묶음이야.
9의 1/3 → 3
9의 2/3 → 6

• 분수만큼 알아보기

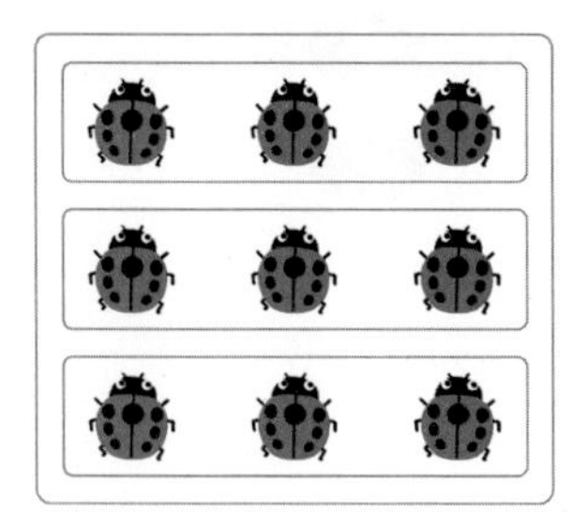

• 9의 $\frac{1}{3}$은 9를 똑같이 3묶음으로 나눈 것 중의 1묶음이므로 3입니다.

• 9의 $\frac{2}{3}$는 9를 똑같이 3묶음으로 나눈 것 중의 2묶음이므로 6입니다.

●의 $\frac{▲}{■}$
⇨ ●를 똑같이 ■묶음으로 나눈 것 중의 ▲묶음

○ 그림을 보고 □ 안에 알맞은 수를 써넣으시오.

❶

6의 $\frac{1}{3}$은 □입니다. 6의 $\frac{2}{3}$는 □입니다.

❷

10의 $\frac{1}{5}$은 □입니다. 10의 $\frac{4}{5}$는 □입니다.

❸

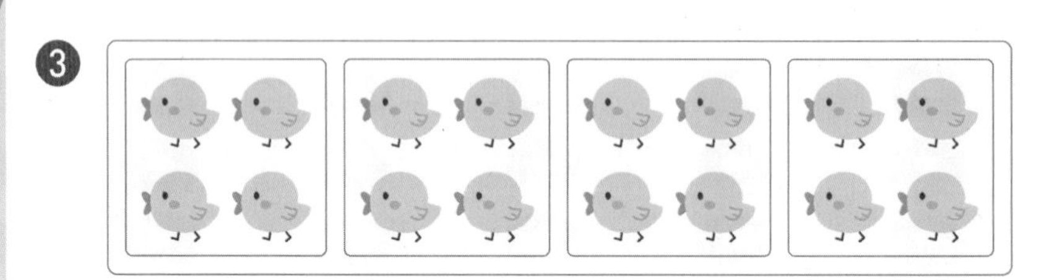

16의 $\frac{1}{4}$은 □입니다. 16의 $\frac{3}{4}$은 □입니다.

❹

18의 $\frac{1}{6}$은 □입니다. 18의 $\frac{5}{6}$는 □입니다.

❺

8의 $\frac{1}{4}$은 [　] 입니다. 8의 $\frac{3}{4}$은 [　] 입니다.

❻

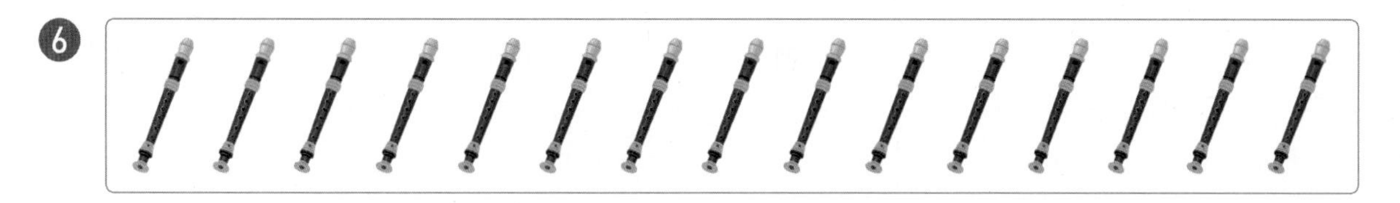

15의 $\frac{1}{5}$은 [　] 입니다. 15의 $\frac{3}{5}$은 [　] 입니다.

❼

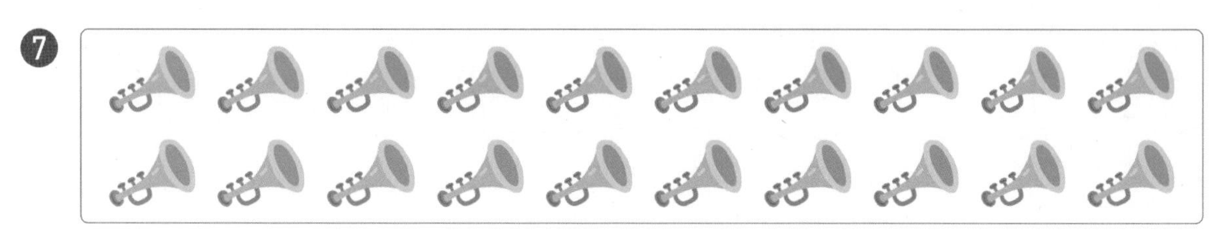

20의 $\frac{1}{4}$은 [　] 입니다. 20의 $\frac{2}{4}$는 [　] 입니다.

❽

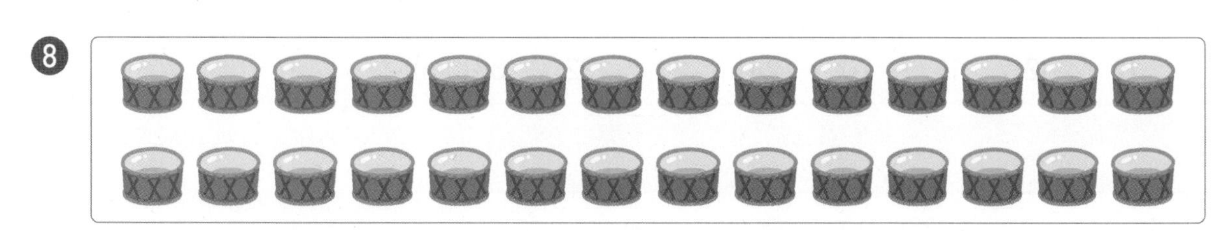

28의 $\frac{1}{7}$은 [　] 입니다. 28의 $\frac{5}{7}$는 [　] 입니다.

2 분수만큼 알아보기

○ □ 안에 알맞은 수를 써넣으시오.

❶ 0 2 4 6 8 10 (cm)

10 cm의 $\frac{1}{5}$은 □ cm입니다. 10 cm의 $\frac{4}{5}$는 □ cm입니다.

❷ 0 7 14 21 28 (cm)

28 cm의 $\frac{1}{4}$은 □ cm입니다. 28 cm의 $\frac{3}{4}$은 □ cm입니다.

❸ 0 5 10 15 20 25 30 (cm)

30 cm의 $\frac{1}{6}$은 □ cm입니다. 30 cm의 $\frac{3}{6}$은 □ cm입니다.

❹ 0 4 8 12 16 20 24 28 32 36 (cm)

36 cm의 $\frac{1}{9}$은 □ cm입니다. 36 cm의 $\frac{8}{9}$은 □ cm입니다.

❺
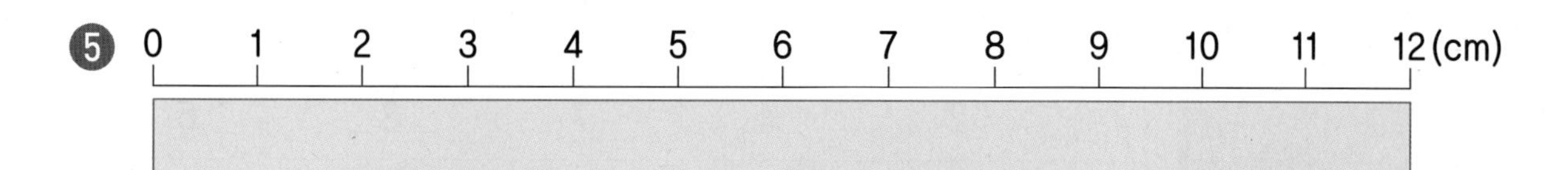

12 cm의 $\frac{1}{6}$은 ☐ cm입니다. 12 cm의 $\frac{3}{6}$은 ☐ cm입니다.

❻
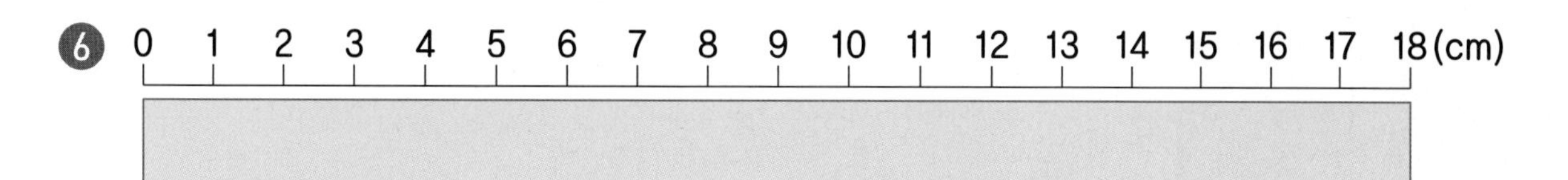

18 cm의 $\frac{1}{3}$은 ☐ cm입니다. 18 cm의 $\frac{2}{3}$는 ☐ cm입니다.

❼
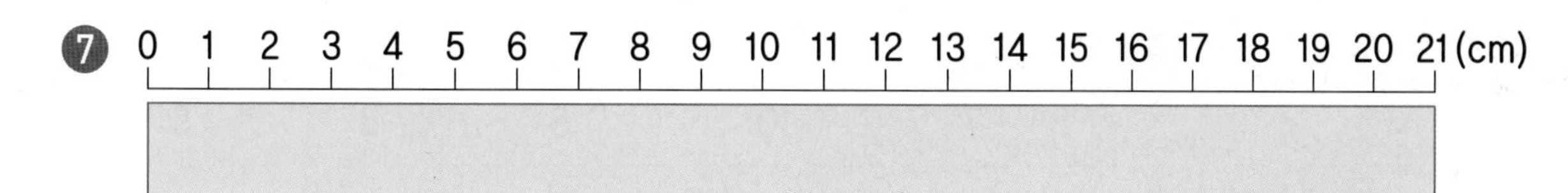

21 cm의 $\frac{2}{3}$는 ☐ cm입니다. 21 cm의 $\frac{3}{7}$은 ☐ cm입니다.

❽
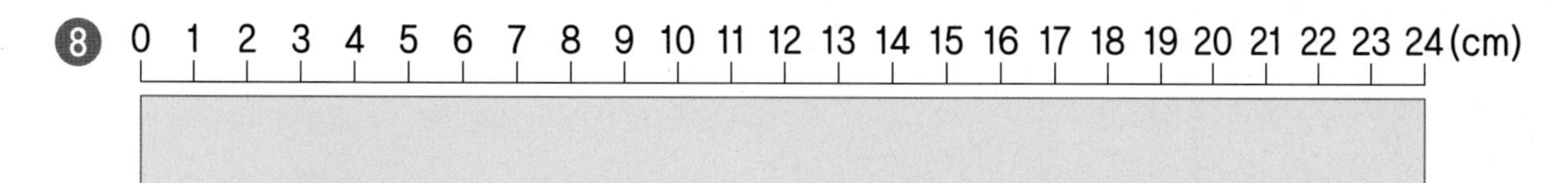

24 cm의 $\frac{2}{6}$는 ☐ cm입니다. 24 cm의 $\frac{7}{8}$은 ☐ cm입니다.

3 진분수, 가분수, 대분수

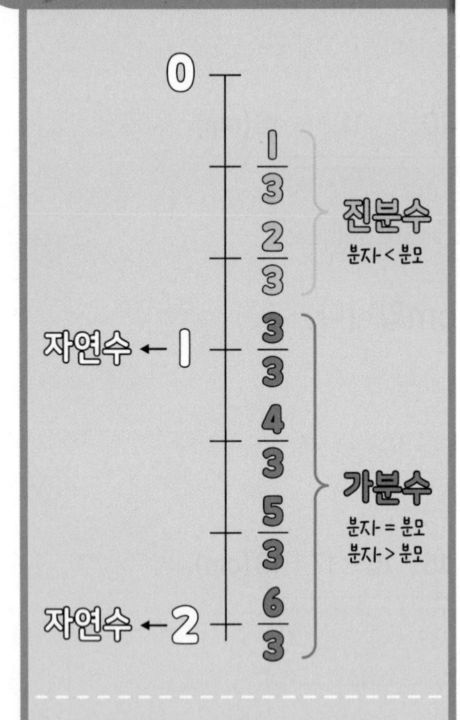

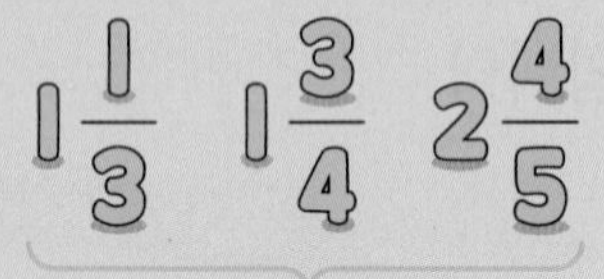

대분수
자연수와 진분수로 이루어졌어!

- **분수의 종류**
  - 진분수: 분자가 분모보다 작은 분수
    예 $\frac{1}{3}$, $\frac{2}{3}$
  - 가분수: 분자가 분모와 같거나 분모보다 큰 분수
    예 $\frac{3}{3}$, $\frac{4}{3}$, $\frac{5}{3}$, $\frac{6}{3}$
  - 대분수: 자연수와 진분수로 이루어진 분수
    예 $1\frac{3}{4}$(1과 4분의 3)
- **자연수**

자연수: 1, 2, 3과 같은 수

참고 $\frac{3}{3}$과 같이 분자와 분모가 같은 분수는 자연수 1과 같습니다.

○ 진분수를 모두 찾아 ◯표 하시오.

❶
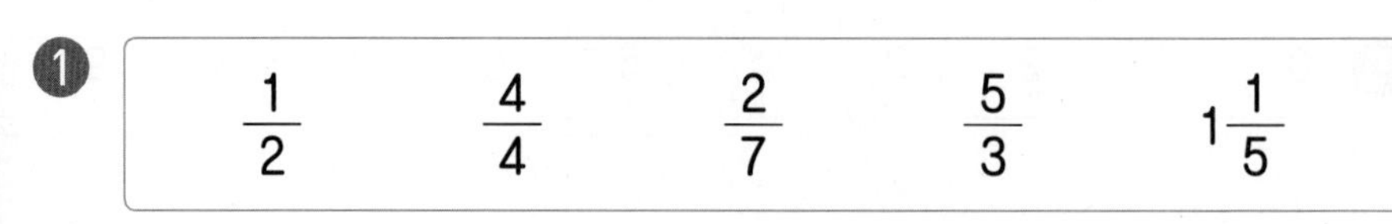

❷ $3\frac{2}{3}$ $\frac{5}{6}$ $\frac{10}{9}$ $3\frac{5}{9}$ $\frac{1}{4}$

❸ $\frac{5}{5}$ $1\frac{4}{5}$ $\frac{4}{9}$ $\frac{3}{10}$ $\frac{13}{8}$

❹ $\frac{5}{7}$ $\frac{7}{10}$ $2\frac{5}{6}$ $\frac{8}{3}$ $\frac{1}{5}$

❺ $\frac{2}{2}$ $\frac{7}{8}$ $4\frac{3}{5}$ $\frac{3}{4}$ $\frac{5}{12}$

❻ $\frac{2}{5}$ $7\frac{2}{4}$ $\frac{8}{13}$ $\frac{7}{6}$ $\frac{4}{6}$

정답 • 15쪽

○ 가분수를 모두 찾아 ○표 하시오.

7. $\frac{3}{4}$ $\frac{5}{5}$ $\frac{7}{8}$ $\frac{9}{7}$ $2\frac{4}{5}$

8. $\frac{13}{5}$ $1\frac{4}{9}$ $\frac{5}{6}$ $\frac{4}{4}$ $5\frac{1}{3}$

9. $2\frac{3}{4}$ $\frac{1}{3}$ $\frac{8}{7}$ $\frac{10}{10}$ $\frac{6}{9}$

10. $5\frac{4}{8}$ $\frac{11}{11}$ $\frac{9}{4}$ $\frac{5}{8}$ $\frac{8}{2}$

11. $\frac{7}{7}$ $4\frac{2}{5}$ $\frac{7}{4}$ $\frac{10}{7}$ $\frac{7}{8}$

12. $\frac{4}{3}$ $\frac{7}{10}$ $7\frac{2}{7}$ $\frac{2}{2}$ $\frac{9}{6}$

○ 대분수를 모두 찾아 ○표 하시오.

13. $1\frac{4}{5}$ $\frac{8}{8}$ $5\frac{1}{2}$ $\frac{4}{9}$ $\frac{1}{2}$

14. $\frac{4}{6}$ $2\frac{5}{7}$ $\frac{9}{7}$ $\frac{10}{10}$ $1\frac{1}{9}$

15. $\frac{9}{8}$ $9\frac{5}{6}$ $4\frac{3}{10}$ $\frac{3}{5}$ $\frac{6}{6}$

16. $\frac{7}{10}$ $3\frac{1}{3}$ $\frac{5}{3}$ $1\frac{3}{5}$ $5\frac{4}{8}$

17. $1\frac{3}{4}$ $\frac{9}{9}$ $6\frac{10}{13}$ $3\frac{5}{8}$ $\frac{3}{4}$

18. $\frac{1}{9}$ $7\frac{1}{7}$ $10\frac{2}{3}$ $\frac{7}{4}$ $2\frac{6}{7}$

3 진분수, 가분수, 대분수

○ 진분수는 '진', 가분수는 '가', 대분수는 '대'를 써 보시오.

❶ $\frac{1}{2}$ (　　　　)

❷ $\frac{7}{2}$ (　　　　)

❸ $\frac{5}{3}$ (　　　　)

❹ $1\frac{1}{3}$ (　　　　)

❺ $\frac{2}{4}$ (　　　　)

❻ $\frac{4}{4}$ (　　　　)

❼ $\frac{7}{5}$ (　　　　)

❽ $3\frac{4}{5}$ (　　　　)

❾ $\frac{7}{6}$ (　　　　)

❿ $9\frac{5}{6}$ (　　　　)

⓫ $\frac{2}{7}$ (　　　　)

⓬ $\frac{6}{7}$ (　　　　)

⓭ $\frac{7}{8}$ (　　　　)

⓮ $\frac{9}{8}$ (　　　　)

⓯ $3\frac{5}{8}$ (　　　　)

⓰ $\frac{4}{9}$ (　　　　)

⓱ $2\frac{3}{9}$ (　　　　)

⓲ $\frac{3}{10}$ (　　　　)

⓳ $4\frac{7}{10}$ (　　　　)

⓴ $\frac{12}{11}$ (　　　　)

㉑ $\frac{7}{12}$ (　　　　)

월 일 분 맞힌 개수 /25

정답 • 15쪽

○ **진분수, 가분수, 대분수로 분류해 보시오.**

㉒

$\frac{6}{5}$ $1\frac{8}{9}$ $\frac{3}{4}$ $\frac{4}{7}$ $\frac{11}{6}$ $3\frac{2}{3}$ $1\frac{1}{2}$ $\frac{1}{5}$

진분수	가분수	대분수

㉓

$5\frac{5}{6}$ $\frac{2}{9}$ $\frac{10}{7}$ $2\frac{2}{5}$ $\frac{3}{3}$ $\frac{7}{10}$ $\frac{9}{8}$ $\frac{3}{11}$

진분수	가분수	대분수

㉔

$\frac{5}{6}$ $5\frac{1}{5}$ $\frac{7}{4}$ $1\frac{7}{9}$ $\frac{3}{2}$ $\frac{6}{8}$ $\frac{1}{3}$ $4\frac{2}{11}$

진분수	가분수	대분수

㉕

$\frac{6}{6}$ $\frac{10}{9}$ $\frac{5}{7}$ $2\frac{1}{6}$ $1\frac{4}{13}$ $\frac{1}{8}$ $\frac{2}{3}$ $\frac{9}{5}$

진분수	가분수	대분수

4 대분수를 가분수로, 가분수를 대분수로 나타내기

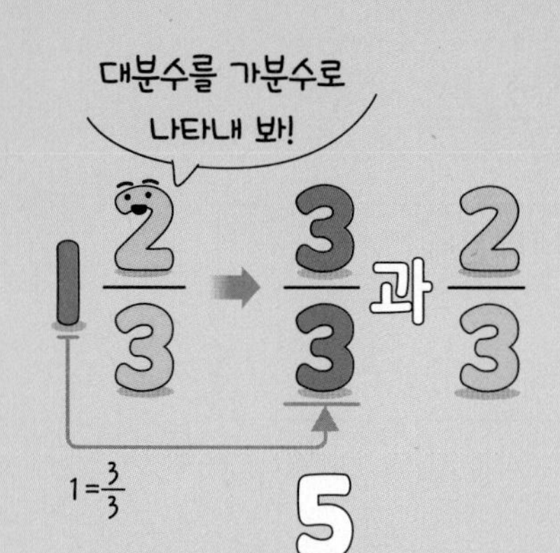

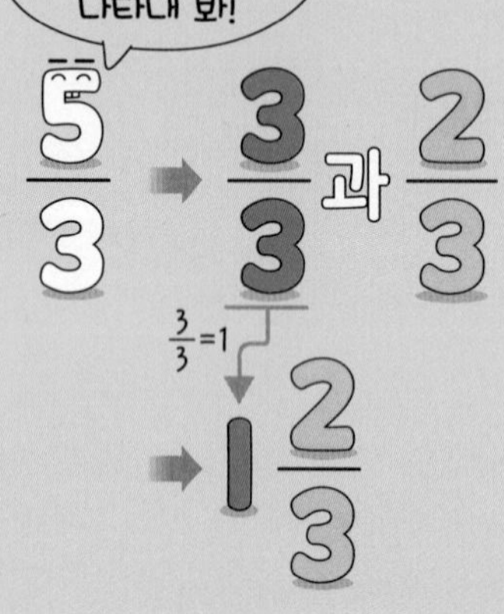

- 대분수를 가분수로 나타내기

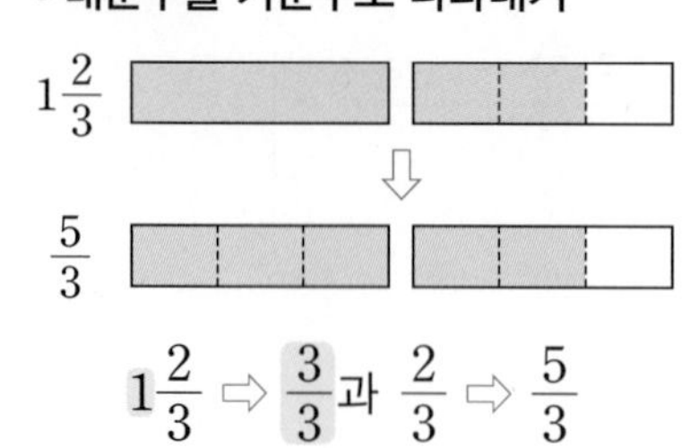

$1\frac{2}{3} \Rightarrow \frac{3}{3}$과 $\frac{2}{3} \Rightarrow \frac{5}{3}$

- 가분수를 대분수로 나타내기

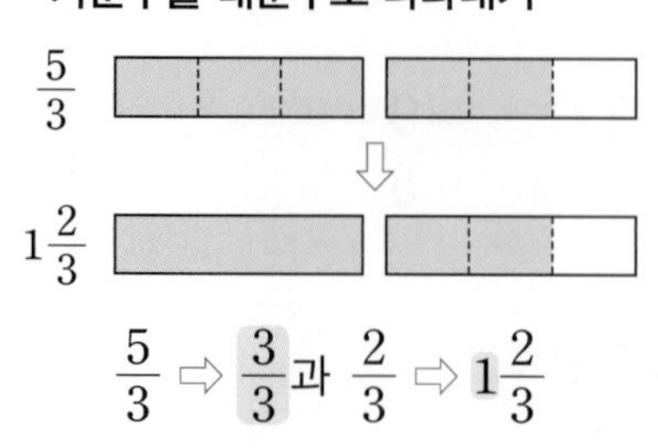

$\frac{5}{3} \Rightarrow \frac{3}{3}$과 $\frac{2}{3} \Rightarrow 1\frac{2}{3}$

○ 그림을 보고 대분수를 가분수로 나타내어 보시오.

❶

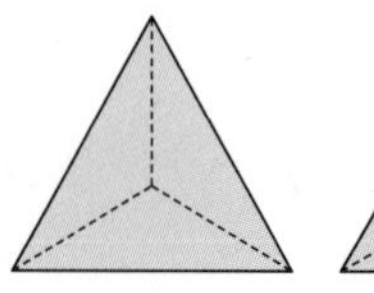 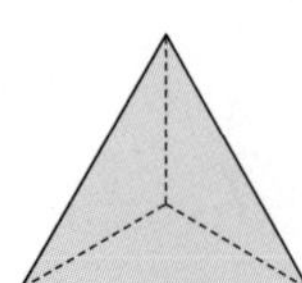 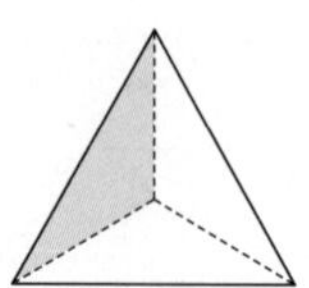

$2\frac{1}{3} = \frac{\square}{\square}$

❷

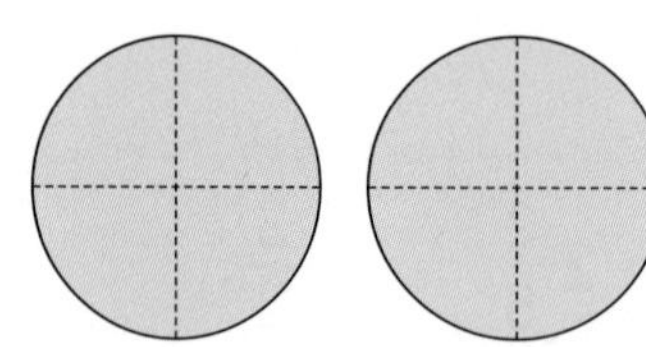 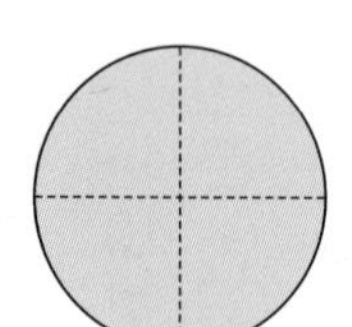 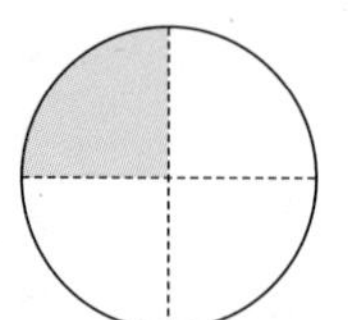

$3\frac{1}{4} = \frac{\square}{\square}$

❸

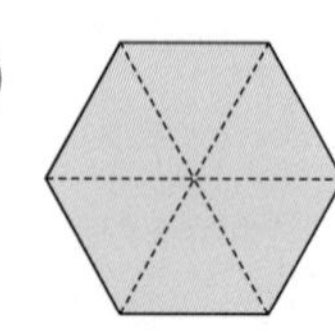 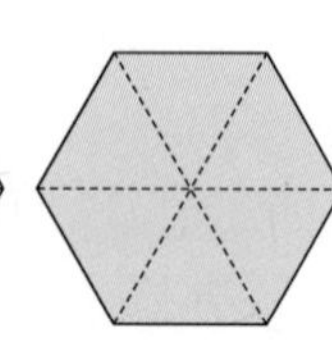 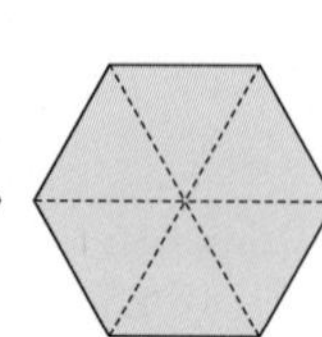 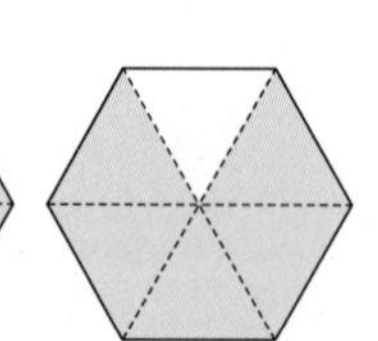

$3\frac{5}{6} = \frac{\square}{\square}$

❹

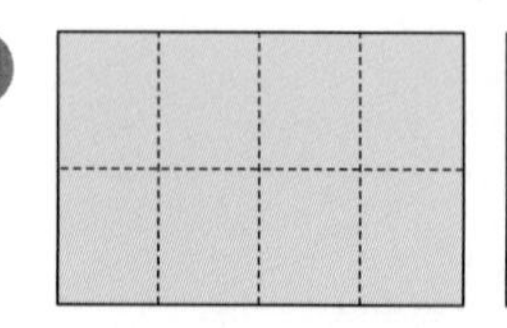 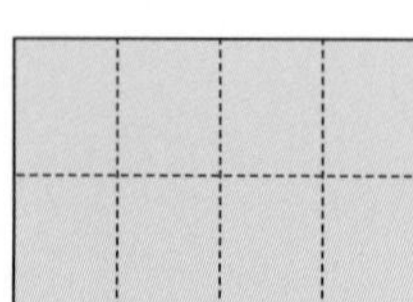 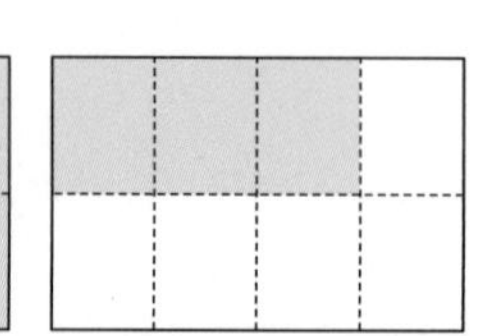

$2\frac{3}{8} = \frac{\square}{\square}$

○ 그림을 보고 가분수를 대분수로 나타내어 보시오.

❺

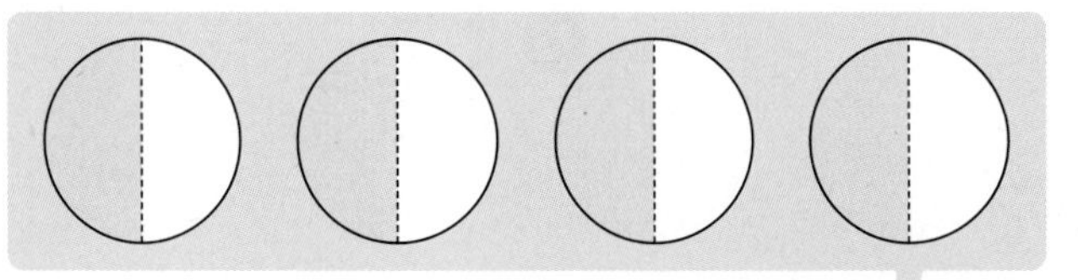

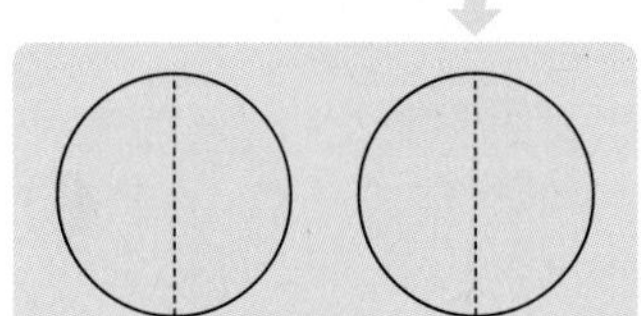

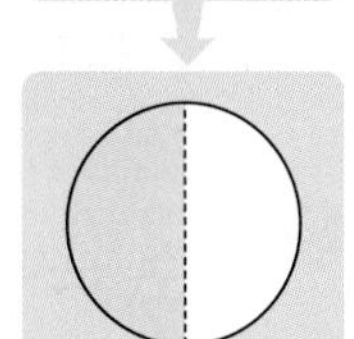

$\frac{5}{2}=\square\frac{\square}{\square}$

❻

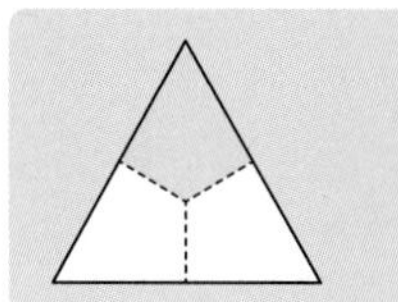

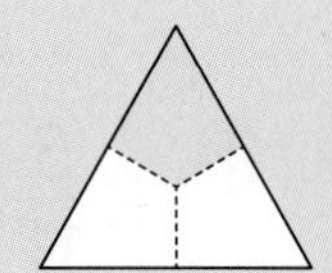

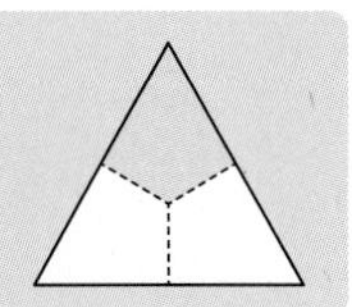

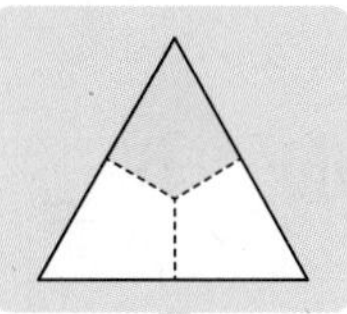

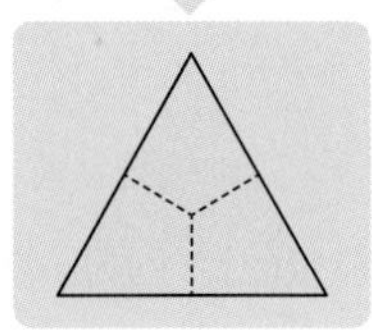

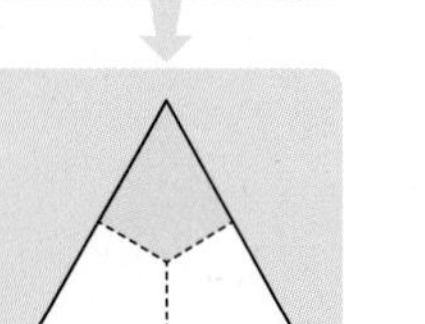

$\frac{4}{3}=\square\frac{\square}{\square}$

❼

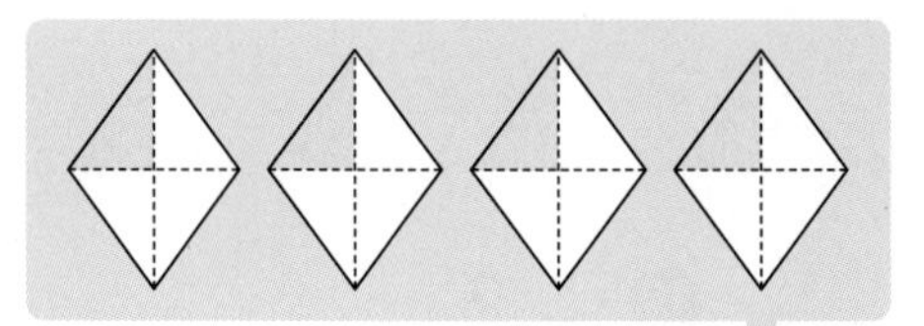

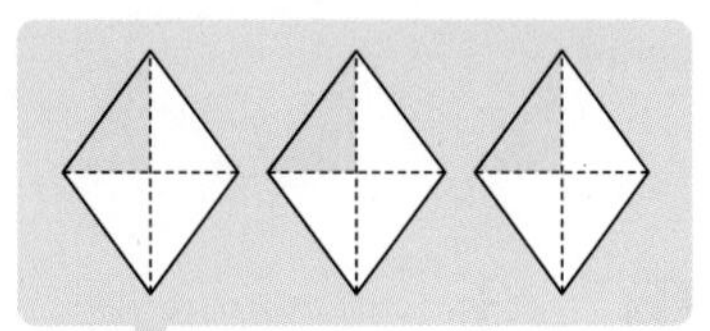

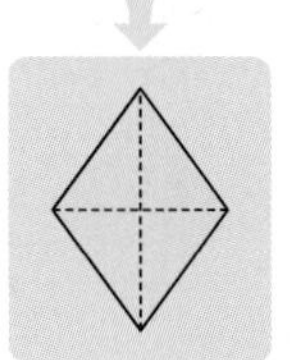

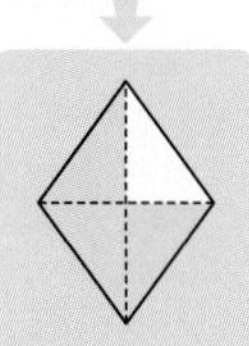

$\frac{7}{4}=\square\frac{\square}{\square}$

❽

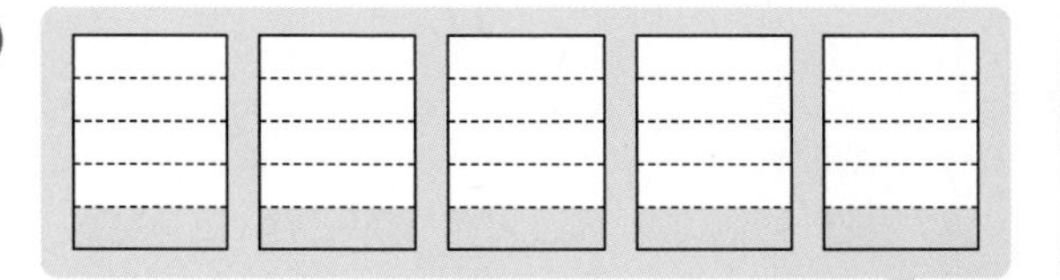

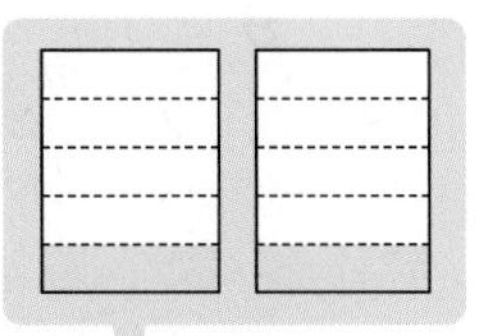

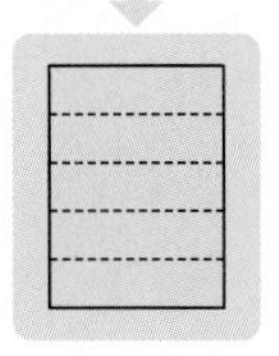

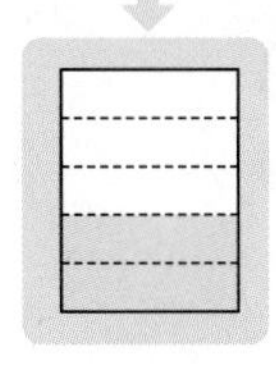

$\frac{7}{5}=\square\frac{\square}{\square}$

4 대분수를 가분수로, 가분수를 대분수로 나타내기

○ 대분수를 가분수로 나타내어 보시오.

❶ $5\frac{1}{2}=$

❷ $1\frac{1}{3}=$

❸ $2\frac{2}{3}=$

❹ $2\frac{1}{4}=$

❺ $3\frac{3}{4}=$

❻ $2\frac{4}{5}=$

❼ $5\frac{3}{5}=$

❽ $4\frac{5}{6}=$

❾ $1\frac{2}{7}=$

❿ $2\frac{6}{7}=$

⓫ $1\frac{5}{8}=$

⓬ $5\frac{3}{8}=$

⓭ $2\frac{5}{9}=$

⓮ $3\frac{8}{9}=$

⓯ $1\frac{7}{10}=$

⓰ $3\frac{3}{10}=$

⓱ $2\frac{5}{11}=$

⓲ $3\frac{7}{12}=$

⓳ $5\frac{2}{15}=$

⓴ $1\frac{8}{17}=$

㉑ $4\frac{3}{20}=$

○ 가분수를 대분수로 나타내어 보시오.

㉒ $\frac{9}{2}=$

㉓ $\frac{11}{2}=$

㉔ $\frac{7}{3}=$

㉕ $\frac{10}{3}=$

㉖ $\frac{5}{4}=$

㉗ $\frac{15}{4}=$

㉘ $\frac{17}{5}=$

㉙ $\frac{7}{6}=$

㉚ $\frac{11}{6}=$

㉛ $\frac{15}{7}=$

㉜ $\frac{20}{7}=$

㉝ $\frac{11}{8}=$

㉞ $\frac{25}{8}=$

㉟ $\frac{11}{9}=$

㊱ $\frac{20}{9}=$

㊲ $\frac{49}{10}=$

㊳ $\frac{19}{11}=$

㊴ $\frac{25}{12}=$

㊵ $\frac{20}{13}=$

㊶ $\frac{35}{16}=$

㊷ $\frac{30}{19}=$

5 가분수의 크기 비교, 대분수의 크기 비교

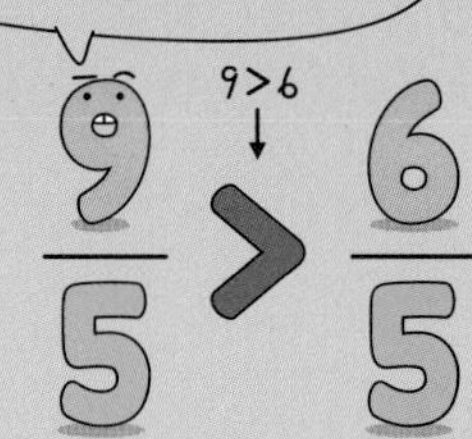

분모가 같은 가분수는
분자가 큰 수가 더 커!
9>6

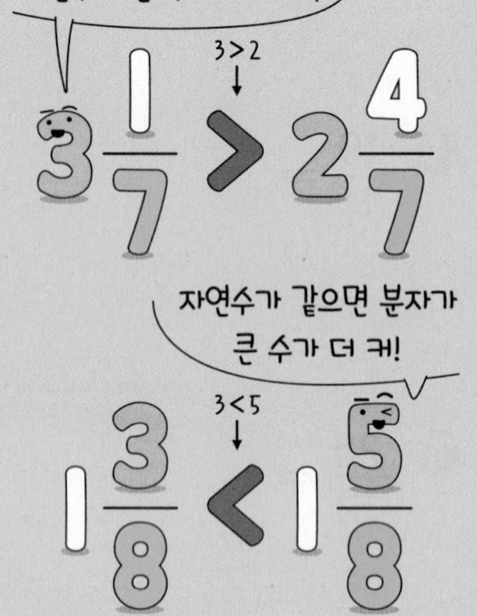

분모가 같은 대분수는
자연수가 큰 수가 더 크고,
3>2
자연수가 같으면 분자가
큰 수가 더 커!
3<5

• 분모가 같은 가분수의 크기 비교

분자가 큰 가분수가 더 큽니다. $\frac{9}{5} > \frac{6}{5}$ (9>6)

• 분모가 같은 대분수의 크기 비교

- 자연수가 큰 대분수가 더 큽니다.

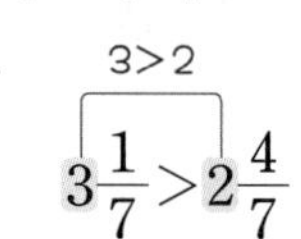

$3\frac{1}{7} > 2\frac{4}{7}$ (3>2)

- 자연수가 같으면 분자가 큰 대분수가 더 큽니다.

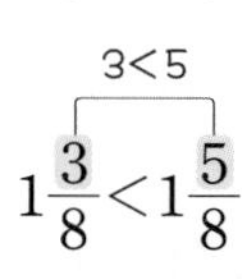

$1\frac{3}{8} < 1\frac{5}{8}$ (3<5)

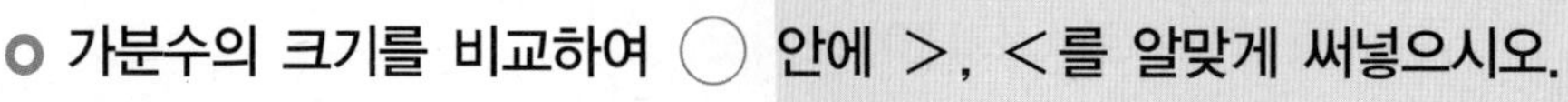

○ 가분수의 크기를 비교하여 ◯ 안에 >, <를 알맞게 써넣으시오.

❶ $\frac{5}{2}$ ◯ $\frac{7}{2}$

❷ $\frac{5}{3}$ ◯ $\frac{10}{3}$

❸ $\frac{11}{4}$ ◯ $\frac{9}{4}$

❹ $\frac{8}{5}$ ◯ $\frac{6}{5}$

❺ $\frac{12}{6}$ ◯ $\frac{11}{6}$

❻ $\frac{9}{7}$ ◯ $\frac{7}{7}$

❼ $\frac{10}{8}$ ◯ $\frac{15}{8}$

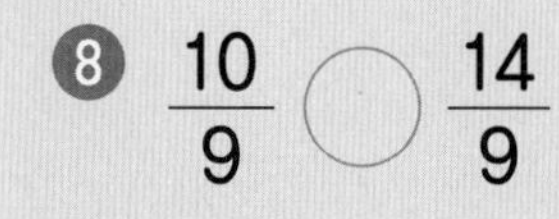

❽ $\frac{10}{9}$ ◯ $\frac{14}{9}$

❾ $\frac{11}{10}$ ◯ $\frac{17}{10}$

❿ $\frac{14}{11}$ ◯ $\frac{15}{11}$

⓫ $\frac{15}{12}$ ◯ $\frac{12}{12}$

⓬ $\frac{16}{13}$ ◯ $\frac{14}{13}$

⓭ $\frac{19}{15}$ ◯ $\frac{20}{15}$

⓮ $\frac{20}{19}$ ◯ $\frac{22}{19}$

정답 • 16쪽

○ 대분수의 크기를 비교하여 ◯ 안에 >, <를 알맞게 써넣으시오.

⑮ $3\frac{1}{3}$ ◯ $1\frac{2}{3}$

⑯ $5\frac{1}{3}$ ◯ $5\frac{2}{3}$

⑰ $2\frac{3}{4}$ ◯ $3\frac{3}{4}$

⑱ $1\frac{2}{5}$ ◯ $1\frac{3}{5}$

⑲ $3\frac{1}{6}$ ◯ $1\frac{5}{6}$

⑳ $4\frac{5}{6}$ ◯ $4\frac{2}{6}$

㉑ $5\frac{3}{7}$ ◯ $2\frac{5}{7}$

㉒ $2\frac{3}{8}$ ◯ $2\frac{5}{8}$

㉓ $5\frac{5}{8}$ ◯ $9\frac{4}{8}$

㉔ $3\frac{8}{9}$ ◯ $3\frac{7}{9}$

㉕ $5\frac{5}{9}$ ◯ $9\frac{2}{9}$

㉖ $5\frac{7}{10}$ ◯ $5\frac{4}{10}$

㉗ $7\frac{3}{11}$ ◯ $7\frac{7}{11}$

㉘ $1\frac{11}{12}$ ◯ $2\frac{5}{12}$

㉙ $2\frac{7}{12}$ ◯ $2\frac{1}{12}$

㉚ $5\frac{9}{13}$ ◯ $4\frac{9}{13}$

㉛ $4\frac{4}{15}$ ◯ $4\frac{8}{15}$

㉜ $2\frac{11}{16}$ ◯ $1\frac{9}{16}$

㉝ $3\frac{5}{18}$ ◯ $3\frac{11}{18}$

㉞ $8\frac{3}{20}$ ◯ $5\frac{7}{20}$

㉟ $1\frac{20}{23}$ ◯ $1\frac{10}{23}$

5 가분수의 크기 비교, 대분수의 크기 비교

○ 가분수의 크기를 비교하여 ○ 안에 $>$, $<$를 알맞게 써넣으시오.

❶ $\frac{4}{3}$ ○ $\frac{8}{3}$

❷ $\frac{4}{4}$ ○ $\frac{7}{4}$

❸ $\frac{9}{4}$ ○ $\frac{10}{4}$

❹ $\frac{8}{5}$ ○ $\frac{5}{5}$

❺ $\frac{7}{6}$ ○ $\frac{11}{6}$

❻ $\frac{12}{6}$ ○ $\frac{15}{6}$

❼ $\frac{10}{7}$ ○ $\frac{9}{7}$

❽ $\frac{15}{8}$ ○ $\frac{13}{8}$

❾ $\frac{9}{9}$ ○ $\frac{13}{9}$

❿ $\frac{15}{9}$ ○ $\frac{14}{9}$

⓫ $\frac{19}{10}$ ○ $\frac{11}{10}$

⓬ $\frac{20}{10}$ ○ $\frac{30}{10}$

⓭ $\frac{17}{11}$ ○ $\frac{16}{11}$

⓮ $\frac{14}{13}$ ○ $\frac{13}{13}$

⓯ $\frac{11}{15}$ ○ $\frac{20}{15}$

⓰ $\frac{19}{17}$ ○ $\frac{25}{17}$

⓱ $\frac{19}{19}$ ○ $\frac{22}{19}$

⓲ $\frac{21}{20}$ ○ $\frac{20}{20}$

⓳ $\frac{25}{21}$ ○ $\frac{30}{21}$

⓴ $\frac{29}{23}$ ○ $\frac{25}{23}$

㉑ $\frac{33}{24}$ ○ $\frac{29}{24}$

정답 • 17쪽

대분수의 크기를 비교하여 ◯ 안에 >, <를 알맞게 써넣으시오.

㉒ $6\frac{1}{2}$ ◯ $5\frac{1}{2}$

㉓ $1\frac{2}{3}$ ◯ $1\frac{1}{3}$

㉔ $1\frac{3}{4}$ ◯ $2\frac{1}{4}$

㉕ $5\frac{3}{4}$ ◯ $5\frac{1}{4}$

㉖ $5\frac{4}{5}$ ◯ $5\frac{1}{5}$

㉗ $1\frac{1}{6}$ ◯ $1\frac{5}{6}$

㉘ $2\frac{5}{6}$ ◯ $3\frac{1}{6}$

㉙ $2\frac{6}{7}$ ◯ $4\frac{2}{7}$

㉚ $6\frac{6}{8}$ ◯ $6\frac{3}{8}$

㉛ $1\frac{3}{9}$ ◯ $1\frac{7}{9}$

㉜ $4\frac{8}{9}$ ◯ $4\frac{4}{9}$

㉝ $3\frac{3}{10}$ ◯ $3\frac{9}{10}$

㉞ $7\frac{7}{10}$ ◯ $6\frac{7}{10}$

㉟ $2\frac{7}{12}$ ◯ $2\frac{8}{12}$

㊱ $4\frac{2}{13}$ ◯ $3\frac{11}{13}$

㊲ $9\frac{4}{13}$ ◯ $9\frac{8}{13}$

㊳ $6\frac{2}{15}$ ◯ $3\frac{8}{15}$

㊴ $3\frac{5}{17}$ ◯ $3\frac{9}{17}$

㊵ $3\frac{9}{19}$ ◯ $2\frac{7}{19}$

㊶ $7\frac{11}{22}$ ◯ $7\frac{15}{22}$

㊷ $2\frac{21}{25}$ ◯ $2\frac{19}{25}$

6 가분수와 대분수의 크기 비교

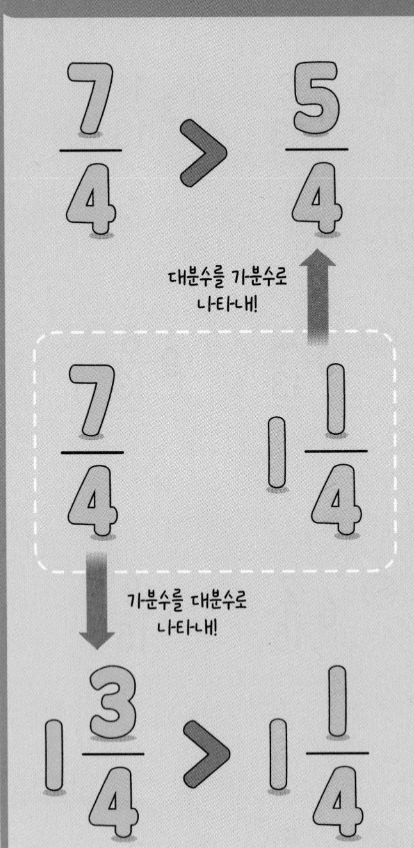

• 분모가 같은 가분수와 대분수의 크기 비교

예 $\frac{7}{4}$과 $1\frac{1}{4}$의 크기 비교

방법 1 대분수를 가분수로 나타내어 크기 비교하기

$1\frac{1}{4}=\frac{5}{4}$이므로 $\frac{7}{4}>\frac{5}{4}$입니다.

⇨ $\frac{7}{4}>1\frac{1}{4}$

방법 2 가분수를 대분수로 나타내어 크기 비교하기

$\frac{7}{4}=1\frac{3}{4}$이므로 $1\frac{3}{4}>1\frac{1}{4}$입니다.

⇨ $\frac{7}{4}>1\frac{1}{4}$

○ 분수의 크기를 비교하여 ◯ 안에 >, =, <를 알맞게 써넣으시오.

1. $\frac{9}{2}$ ◯ $3\frac{1}{2}$
2. $\frac{5}{3}$ ◯ $1\frac{1}{3}$
3. $\frac{10}{4}$ ◯ $2\frac{1}{4}$
4. $\frac{7}{5}$ ◯ $2\frac{1}{5}$
5. $\frac{9}{6}$ ◯ $1\frac{5}{6}$
6. $\frac{15}{7}$ ◯ $1\frac{6}{7}$
7. $\frac{13}{8}$ ◯ $1\frac{5}{8}$
8. $\frac{10}{9}$ ◯ $1\frac{5}{9}$
9. $\frac{17}{10}$ ◯ $1\frac{7}{10}$
10. $\frac{15}{11}$ ◯ $1\frac{2}{11}$
11. $\frac{19}{12}$ ◯ $1\frac{9}{12}$
12. $\frac{20}{13}$ ◯ $2\frac{4}{13}$
13. $\frac{21}{15}$ ◯ $2\frac{2}{15}$
14. $\frac{20}{19}$ ◯ $1\frac{2}{19}$

정답 • 17쪽

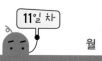

⑮ $7\frac{1}{3}$ ◯ $\frac{17}{3}$

⑯ $2\frac{1}{4}$ ◯ $\frac{11}{4}$

⑰ $5\frac{3}{4}$ ◯ $\frac{23}{4}$

⑱ $3\frac{4}{5}$ ◯ $\frac{14}{5}$

⑲ $7\frac{3}{5}$ ◯ $\frac{41}{5}$

⑳ $1\frac{1}{6}$ ◯ $\frac{8}{6}$

㉑ $4\frac{5}{6}$ ◯ $\frac{23}{6}$

㉒ $2\frac{1}{7}$ ◯ $\frac{15}{7}$

㉓ $5\frac{4}{7}$ ◯ $\frac{40}{7}$

㉔ $1\frac{5}{8}$ ◯ $\frac{15}{8}$

㉕ $1\frac{7}{9}$ ◯ $\frac{15}{9}$

㉖ $3\frac{2}{9}$ ◯ $\frac{34}{9}$

㉗ $3\frac{3}{10}$ ◯ $\frac{17}{10}$

㉘ $5\frac{1}{10}$ ◯ $\frac{49}{10}$

㉙ $1\frac{10}{11}$ ◯ $\frac{20}{11}$

㉚ $1\frac{4}{12}$ ◯ $\frac{17}{12}$

㉛ $1\frac{2}{13}$ ◯ $\frac{18}{13}$

㉜ $2\frac{2}{15}$ ◯ $\frac{19}{15}$

㉝ $2\frac{1}{16}$ ◯ $\frac{33}{16}$

㉞ $1\frac{5}{17}$ ◯ $\frac{23}{17}$

㉟ $4\frac{5}{22}$ ◯ $\frac{91}{22}$

6 가분수와 대분수의 크기 비교

○ 분수의 크기를 비교하여 ◯ 안에 >, =, <를 알맞게 써넣으시오.

❶ $\frac{7}{2}$ ◯ $5\frac{1}{2}$

❷ $\frac{8}{3}$ ◯ $3\frac{1}{3}$

❸ $\frac{16}{3}$ ◯ $5\frac{2}{3}$

❹ $\frac{9}{4}$ ◯ $1\frac{3}{4}$

❺ $\frac{17}{4}$ ◯ $4\frac{1}{4}$

❻ $\frac{13}{5}$ ◯ $2\frac{4}{5}$

❼ $\frac{15}{6}$ ◯ $1\frac{5}{6}$

❽ $\frac{23}{6}$ ◯ $3\frac{1}{6}$

❾ $\frac{10}{7}$ ◯ $2\frac{2}{7}$

❿ $\frac{36}{7}$ ◯ $5\frac{2}{7}$

⓫ $\frac{25}{8}$ ◯ $3\frac{1}{8}$

⓬ $\frac{47}{8}$ ◯ $5\frac{5}{8}$

⓭ $\frac{22}{9}$ ◯ $2\frac{2}{9}$

⓮ $\frac{17}{10}$ ◯ $2\frac{3}{10}$

⓯ $\frac{33}{10}$ ◯ $2\frac{9}{10}$

⓰ $\frac{19}{11}$ ◯ $1\frac{3}{11}$

⓱ $\frac{20}{13}$ ◯ $1\frac{9}{13}$

⓲ $\frac{19}{14}$ ◯ $1\frac{3}{14}$

⓳ $\frac{40}{17}$ ◯ $2\frac{6}{17}$

⓴ $\frac{22}{19}$ ◯ $1\frac{2}{19}$

㉑ $\frac{51}{25}$ ◯ $2\frac{4}{25}$

㉒ $3\frac{1}{2} \bigcirc \frac{7}{2}$

㉓ $6\frac{1}{2} \bigcirc \frac{15}{2}$

㉔ $2\frac{2}{3} \bigcirc \frac{7}{3}$

㉕ $3\frac{1}{4} \bigcirc \frac{9}{4}$

㉖ $5\frac{3}{4} \bigcirc \frac{25}{4}$

㉗ $5\frac{3}{5} \bigcirc \frac{23}{5}$

㉘ $1\frac{4}{6} \bigcirc \frac{11}{6}$

㉙ $5\frac{1}{6} \bigcirc \frac{29}{6}$

㉚ $2\frac{5}{7} \bigcirc \frac{19}{7}$

㉛ $2\frac{7}{8} \bigcirc \frac{21}{8}$

㉜ $4\frac{3}{8} \bigcirc \frac{33}{8}$

㉝ $1\frac{8}{9} \bigcirc \frac{20}{9}$

㉞ $1\frac{7}{10} \bigcirc \frac{15}{10}$

㉟ $1\frac{5}{11} \bigcirc \frac{20}{11}$

㊱ $1\frac{7}{12} \bigcirc \frac{15}{12}$

㊲ $2\frac{3}{13} \bigcirc \frac{31}{13}$

㊳ $1\frac{7}{15} \bigcirc \frac{22}{15}$

㊴ $1\frac{7}{16} \bigcirc \frac{19}{16}$

㊵ $2\frac{5}{18} \bigcirc \frac{43}{18}$

㊶ $3\frac{9}{20} \bigcirc \frac{73}{20}$

㊷ $1\frac{17}{23} \bigcirc \frac{39}{23}$

○ 그림을 보고 □ 안에 알맞은 수를 써넣으시오.

1

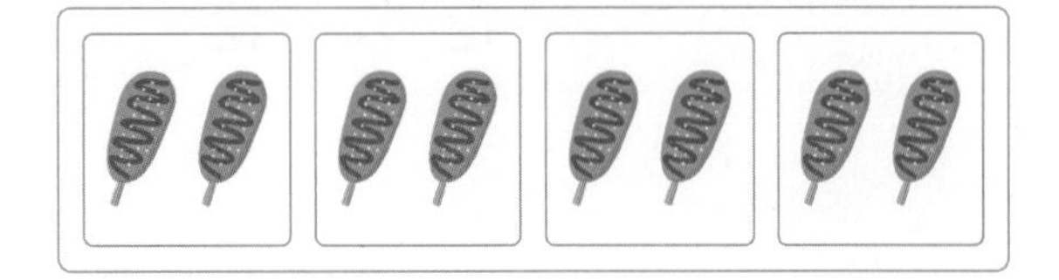

8을 2씩 묶으면 □ 묶음이 됩니다.

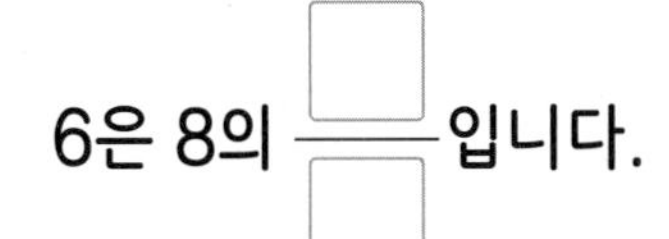

6은 8의 $\frac{\square}{\square}$ 입니다.

2

12를 4씩 묶으면 □ 묶음이 됩니다.

8은 12의 $\frac{\square}{\square}$ 입니다.

3

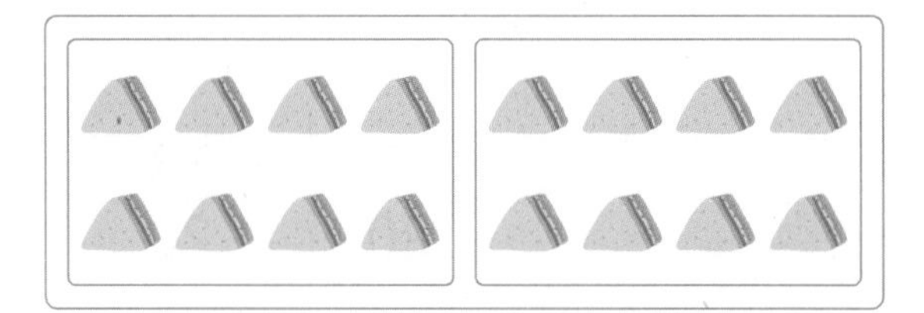

16을 8씩 묶으면 □ 묶음이 됩니다.

8은 16의 $\frac{\square}{\square}$ 입니다.

4

14의 $\frac{1}{7}$은 □ 입니다.

14의 $\frac{5}{7}$는 □ 입니다.

5

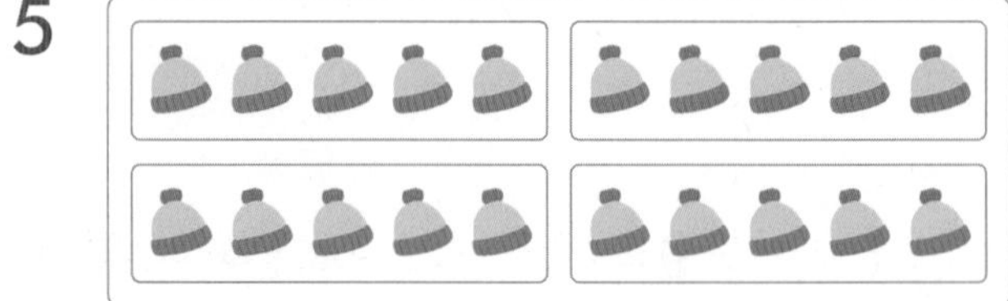

20의 $\frac{1}{4}$은 □ 입니다.

20의 $\frac{3}{4}$은 □ 입니다.

6

0 3 6 9 12 15 18 21 24 27 (cm)

27 cm의 $\frac{1}{9}$은 □ cm입니다.

27 cm의 $\frac{4}{9}$는 □ cm입니다.

○ 진분수는 '진', 가분수는 '가', 대분수는 '대'를 써 보시오.

7 $\frac{2}{2}$ (　　　　　)

8 $\frac{3}{7}$ (　　　　　)

9 $6\frac{5}{8}$ (　　　　　)

○ 대분수를 가분수로, 가분수를 대분수로 나타내어 보시오.

10 $3\frac{2}{3}=$

11 $4\frac{3}{5}=$

12 $\frac{13}{6}=$

13 $\frac{39}{7}=$

○ 분수의 크기를 비교하여 ○ 안에 >, =, <를 알맞게 써넣으시오.

14 $\frac{5}{3}$ ○ $\frac{7}{3}$

15 $3\frac{3}{4}$ ○ $5\frac{1}{4}$

16 $4\frac{4}{5}$ ○ $4\frac{2}{5}$

17 $\frac{21}{6}$ ○ $3\frac{5}{6}$

18 $\frac{19}{7}$ ○ $2\frac{4}{7}$

19 $2\frac{3}{8}$ ○ $\frac{19}{8}$

20 $4\frac{1}{9}$ ○ $\frac{35}{9}$

4단원의 연산 실력을 보충하고 싶다면 **클리닉 북 21~26쪽**을 풀어 보세요.

들이와 무게

학습하는 데 걸린 시간을 작성해 봐요!

학습 내용	학습 회차	걸린 시간
1 1 L와 1 mL의 관계	1일 차	/7분
	2일 차	/7분
2 들이의 덧셈	3일 차	/13분
	4일 차	/14분
3 들이의 뺄셈	5일 차	/13분
	6일 차	/14분
2 ~ 3 다르게 풀기	7일 차	/12분
4 1 kg, 1 g, 1 t의 관계	8일 차	/7분
	9일 차	/7분
5 무게의 덧셈	10일 차	/13분
	11일 차	/14분
6 무게의 뺄셈	12일 차	/13분
	13일 차	/14분
5 ~ 6 다르게 풀기	14일 차	/12분
평가 5. 들이와 무게	15일 차	/17분

1 1 L와 1 mL의 관계

L는 mL보다 큰 단위야.

1 L = 1000 mL

1 리터 1000 밀리리터

1 L 200 mL

1 리터 200 밀리리터

=

1200 mL

- 들이의 단위

들이의 단위에는 리터와 밀리리터 등이 있습니다.

1 리터 ⇨ 1 L

1 밀리리터 ⇨ 1 mL

1 L=1000 mL

- 몇 L 몇 mL와 몇 mL로 나타내기

1 L 200 mL(1 리터 200 밀리리터)
: 1 L보다 200 mL 더 많은 들이

1 L 200 mL=1200 mL

○ □ 안에 알맞은 수를 써넣으시오.

❶ 2 L=□ mL

❷ 4 L=□ mL

❸ 5 L=□ mL

❹ 6 L=□ mL

❺ 8 L=□ mL

❻ 11 L=□ mL

❼ 14 L=□ mL

❽ 1000 mL=□ L

❾ 3000 mL=□ L

❿ 7000 mL=□ L

⓫ 9000 mL=□ L

⓬ 16000 mL=□ L

⓭ 27000 mL=□ L

⓮ 38000 mL=□ L

⑮ 1 L 400 mL = ☐ mL

⑯ 3 L 100 mL = ☐ mL

⑰ 6 L 530 mL = ☐ mL

⑱ 7 L 90 mL = ☐ mL

⑲ 12 L 600 mL = ☐ mL

⑳ 25 L 710 mL = ☐ mL

㉑ 31 L 20 mL = ☐ mL

㉒ 1800 mL = ☐ L ☐ mL

㉓ 2300 mL = ☐ L ☐ mL

㉔ 5120 mL = ☐ L ☐ mL

㉕ 8470 mL = ☐ L ☐ mL

㉖ 10240 mL = ☐ L ☐ mL

㉗ 35490 mL = ☐ L ☐ mL

㉘ 42070 mL = ☐ L ☐ mL

1 1 L와 1 mL의 관계

○ □ 안에 알맞은 수를 써넣으시오.

❶ 1 L= □ mL

❷ 3 L= □ mL

❸ 7 L= □ mL

❹ 9 L= □ mL

❺ 15 L= □ mL

❻ 21 L= □ mL

❼ 54 L= □ mL

❽ 1 L 600 mL= □ mL

❾ 2 L 300 mL= □ mL

❿ 4 L 500 mL= □ mL

⓫ 8 L 170 mL= □ mL

⓬ 10 L 620 mL= □ mL

⓭ 29 L 30 mL= □ mL

⓮ 40 L 70 mL= □ mL

정답 • 18쪽

⑮ 2000 mL= ☐ L

⑯ 4000 mL= ☐ L

⑰ 5000 mL= ☐ L

⑱ 6000 mL= ☐ L

⑲ 13000 mL= ☐ L

⑳ 20000 mL= ☐ L

㉑ 59000 mL= ☐ L

㉒ 1500 mL= ☐ L ☐ mL

㉓ 3600 mL= ☐ L ☐ mL

㉔ 7280 mL= ☐ L ☐ mL

㉕ 9010 mL= ☐ L ☐ mL

㉖ 14360 mL= ☐ L ☐ mL

㉗ 30100 mL= ☐ L ☐ mL

㉘ 40050 mL= ☐ L ☐ mL

2 들이의 덧셈

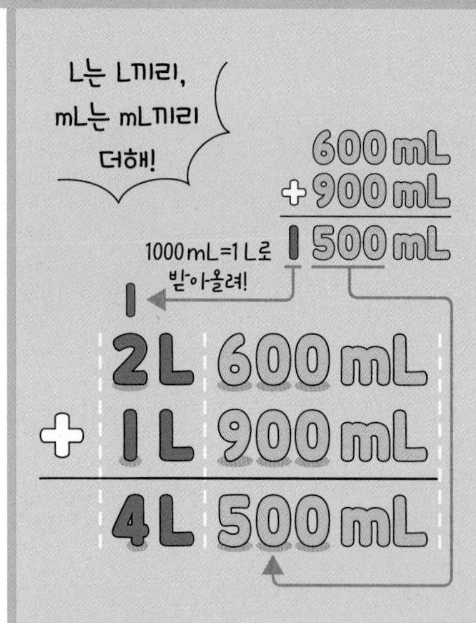

- 들이의 덧셈
  - L는 L끼리 더하고, mL는 mL끼리 더합니다.
  - mL끼리의 합이 1000보다 크거나 같으면 1000 mL를 1 L로 받아올림합니다.

	2 L	600 mL
+	1 L	900 mL
	3 L	1500 mL
	+1 L	← −1000 mL
	4 L	500 mL

○ 계산해 보시오.

❶ 1 L 500 mL + 1 L 200 mL = □ L □ mL

❷ 2 L 100 mL + 1 L 400 mL = □ L □ mL

❸ 2 L 700 mL + 3 L 200 mL = □ L □ mL

❹ 3 L 600 mL + 1 L 100 mL = □ L □ mL

❺ 4 L 300 mL + 3 L 500 mL = □ L □ mL

❻ 5 L 400 mL + 2 L 400 mL = □ L □ mL

❼ 5 L 750 mL + 4 L 100 mL = □ L □ mL

❽ 6 L 300 mL + 3 L 250 mL = □ L □ mL

❾ 7 L 100 mL + 2 L 350 mL = □ L □ mL

❿ 8 L 550 mL + 3 L 200 mL = □ L □ mL

⓫ 8 L 630 mL + 9 L 100 mL = □ L □ mL

⓬ 9 L 350 mL + 6 L 450 mL = □ L □ mL

정답 • 19쪽

⑬
  1 L 300 mL
+ 2 L 800 mL
□ L □ mL

⑭
  1 L 700 mL
+ 6 L 500 mL
□ L □ mL

⑮
  2 L 600 mL
+ 4 L 900 mL
□ L □ mL

⑯
  3 L 400 mL
+ 1 L 700 mL
□ L □ mL

⑰
  3 L 500 mL
+ 5 L 800 mL
□ L □ mL

⑱
  4 L 800 mL
+ 1 L 600 mL
□ L □ mL

⑲
  5 L 400 mL
+ 2 L 650 mL
□ L □ mL

⑳
  6 L 550 mL
+ 2 L 800 mL
□ L □ mL

㉑
  7 L 350 mL
+ 1 L 900 mL
□ L □ mL

㉒
  7 L 500 mL
+ 3 L 950 mL
□ L □ mL

㉓
  8 L 700 mL
+ 4 L 710 mL
□ L □ mL

㉔
  9 L 650 mL
+ 2 L 850 mL
□ L □ mL

2 들이의 덧셈

○ 계산해 보시오.

❶
$$\begin{array}{rrr} & 1\text{ L} & 200\text{ mL} \\ + & 4\text{ L} & 100\text{ mL} \\ \hline \end{array}$$

❷
$$\begin{array}{rrr} & 2\text{ L} & 500\text{ mL} \\ + & 2\text{ L} & 400\text{ mL} \\ \hline \end{array}$$

❸
$$\begin{array}{rrr} & 3\text{ L} & 150\text{ mL} \\ + & 1\text{ L} & 600\text{ mL} \\ \hline \end{array}$$

❹
$$\begin{array}{rrr} & 3\text{ L} & 700\text{ mL} \\ + & 5\text{ L} & 800\text{ mL} \\ \hline \end{array}$$

❺
$$\begin{array}{rrr} & 4\text{ L} & 400\text{ mL} \\ + & 2\text{ L} & 900\text{ mL} \\ \hline \end{array}$$

❻
$$\begin{array}{rrr} & 4\text{ L} & 600\text{ mL} \\ + & 3\text{ L} & 500\text{ mL} \\ \hline \end{array}$$

❼
$$\begin{array}{rrr} & 5\text{ L} & 350\text{ mL} \\ + & 1\text{ L} & 800\text{ mL} \\ \hline \end{array}$$

❽
$$\begin{array}{rrr} & 5\text{ L} & 900\text{ mL} \\ + & 3\text{ L} & 550\text{ mL} \\ \hline \end{array}$$

❾
$$\begin{array}{rrr} & 6\text{ L} & 850\text{ mL} \\ + & 2\text{ L} & 500\text{ mL} \\ \hline \end{array}$$

❿
$$\begin{array}{rrr} & 7\text{ L} & 340\text{ mL} \\ + & 4\text{ L} & 920\text{ mL} \\ \hline \end{array}$$

⓫
$$\begin{array}{rrr} & 8\text{ L} & 750\text{ mL} \\ + & 1\text{ L} & 550\text{ mL} \\ \hline \end{array}$$

⓬
$$\begin{array}{rrr} & 9\text{ L} & 250\text{ mL} \\ + & 6\text{ L} & 850\text{ mL} \\ \hline \end{array}$$

정답 • 19쪽

⑬ 1 L 100 mL+1 L 400 mL
=

⑭ 1 L 500 mL+3 L 300 mL
=

⑮ 2 L 300 mL+4 L 200 mL
=

⑯ 2 L 700 mL+6 L 100 mL
=

⑰ 3 L 500 mL+2 L 240 mL
=

⑱ 4 L 100 mL+1 L 350 mL
=

⑲ 4 L 450 mL+5 L 150 mL
=

⑳ 5 L 200 mL+2 L 900 mL
=

㉑ 5 L 700 mL+3 L 600 mL
=

㉒ 6 L 600 mL+1 L 450 mL
=

㉓ 7 L 400 mL+2 L 810 mL
=

㉔ 8 L 550 mL+5 L 600 mL
=

㉕ 8 L 900 mL+8 L 750 mL
=

㉖ 9 L 650 mL+5 L 450 mL
=

3 들이의 뺄셈

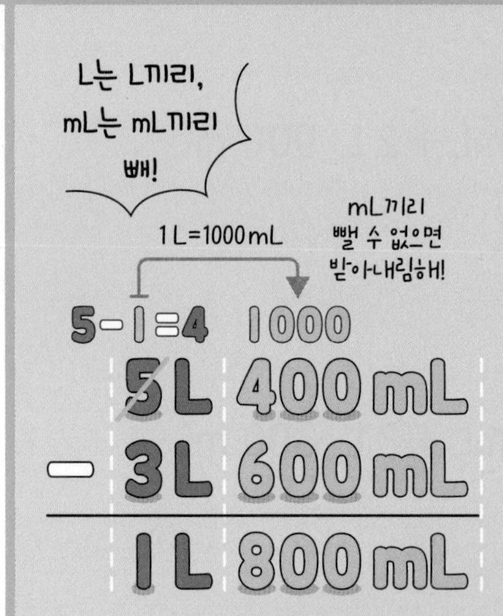
L는 L끼리,
mL는 mL끼리
빼!
1 L=1000 mL
mL끼리
뺄 수 없으면
받아내림해!
5−1=4 1000
5 L 400 mL
− 3 L 600 mL
1 L 800 mL

- 들이의 뺄셈
  - L는 L끼리 빼고, mL는 mL끼리 뺍니다.
  - mL끼리 뺄 수 없을 때에는 1 L를 1000 mL로 받아내림합니다.

$$\begin{array}{rr} \overset{4}{\cancel{5}}\text{ L} & \overset{1000}{400}\text{ mL} \\ -\ 3\text{ L} & 600\text{ mL} \\ \hline 1\text{ L} & 800\text{ mL} \end{array}$$

○ 계산해 보시오.

❶ 2 L 900 mL − 1 L 200 mL = □ L □ mL

❷ 3 L 800 mL − 1 L 700 mL = □ L □ mL

❸ 4 L 500 mL − 2 L 100 mL = □ L □ mL

❹ 5 L 700 mL − 3 L 400 mL = □ L □ mL

❺ 6 L 300 mL − 1 L 100 mL = □ L □ mL

❻ 6 L 600 mL − 4 L 500 mL = □ L □ mL

❼ 7 L 450 mL − 2 L 300 mL = □ L □ mL

❽ 8 L 650 mL − 5 L 150 mL = □ L □ mL

❾ 9 L 850 mL − 8 L 400 mL = □ L □ mL

❿ 11 L 500 mL − 3 L 250 mL = □ L □ mL

⓫ 13 L 750 mL − 5 L 100 mL = □ L □ mL

⓬ 14 L 300 mL − 8 L 150 mL = □ L □ mL

정답 • 19쪽

⑬ 3 L 100 mL − 1 L 500 mL = □ L □ mL

⑭ 4 L 300 mL − 1 L 700 mL = □ L □ mL

⑮ 5 L 400 mL − 3 L 900 mL = □ L □ mL

⑯ 5 L 600 mL − 2 L 800 mL = □ L □ mL

⑰ 6 L 200 mL − 3 L 600 mL = □ L □ mL

⑱ 7 L 800 mL − 5 L 900 mL = □ L □ mL

⑲ 8 L 250 mL − 4 L 650 mL = □ L □ mL

⑳ 9 L 150 mL − 5 L 800 mL = □ L □ mL

㉑ 9 L 550 mL − 2 L 900 mL = □ L □ mL

㉒ 10 L 250 mL − 4 L 950 mL = □ L □ mL

㉓ 12 L 300 mL − 9 L 750 mL = □ L □ mL

㉔ 15 L 100 mL − 7 L 850 mL = □ L □ mL

3 들이의 뺄셈

○ 계산해 보시오.

❶
$$\begin{array}{rrr} & 3\text{ L} & 400\text{ mL} \\ - & 1\text{ L} & 200\text{ mL} \\ \hline \end{array}$$

❷
$$\begin{array}{rrr} & 4\text{ L} & 600\text{ mL} \\ - & 2\text{ L} & 500\text{ mL} \\ \hline \end{array}$$

❸
$$\begin{array}{rrr} & 4\text{ L} & 840\text{ mL} \\ - & 3\text{ L} & 100\text{ mL} \\ \hline \end{array}$$

❹
$$\begin{array}{rrr} & 5\text{ L} & 200\text{ mL} \\ - & 1\text{ L} & 700\text{ mL} \\ \hline \end{array}$$

❺
$$\begin{array}{rrr} & 6\text{ L} & 500\text{ mL} \\ - & 4\text{ L} & 900\text{ mL} \\ \hline \end{array}$$

❻
$$\begin{array}{rrr} & 7\text{ L} & 100\text{ mL} \\ - & 2\text{ L} & 300\text{ mL} \\ \hline \end{array}$$

❼
$$\begin{array}{rrr} & 7\text{ L} & 650\text{ mL} \\ - & 5\text{ L} & 800\text{ mL} \\ \hline \end{array}$$

❽
$$\begin{array}{rrr} & 8\text{ L} & 150\text{ mL} \\ - & 1\text{ L} & 450\text{ mL} \\ \hline \end{array}$$

❾
$$\begin{array}{rrr} & 9\text{ L} & 150\text{ mL} \\ - & 4\text{ L} & 610\text{ mL} \\ \hline \end{array}$$

❿
$$\begin{array}{rrr} & 11\text{ L} & 300\text{ mL} \\ - & 5\text{ L} & 950\text{ mL} \\ \hline \end{array}$$

⓫
$$\begin{array}{rrr} & 14\text{ L} & 240\text{ mL} \\ - & 7\text{ L} & 590\text{ mL} \\ \hline \end{array}$$

⓬
$$\begin{array}{rrr} & 17\text{ L} & 450\text{ mL} \\ - & 9\text{ L} & 800\text{ mL} \\ \hline \end{array}$$

정답 • 19쪽

⑬ 2 L 500 mL－1 L 400 mL
＝

⑭ 3 L 500 mL－2 L 200 mL
＝

⑮ 4 L 900 mL－1 L 700 mL
＝

⑯ 5 L 200 mL－3 L 100 mL
＝

⑰ 5 L 750 mL－1 L 100 mL
＝

⑱ 6 L 470 mL－4 L 130 mL
＝

⑲ 7 L 900 mL－5 L 350 mL
＝

⑳ 8 L 300 mL－5 L 800 mL
＝

㉑ 9 L 100 mL－2 L 500 mL
＝

㉒ 9 L 230 mL－3 L 400 mL
＝

㉓ 10 L 450 mL－7 L 720 mL
＝

㉔ 13 L 700 mL－4 L 950 mL
＝

㉕ 16 L 250 mL－7 L 600 mL
＝

㉖ 18 L 750 mL－8 L 850 mL
＝

2 ~ 3 다르게 풀기

○ 빈칸에 알맞은 들이를 써넣으시오.

❶ +3 L 100 mL

1 L 700 mL → [ ]

1 L 700 mL+3 L 100 mL를 계산해요.

❷ +1 L 400 mL

2 L 900 mL → [ ]

❸ +4 L 900 mL

4 L 200 mL → [ ]

❹ +2 L 400 mL

5 L 270 mL → [ ]

❺ +3 L 800 mL

8 L 350 mL → [ ]

❻ −1 L 200 mL

3 L 600 mL → [ ]

3 L 600 mL−1 L 200 mL를 계산해요.

❼ −3 L 400 mL

5 L 200 mL → [ ]

❽ −2 L 100 mL

6 L 400 mL → [ ]

❾ −7 L 350 mL

9 L 160 mL → [ ]

❿ −5 L 950 mL

12 L 600 mL → [ ]

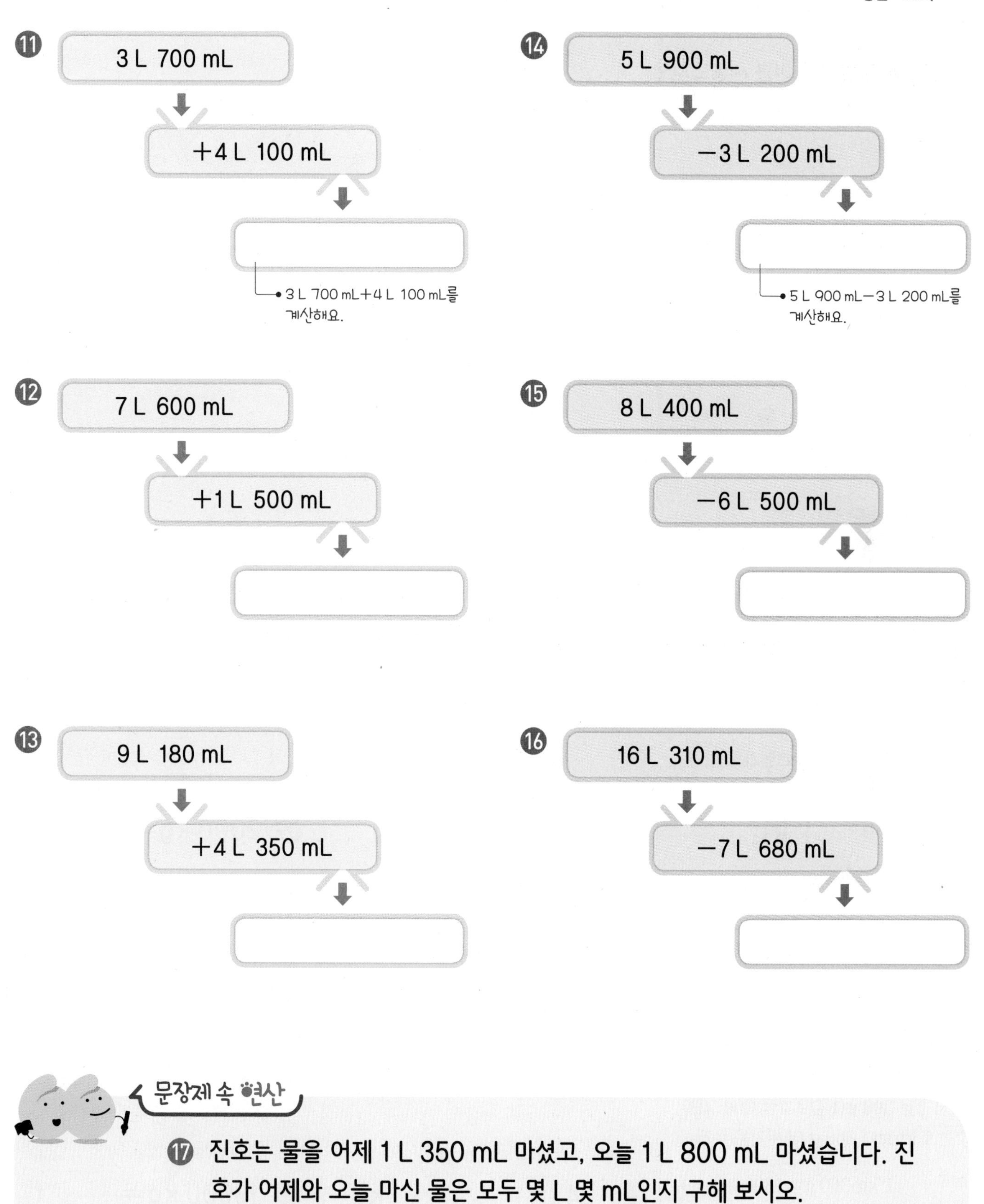

문장제 속 연산

⑰ 진호는 물을 어제 1 L 350 mL 마셨고, 오늘 1 L 800 mL 마셨습니다. 진호가 어제와 오늘 마신 물은 모두 몇 L 몇 mL인지 구해 보시오.

□ L □ mL + □ L □ mL = □ L □ mL

(어제 마신 물의 양) (오늘 마신 물의 양) (어제와 오늘 마신 물의 양)

4 1 kg, 1 g, 1 t의 관계

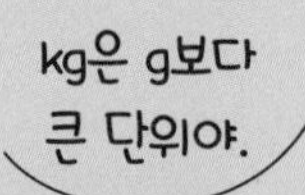

1 킬로그램 1000 그램

1 kg 300 g

1 킬로그램 300 그램

=

1300 g

t은 kg보다 큰 단위야.

1 t = 1000 kg

- 무게의 단위

무게의 단위에는 킬로그램과 그램, 톤 등이 있습니다.

1 킬로그램 ⇨ 1 kg

1 그램 ⇨ 1 g

1 톤 ⇨ 1 t

- 1 kg=1000 g
- 1 t=1000 kg

- 몇 kg 몇 g과 몇 g으로 나타내기

1 kg 300 g(1 킬로그램 300 그램)
: 1 kg보다 300 g 더 무거운 무게

1 kg 300 g=1300 g

○ □ 안에 알맞은 수를 써넣으시오.

❶ 2 kg=□ g

❷ 3 kg=□ g

❸ 8 kg=□ g

❹ 12 kg=□ g

❺ 1 t=□ kg

❻ 5 t=□ kg

❼ 24 t=□ kg

❽ 1000 g=□ kg

❾ 4000 g=□ kg

❿ 9000 g=□ kg

⓫ 15000 g=□ kg

⓬ 2000 kg=□ t

⓭ 7000 kg=□ t

⓮ 13000 kg=□ t

정답 • 20쪽

⑮ 1 kg 400 g= □ g

⑯ 4 kg 600 g= □ g

⑰ 5 kg 520 g= □ g

⑱ 8 kg 10 g= □ g

⑲ 19 kg 900 g= □ g

⑳ 27 kg 210 g= □ g

㉑ 32 kg 70 g= □ g

㉒ 1200 g= □ kg □ g

㉓ 2800 g= □ kg □ g

㉔ 3140 g= □ kg □ g

㉕ 7530 g= □ kg □ g

㉖ 13750 g= □ kg □ g

㉗ 20480 g= □ kg □ g

㉘ 27065 g= □ kg □ g

4 1 kg, 1 g, 1 t의 관계

○ □ 안에 알맞은 수를 써넣으시오.

❶ 1 kg= □ g

❷ 4 kg= □ g

❸ 9 kg= □ g

❹ 41 kg= □ g

❺ 2 t= □ kg

❻ 7 t= □ kg

❼ 14 t= □ kg

❽ 2 kg 700 g= □ g

❾ 3 kg 100 g= □ g

❿ 5 kg 900 g= □ g

⓫ 8 kg 380 g= □ g

⓬ 15 kg 540 g= □ g

⓭ 37 kg 75 g= □ g

⓮ 50 kg 60 g= □ g

⑮ 3000 g= □ kg

⑯ 7000 g= □ kg

⑰ 8000 g= □ kg

⑱ 35000 g= □ kg

⑲ 1000 kg= □ t

⑳ 5000 kg= □ t

㉑ 29000 kg= □ t

㉒ 1900 g= □ kg □ g

㉓ 4200 g= □ kg □ g

㉔ 6550 g= □ kg □ g

㉕ 9100 g= □ kg □ g

㉖ 10160 g= □ kg □ g

㉗ 23045 g= □ kg □ g

㉘ 41080 g= □ kg □ g

5 무게의 덧셈

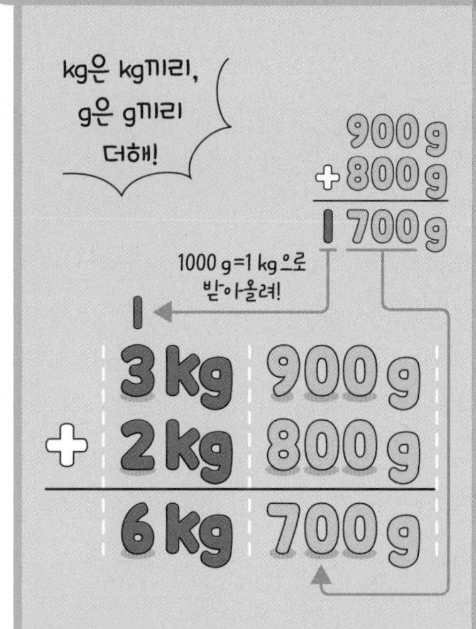

kg은 kg끼리,
g은 g끼리
더해!
900 g
+800 g
1 700 g
1000 g=1 kg으로
받아올려!
1
3 kg 900 g
+ 2 kg 800 g
6 kg 700 g

● 무게의 덧셈

• kg은 kg끼리 더하고, g은 g끼리 더합니다.

• g끼리의 합이 1000보다 크거나 같으면 1000 g을 1 kg으로 받아올림합니다.

	3 kg	900 g
+	2 kg	800 g
	5 kg	1700 g
	+1 kg ←	−1000 g
	6 kg	700 g

○ 계산해 보시오.

❶ 1 kg 300 g + 1 kg 200 g = □ kg □ g

❷ 2 kg 200 g + 3 kg 400 g = □ kg □ g

❸ 3 kg 500 g + 1 kg 300 g = □ kg □ g

❹ 3 kg 800 g + 4 kg 100 g = □ kg □ g

❺ 4 kg 100 g + 2 kg 600 g = □ kg □ g

❻ 5 kg 400 g + 1 kg 500 g = □ kg □ g

❼ 5 kg 800 g + 4 kg 150 g = □ kg □ g

❽ 6 kg 460 g + 1 kg 200 g = □ kg □ g

❾ 7 kg 200 g + 1 kg 550 g = □ kg □ g

❿ 7 kg 350 g + 3 kg 400 g = □ kg □ g

⓫ 8 kg 210 g + 4 kg 640 g = □ kg □ g

⓬ 9 kg 550 g + 5 kg 150 g = □ kg □ g

정답 • 20쪽

⑬
		kg		g
	1	kg	900	g
+	4	kg	300	g
	□	kg	□	g

⑭
		kg		g
	2	kg	400	g
+	3	kg	700	g
	□	kg	□	g

⑮
		kg		g
	2	kg	800	g
+	1	kg	500	g
	□	kg	□	g

⑯
		kg		g
	3	kg	600	g
+	2	kg	900	g
	□	kg	□	g

⑰
		kg		g
	4	kg	500	g
+	1	kg	600	g
	□	kg	□	g

⑱
		kg		g
	4	kg	700	g
+	3	kg	800	g
	□	kg	□	g

⑲
		kg		g
	5	kg	430	g
+	2	kg	900	g
	□	kg	□	g

⑳
		kg		g
	5	kg	900	g
+	3	kg	650	g
	□	kg	□	g

㉑
		kg		g
	6	kg	550	g
+	2	kg	700	g
	□	kg	□	g

㉒
		kg		g
	7	kg	700	g
+	5	kg	480	g
	□	kg	□	g

㉓
		kg		g
	8	kg	350	g
+	8	kg	800	g
	□	kg	□	g

㉔
		kg		g
	9	kg	150	g
+	1	kg	950	g
	□	kg	□	g

5 무게의 덧셈

○ 계산해 보시오.

❶

	1 kg	400 g
+	5 kg	100 g

❷

	2 kg	700 g
+	4 kg	200 g

❸

	3 kg	100 g
+	1 kg	850 g

❹

	4 kg	300 g
+	2 kg	900 g

❺

	4 kg	800 g
+	3 kg	600 g

❻

	5 kg	500 g
+	1 kg	700 g

❼

	5 kg	650 g
+	3 kg	900 g

❽

	6 kg	200 g
+	2 kg	970 g

❾

	7 kg	540 g
+	1 kg	800 g

❿

	8 kg	730 g
+	3 kg	550 g

⓫

	8 kg	950 g
+	1 kg	200 g

⓬

	9 kg	750 g
+	9 kg	550 g

⑬ 1 kg 100 g+1 kg 500 g
=

⑭ 1 kg 600 g+6 kg 300 g
=

⑮ 2 kg 500 g+4 kg 100 g
=

⑯ 3 kg 400 g+2 kg 300 g
=

⑰ 3 kg 760 g+5 kg 200 g
=

⑱ 4 kg 320 g+1 kg 410 g
=

⑲ 4 kg 650 g+3 kg 100 g
=

⑳ 5 kg 700 g+2 kg 700 g
=

㉑ 6 kg 400 g+2 kg 900 g
=

㉒ 6 kg 800 g+1 kg 240 g
=

㉓ 7 kg 480 g+4 kg 700 g
=

㉔ 8 kg 520 g+6 kg 810 g
=

㉕ 9 kg 450 g+1 kg 950 g
=

㉖ 9 kg 600 g+7 kg 450 g
=

6 무게의 뺄셈

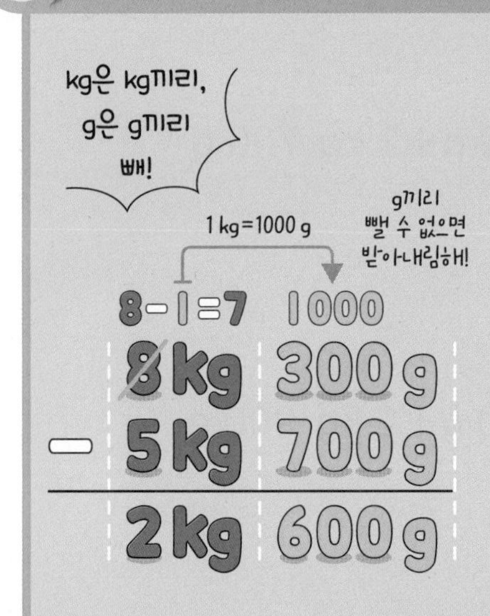

kg은 kg끼리,
g은 g끼리
빼!
1 kg=1000 g
g끼리
뺄 수 없으면
받아내림해!
8−1=7 1000
8 kg 300 g
− 5 kg 700 g
2 kg 600 g

- 무게의 뺄셈
  - kg은 kg끼리 빼고, g은 g끼리 뺍니다.
  - g끼리 뺄 수 없을 때에는 1 kg을 1000 g으로 받아내림합니다.

7	1000
~~8~~ kg	300 g
− 5 kg	700 g
2 kg	600 g

○ 계산해 보시오.

❶ 2 kg 500 g − 1 kg 400 g = ☐ kg ☐ g

❷ 3 kg 600 g − 2 kg 300 g = ☐ kg ☐ g

❸ 4 kg 900 g − 1 kg 500 g = ☐ kg ☐ g

❹ 5 kg 400 g − 4 kg 100 g = ☐ kg ☐ g

❺ 6 kg 800 g − 3 kg 700 g = ☐ kg ☐ g

❻ 7 kg 500 g − 5 kg 200 g = ☐ kg ☐ g

❼ 8 kg 750 g − 6 kg 600 g = ☐ kg ☐ g

❽ 9 kg 460 g − 1 kg 160 g = ☐ kg ☐ g

❾ 9 kg 930 g − 6 kg 710 g = ☐ kg ☐ g

❿ 10 kg 300 g − 7 kg 140 g = ☐ kg ☐ g

⓫ 12 kg 650 g − 4 kg 300 g = ☐ kg ☐ g

⓬ 15 kg 500 g − 9 kg 250 g = ☐ kg ☐ g

⑬
$$\begin{array}{rrrrr} & 3 & \text{kg} & 100 & \text{g} \\ - & 1 & \text{kg} & 800 & \text{g} \\ \hline & \square & \text{kg} & \square & \text{g} \end{array}$$

⑭
$$\begin{array}{rrrrr} & 4 & \text{kg} & 500 & \text{g} \\ - & 2 & \text{kg} & 700 & \text{g} \\ \hline & \square & \text{kg} & \square & \text{g} \end{array}$$

⑮
$$\begin{array}{rrrrr} & 4 & \text{kg} & 800 & \text{g} \\ - & 1 & \text{kg} & 900 & \text{g} \\ \hline & \square & \text{kg} & \square & \text{g} \end{array}$$

⑯
$$\begin{array}{rrrrr} & 5 & \text{kg} & 300 & \text{g} \\ - & 1 & \text{kg} & 500 & \text{g} \\ \hline & \square & \text{kg} & \square & \text{g} \end{array}$$

⑰
$$\begin{array}{rrrrr} & 6 & \text{kg} & 200 & \text{g} \\ - & 2 & \text{kg} & 700 & \text{g} \\ \hline & \square & \text{kg} & \square & \text{g} \end{array}$$

⑱
$$\begin{array}{rrrrr} & 6 & \text{kg} & 500 & \text{g} \\ - & 4 & \text{kg} & 600 & \text{g} \\ \hline & \square & \text{kg} & \square & \text{g} \end{array}$$

⑲
$$\begin{array}{rrrrr} & 7 & \text{kg} & 140 & \text{g} \\ - & 3 & \text{kg} & 200 & \text{g} \\ \hline & \square & \text{kg} & \square & \text{g} \end{array}$$

⑳
$$\begin{array}{rrrrr} & 8 & \text{kg} & 300 & \text{g} \\ - & 4 & \text{kg} & 750 & \text{g} \\ \hline & \square & \text{kg} & \square & \text{g} \end{array}$$

㉑
$$\begin{array}{rrrrr} & 9 & \text{kg} & 260 & \text{g} \\ - & 7 & \text{kg} & 520 & \text{g} \\ \hline & \square & \text{kg} & \square & \text{g} \end{array}$$

㉒
$$\begin{array}{rrrrr} & 11 & \text{kg} & 400 & \text{g} \\ - & 6 & \text{kg} & 980 & \text{g} \\ \hline & \square & \text{kg} & \square & \text{g} \end{array}$$

㉓
$$\begin{array}{rrrrr} & 14 & \text{kg} & 300 & \text{g} \\ - & 5 & \text{kg} & 650 & \text{g} \\ \hline & \square & \text{kg} & \square & \text{g} \end{array}$$

㉔
$$\begin{array}{rrrrr} & 17 & \text{kg} & 250 & \text{g} \\ - & 8 & \text{kg} & 300 & \text{g} \\ \hline & \square & \text{kg} & \square & \text{g} \end{array}$$

○ 계산해 보시오.

❶
$$\begin{array}{rrr} & 3\text{ kg} & 800\text{ g} \\ - & 1\text{ kg} & 600\text{ g} \\ \hline \end{array}$$

❷
$$\begin{array}{rrr} & 4\text{ kg} & 200\text{ g} \\ - & 2\text{ kg} & 100\text{ g} \\ \hline \end{array}$$

❸
$$\begin{array}{rrr} & 5\text{ kg} & 670\text{ g} \\ - & 4\text{ kg} & 300\text{ g} \\ \hline \end{array}$$

❹
$$\begin{array}{rrr} & 6\text{ kg} & 300\text{ g} \\ - & 4\text{ kg} & 700\text{ g} \\ \hline \end{array}$$

❺
$$\begin{array}{rrr} & 6\text{ kg} & 500\text{ g} \\ - & 2\text{ kg} & 900\text{ g} \\ \hline \end{array}$$

❻
$$\begin{array}{rrr} & 7\text{ kg} & 100\text{ g} \\ - & 5\text{ kg} & 800\text{ g} \\ \hline \end{array}$$

❼
$$\begin{array}{rrr} & 8\text{ kg} & 250\text{ g} \\ - & 3\text{ kg} & 700\text{ g} \\ \hline \end{array}$$

❽
$$\begin{array}{rrr} & 8\text{ kg} & 390\text{ g} \\ - & 6\text{ kg} & 520\text{ g} \\ \hline \end{array}$$

❾
$$\begin{array}{rrr} & 9\text{ kg} & 240\text{ g} \\ - & 1\text{ kg} & 310\text{ g} \\ \hline \end{array}$$

❿
$$\begin{array}{rrr} & 13\text{ kg} & 700\text{ g} \\ - & 5\text{ kg} & 850\text{ g} \\ \hline \end{array}$$

⓫
$$\begin{array}{rrr} & 15\text{ kg} & 150\text{ g} \\ - & 8\text{ kg} & 750\text{ g} \\ \hline \end{array}$$

⓬
$$\begin{array}{rrr} & 16\text{ kg} & 650\text{ g} \\ - & 9\text{ kg} & 900\text{ g} \\ \hline \end{array}$$

⑬ 2 kg 700 g−1 kg 500 g
=

⑭ 3 kg 400 g−2 kg 300 g
=

⑮ 4 kg 600 g−1 kg 100 g
=

⑯ 5 kg 500 g−3 kg 400 g
=

⑰ 5 kg 910 g−1 kg 700 g
=

⑱ 6 kg 840 g−5 kg 340 g
=

⑲ 7 kg 400 g−1 kg 150 g
=

⑳ 7 kg 700 g−3 kg 900 g
=

㉑ 8 kg 200 g−1 kg 400 g
=

㉒ 9 kg 170 g−5 kg 500 g
=

㉓ 10 kg 520 g−2 kg 800 g
=

㉔ 11 kg 300 g−6 kg 920 g
=

㉕ 14 kg 250 g−8 kg 650 g
=

㉖ 19 kg 400 g−9 kg 750 g
=

5~6 다르게 풀기

○ 빈칸에 알맞은 무게를 써넣으시오.

❶ $+3$ kg 100 g

1 kg 800 g → [ ]

1 kg 800 g+3 kg 100 g을 계산해요.

❷ $+5$ kg 600 g

3 kg 600 g → [ ]

❸ $+1$ kg 900 g

4 kg 200 g → [ ]

❹ $+3$ kg 400 g

6 kg 350 g → [ ]

❺ $+6$ kg 850 g

7 kg 650 g → [ ]

❻ -2 kg 300 g

4 kg 700 g → [ ]

4 kg 700 g−2 kg 300 g을 계산해요.

❼ -1 kg 600 g

5 kg 300 g → [ ]

❽ -7 kg 500 g

8 kg 900 g → [ ]

❾ -3 kg 760 g

9 kg 100 g → [ ]

❿ -8 kg 500 g

13 kg 650 g → [ ]

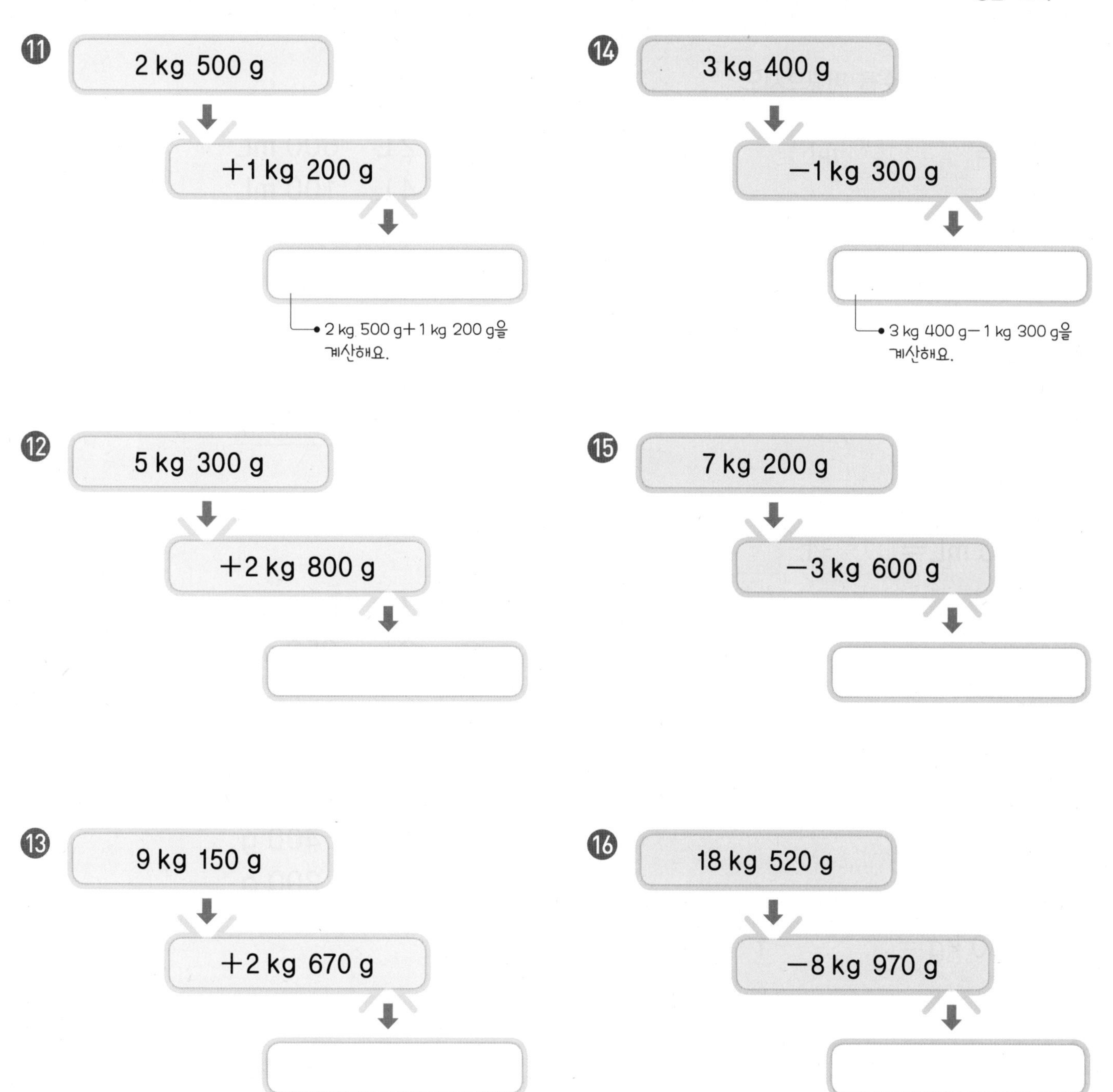

문장제 속 연산

⑰ 과수원에서 귤을 6 kg 700 g 땄습니다. 그중에서 5 kg 200 g을 포장했다면 포장하고 남은 귤은 몇 kg 몇 g인지 구해 보시오.

□ kg □ g − □ kg □ g = □ kg □ g

(과수원에서 딴 귤의 무게) (포장한 귤의 무게) (포장하고 남은 귤의 무게)

평가 5. 들이와 무게

○ □ 안에 알맞은 수를 써넣으시오.

1 2 L= □ mL

2 3 L 700 mL= □ mL

3 8140 mL= □ L □ mL

4 5 kg= □ g

5 9000 kg= □ t

6 4 kg 820 g= □ g

7 13040 g= □ kg □ g

○ 계산해 보시오.

8
```
    2 L   600 mL
+   4 L   100 mL
──────────────
```

9
```
    6 L   800 mL
+   1 L   450 mL
──────────────
```

10
```
    7 L   900 mL
−   3 L   250 mL
──────────────
```

11
```
    4 kg   400 g
+   1 kg   200 g
──────────────
```

12
```
    5 kg   750 g
−   2 kg   900 g
──────────────
```

13
```
    9 kg   250 g
−   4 kg   150 g
──────────────
```

14 3 L 160 mL+1 L 500 mL
=

15 8 L 200 mL+5 L 900 mL
=

16 9 L 650 mL−4 L 100 mL
=

17 11 L 300 mL−8 L 700 mL
=

18 1 kg 700 g+3 kg 150 g
=

19 6 kg 470 g+5 kg 800 g
=

20 8 kg 500 g−4 kg 900 g
=

○ 빈칸에 알맞은 들이를 써넣으시오.

21

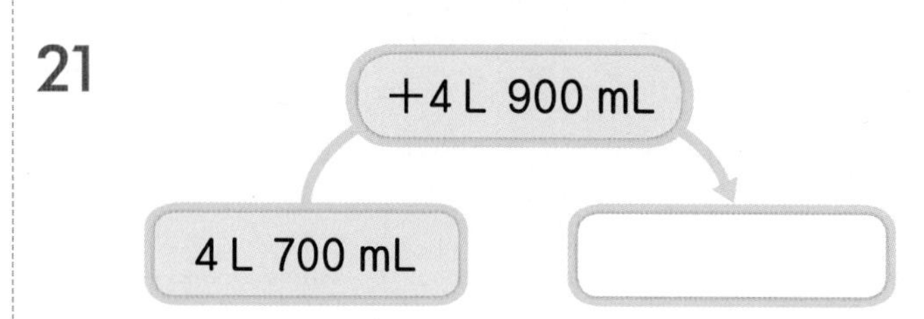

22

+1 L 850 mL → 5 L 300 mL → □

○ 빈칸에 알맞은 무게를 써넣으시오.

23

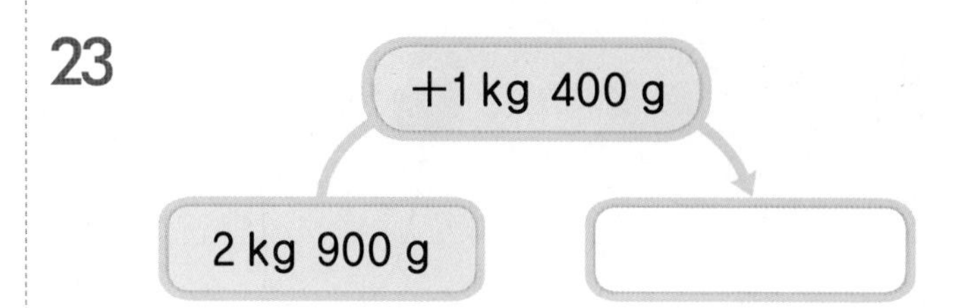

24

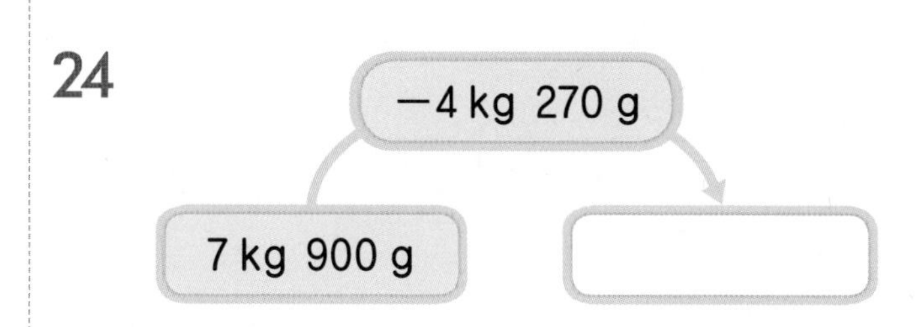

25

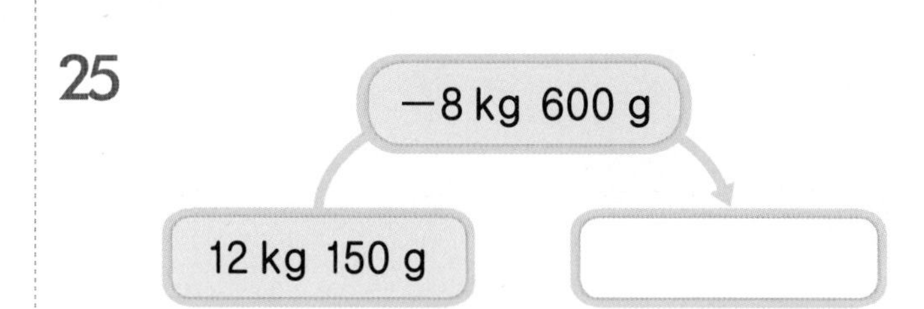

5단원의 연산 실력을 보충하고 싶다면 **클리닉 북 27~32쪽**을 풀어 보세요.

6 자료의 정리

학습하는 데 걸린 시간을 작성해 봐요!

학습 내용	학습 회차	걸린 시간
1 표에서 알 수 있는 내용	1일 차	/5분
2 그림그래프	2일 차	/4분
3 그림그래프로 나타내기	3일 차	/5분
평가 6. 자료의 정리	4일 차	/13분

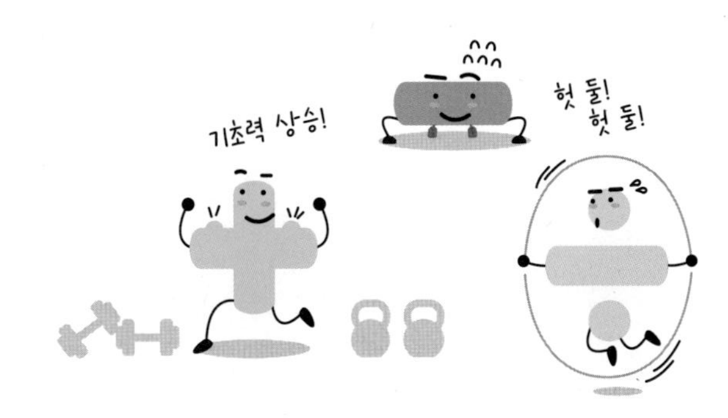

1 표에서 알 수 있는 내용

학생들이 배우고 싶은 국악기

국악기	단소	해금	장구	합계
학생 수 (명)	12	5	9	26

장구를 배우고 싶은 학생은 9명이야.

- 표에서 알 수 있는 내용

학생들이 좋아하는 음식

음식	김밥	치킨	피자	합계
학생 수 (명)	7	13	8	28

- 김밥을 좋아하는 학생은 7명입니다.
- 가장 많은 학생이 좋아하는 음식은 치킨입니다.
- 피자를 좋아하는 학생은 김밥을 좋아하는 학생보다 1명 더 많습니다.

○ 지호네 목장에서 기르고 있는 동물을 조사하여 표로 나타내었습니다. 물음에 답하시오.

목장에서 기르고 있는 동물 수

종류	소	돼지	오리	닭	합계
동물 수(마리)	9	27	15	40	91

1 오리는 몇 마리입니까?

( )

2 목장에서 기르고 있는 동물은 모두 몇 마리입니까?

( )

3 목장에서 가장 많이 기르고 있는 동물은 무엇입니까?

( )

4 돼지는 소보다 몇 마리 더 많습니까?

( )

5 목장에서 적게 기르고 있는 동물부터 순서대로 써 보시오.

( )

정답 • 22쪽

○ 영주네 반 학생들이 소풍으로 가고 싶어 하는 장소를 조사하여 표로 나타내었습니다. 물음에 답하시오.

학생들이 소풍으로 가고 싶어 하는 장소

장소	박물관	식물원	미술관	동물원	합계
학생 수(명)	9		3	4	22

6 식물원에 가고 싶어 하는 학생은 몇 명입니까?

( )

7 가고 싶어 하는 학생이 가장 적은 장소는 어디입니까?

( )

8 미술관에 가고 싶어 하는 학생 수와 동물원에 가고 싶어 하는 학생 수의 합은 모두 몇 명입니까?

( )

9 가고 싶어 하는 학생이 많은 장소부터 순서대로 써 보시오.

( )

10 영주네 반 학생들이 소풍을 간다면 어디로 가면 좋겠습니까?

( )

2 그림그래프

알려고 하는 수를 그림으로 나타낸 그래프를 그림그래프라고 해!

하루 동안 팔린 꽃의 수

종류	꽃의 수	
장미		21
튤립		18
백합		24
수국		12

10송이 1송이

- **그림그래프**

그림그래프: 알려고 하는 수(조사한 수)를 그림으로 나타낸 그래프

학생들이 좋아하는 과일

과일	학생 수
사과	
딸기	
귤	

10명 1명

- 사과를 좋아하는 학생은 13명입니다.
- 좋아하는 학생 수가 많은 과일부터 순서대로 쓰면 딸기, 귤, 사과입니다.

○ 세영이네 학교의 도서관에 있는 책을 조사하여 그림그래프로 나타내었습니다. 물음에 답하시오.

도서관에 있는 책의 수

종류	책의 수
동화책	
위인전	
과학책	
백과사전	

10권 1권

❶ 그림 과 은 각각 몇 권을 나타내고 있습니까?

( ), ( )

❷ 동화책은 몇 권 있습니까?

( )

❸ 가장 많이 있는 책은 무엇이고, 몇 권입니까?

(,)

❹ 동화책과 위인전 중에서 더 많이 있는 책은 무엇입니까?

( )

정답 • 22쪽

○ 수지네 학교 3학년 학생들이 좋아하는 과목을 조사하여 그림그래프로 나타내었습니다. 물음에 답하시오.

학생들이 좋아하는 과목

과목	학생 수
국어	😊😊😊🙂🙂🙂🙂🙂
수학	😊🙂🙂🙂🙂🙂🙂🙂🙂🙂
사회	😊😊😊🙂
과학	😊😊😊😊🙂🙂🙂

😊 10명
🙂 1명

❺ 그림 😊과 🙂은 각각 몇 명을 나타내고 있습니까?

😊 (　　　　　　), 🙂 (　　　　　　)

❻ 과학을 좋아하는 학생은 몇 명입니까?

(　　　　　　)

❼ 좋아하는 학생 수가 많은 과목부터 순서대로 써 보시오.

(　　　　　　)

❽ 국어를 좋아하는 학생은 사회를 좋아하는 학생보다 몇 명 더 많습니까?

(　　　　　　)

3 그림그래프로 나타내기

그림의 가짓수와 종류, 단위를 정하고, 조사한 수에 맞게 그림을 그려 봐.

안경을 쓴 학생 수

반	학생 수
1반	
2반	
3반	
4반	

10명 1명

• 그림그래프로 나타내는 방법

① 그림을 몇 가지로 나타낼 것인지 정합니다.

② 어떤 그림으로 나타낼 것인지 정합니다.

③ 그림으로 나타낼 단위는 어떻게 할 것인지 정합니다.

목장별 우유 생산량

목장	바람	하늘	구름	합계
생산량 (kg)	25	17	31	73

⇩

목장별 우유 생산량

목장	우유 생산량
바람	
하늘	
구름	

10 kg 1 kg

○ 표를 보고 그림그래프로 나타내어 보시오.

❶ 색깔별 구슬 수

색깔	빨간색	노란색	파란색	보라색	합계
구슬 수(개)	52	27	44	30	153

색깔별 구슬 수

색깔	구슬 수
빨간색	◎◎◎◎◎○○
노란색	
파란색	
보라색	

◎ 10개 ○ 1개

❷ 학예회 종목별 참가 학생 수

종목	무용	합창	합주	연극	합계
학생 수(명)	15	41	34	27	117

학예회 종목별 참가 학생 수

종목	학생 수
무용	◎○○○○○
합창	
합주	
연극	

◎ 10명 ○ 1명

3 학생들의 혈액형

혈액형	A형	B형	AB형	O형	합계
학생 수(명)	34	20	12	26	92

학생들의 혈액형

혈액형	학생 수
A형	
B형	
AB형	
O형	

◎ 10명 ○ 1명

4 진아와 친구들이 줄넘기를 한 횟수

이름	진아	선호	하나	미정	합계
줄넘기 횟수(회)	33	42	15	51	141

진아와 친구들이 줄넘기를 한 횟수

이름	줄넘기 횟수
진아	
선호	
하나	
미정	

◎ 10회 ○ 1회

5 마을별 자동차 수

마을	가	나	다	라	합계
자동차 수(대)	21	17	32	24	94

마을별 자동차 수

마을	자동차 수
가	
나	
다	
라	

◎ 10대 ○ 1대

6 학생들이 좋아하는 운동

운동	야구	축구	농구	배구	합계
학생 수(명)	35	43	16	24	118

학생들이 좋아하는 운동

운동	학생 수
야구	
축구	
농구	
배구	

◎ 10명 ○ 1명

평가 6. 자료의 정리

○ 선화네 반 학생들이 좋아하는 동물을 조사하여 표로 나타내었습니다. 물음에 답하시오.

학생들이 좋아하는 동물

동물	토끼	펭귄	사자	여우	합계
학생 수(명)	8	9	2	3	22

1 여우를 좋아하는 학생은 몇 명입니까?

(　　　　　　　　)

2 선화네 반 학생은 모두 몇 명입니까?

(　　　　　　　　)

3 좋아하는 학생이 가장 많은 동물은 무엇입니까?

(　　　　　　　　)

4 토끼를 좋아하는 학생은 사자를 좋아하는 학생보다 몇 명 더 많습니까?

(　　　　　　　　)

5 좋아하는 학생 수가 적은 동물부터 순서대로 써 보시오.

(　　　　　　　　)

○ 영지와 친구들이 훌라후프를 한 횟수를 조사하여 그림그래프로 나타내었습니다. 물음에 답하시오.

영지와 친구들이 훌라후프를 한 횟수

이름	훌라후프 횟수
영지	◯◯◯◯
미혜	◯◯○
경호	◯◯◯◯○○
재우	◯○○○○○○

◯ 10회　○ 1회

6 그림 ◯과 ○은 각각 몇 회를 나타내고 있습니까?

◯ (　　　　　　　　)
○ (　　　　　　　　)

7 영지가 훌라후프를 한 횟수는 몇 회입니까?

(　　　　　　　　)

8 훌라후프를 가장 적게 한 사람은 누구입니까?

(　　　　　　　　)

9 훌라후프를 많이 한 사람부터 순서대로 이름을 써 보시오.

(　　　　　　　　)

정답 • 23쪽

○ 연화네 학교 3학년 학생들이 가고 싶어 하는 나라를 조사하여 그림그래프로 나타내었습니다. 물음에 답하시오.

학생들이 가고 싶어 하는 나라

나라	학생 수
미국	😊😊😊😊☺
독일	😊☺☺☺☺☺
태국	😊☺☺☺☺☺☺☺
호주	😊😊😊☺☺☺

😊 10명 ☺ 1명

10 그림 😊과 ☺은 각각 몇 명을 나타내고 있습니까?

😊 ( )
☺ ( )

11 호주에 가고 싶어 하는 학생은 몇 명입니까?

( )

12 가고 싶어 하는 학생이 가장 많은 나라는 어디입니까?

( )

13 미국에 가고 싶어 하는 학생은 태국에 가고 싶어 하는 학생보다 몇 명 더 많습니까?

( )

○ 표를 보고 그림그래프로 나타내어 보시오.

14 과수원별 귤 생산량

과수원	가	나	다	라	합계
생산량 (상자)	30	17	11	34	92

과수원별 귤 생산량

과수원	귤 생산량
가	
나	
다	
라	

◎ 10상자 ○ 1상자

15 도서관에서 빌려 온 책의 수

월	9월	10월	11월	12월	합계
책의 수 (권)	41	34	15	26	116

도서관에서 빌려 온 책의 수

월	책의 수
9월	
10월	
11월	
12월	

◎ 10권 ○ 1권

6단원의 연산 실력을 보충하고 싶다면 클리닉 북 33~35쪽을 풀어 보세요.

memo

슥삭!
슥삭!

연산 능력 강화
개념 기억력 강화
기초력 완성

memo

슥삭! 슥삭!

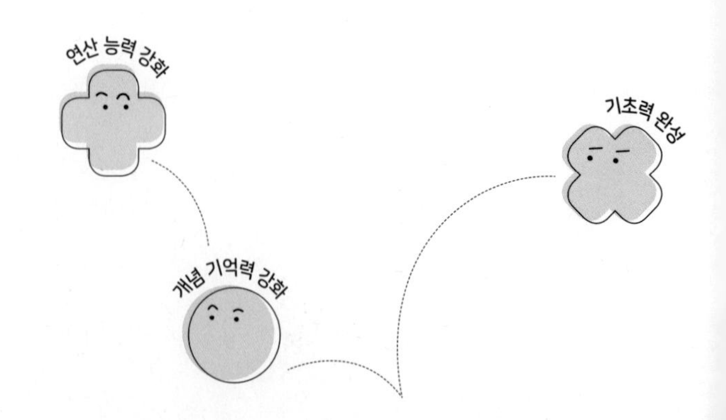

개념+연산 라이트

PLUS

클리닉 북

「메인 북」에서 단원별 평가 후 부족한 연산력은 「클리닉 북」에서 보완합니다.

차례 3-2

ABOVE IMAGINATION

우리는 남다른 상상과 혁신으로
교육 문화의 새로운 전형을 만들어
모든 이의 행복한 경험과 성장에 기여한다

올림이 없는 (세 자리 수) × (한 자리 수)

정답 • 24쪽

○ 계산해 보시오.

❶ $\begin{array}{r} 124 \\ \times \quad 2 \\ \hline \end{array}$

❷ $\begin{array}{r} 133 \\ \times \quad 3 \\ \hline \end{array}$

❸ $\begin{array}{r} 134 \\ \times \quad 2 \\ \hline \end{array}$

❹ $\begin{array}{r} 203 \\ \times \quad 2 \\ \hline \end{array}$

❺ $\begin{array}{r} 233 \\ \times \quad 3 \\ \hline \end{array}$

❻ $\begin{array}{r} 301 \\ \times \quad 3 \\ \hline \end{array}$

❼ $\begin{array}{r} 312 \\ \times \quad 2 \\ \hline \end{array}$

❽ $\begin{array}{r} 410 \\ \times \quad 2 \\ \hline \end{array}$

❾ $\begin{array}{r} 422 \\ \times \quad 2 \\ \hline \end{array}$

❿ $132 \times 2 =$

⓫ $144 \times 2 =$

⓬ $214 \times 2 =$

⓭ $221 \times 3 =$

⓮ $234 \times 2 =$

⓯ $310 \times 3 =$

⓰ $323 \times 3 =$

⓱ $401 \times 2 =$

⓲ $434 \times 2 =$

2 일의 자리에서 올림이 있는 (세 자리 수) × (한 자리 수)

정답 • 24쪽

○ 계산해 보시오.

❶ $\begin{array}{r} 117 \\ \times \quad 3 \\ \hline \end{array}$

❷ $\begin{array}{r} 124 \\ \times \quad 3 \\ \hline \end{array}$

❸ $\begin{array}{r} 125 \\ \times \quad 2 \\ \hline \end{array}$

❹ $\begin{array}{r} 216 \\ \times \quad 4 \\ \hline \end{array}$

❺ $\begin{array}{r} 225 \\ \times \quad 3 \\ \hline \end{array}$

❻ $\begin{array}{r} 306 \\ \times \quad 3 \\ \hline \end{array}$

❼ $\begin{array}{r} 329 \\ \times \quad 2 \\ \hline \end{array}$

❽ $\begin{array}{r} 418 \\ \times \quad 2 \\ \hline \end{array}$

❾ $\begin{array}{r} 425 \\ \times \quad 2 \\ \hline \end{array}$

❿ $109 \times 7 =$

⓫ $126 \times 3 =$

⓬ $137 \times 2 =$

⓭ $217 \times 4 =$

⓮ $227 \times 2 =$

⓯ $239 \times 2 =$

⓰ $316 \times 3 =$

⓱ $328 \times 2 =$

⓲ $437 \times 2 =$

십, 백의 자리에서 올림이 있는 (세 자리 수) × (한 자리 수)

정답 • 24쪽

○ 계산해 보시오.

❶ $\begin{array}{r} 161 \\ \times \quad 5 \\ \hline \end{array}$

❷ $\begin{array}{r} 292 \\ \times \quad 3 \\ \hline \end{array}$

❸ $\begin{array}{r} 352 \\ \times \quad 2 \\ \hline \end{array}$

❹ $\begin{array}{r} 411 \\ \times \quad 5 \\ \hline \end{array}$

❺ $\begin{array}{r} 501 \\ \times \quad 9 \\ \hline \end{array}$

❻ $\begin{array}{r} 621 \\ \times \quad 4 \\ \hline \end{array}$

❼ $\begin{array}{r} 720 \\ \times \quad 8 \\ \hline \end{array}$

❽ $\begin{array}{r} 862 \\ \times \quad 3 \\ \hline \end{array}$

❾ $\begin{array}{r} 954 \\ \times \quad 2 \\ \hline \end{array}$

❿ $163 \times 3 =$

⓫ $272 \times 3 =$

⓬ $392 \times 2 =$

⓭ $401 \times 7 =$

⓮ $543 \times 2 =$

⓯ $612 \times 3 =$

⓰ $761 \times 5 =$

⓱ $892 \times 4 =$

⓲ $984 \times 2 =$

4 (몇십)×(몇십)

정답 • 24쪽

○ 계산해 보시오.

❶ $\begin{array}{r} 20 \\ \times\ 50 \\ \hline \end{array}$

❷ $\begin{array}{r} 30 \\ \times\ 40 \\ \hline \end{array}$

❸ $\begin{array}{r} 40 \\ \times\ 60 \\ \hline \end{array}$

❹ $\begin{array}{r} 50 \\ \times\ 80 \\ \hline \end{array}$

❺ $\begin{array}{r} 60 \\ \times\ 20 \\ \hline \end{array}$

❻ $\begin{array}{r} 60 \\ \times\ 60 \\ \hline \end{array}$

❼ $\begin{array}{r} 70 \\ \times\ 50 \\ \hline \end{array}$

❽ $\begin{array}{r} 80 \\ \times\ 30 \\ \hline \end{array}$

❾ $\begin{array}{r} 90 \\ \times\ 70 \\ \hline \end{array}$

❿ $20 \times 90 =$

⓫ $30 \times 70 =$

⓬ $40 \times 50 =$

⓭ $40 \times 70 =$

⓮ $50 \times 50 =$

⓯ $60 \times 90 =$

⓰ $70 \times 80 =$

⓱ $80 \times 60 =$

⓲ $90 \times 20 =$

 (몇십몇)×(몇십)

정답 • 24쪽

○ 계산해 보시오.

❶ $\begin{array}{r} 13 \\ \times\ 30 \\ \hline \end{array}$

❷ $\begin{array}{r} 28 \\ \times\ 30 \\ \hline \end{array}$

❸ $\begin{array}{r} 39 \\ \times\ 50 \\ \hline \end{array}$

❹ $\begin{array}{r} 46 \\ \times\ 70 \\ \hline \end{array}$

❺ $\begin{array}{r} 52 \\ \times\ 40 \\ \hline \end{array}$

❻ $\begin{array}{r} 66 \\ \times\ 20 \\ \hline \end{array}$

❼ $\begin{array}{r} 75 \\ \times\ 50 \\ \hline \end{array}$

❽ $\begin{array}{r} 82 \\ \times\ 30 \\ \hline \end{array}$

❾ $\begin{array}{r} 97 \\ \times\ 60 \\ \hline \end{array}$

❿ $19 \times 50 =$

⓫ $25 \times 30 =$

⓬ $37 \times 30 =$

⓭ $48 \times 50 =$

⓮ $54 \times 40 =$

⓯ $69 \times 60 =$

⓰ $77 \times 20 =$

⓱ $86 \times 80 =$

⓲ $93 \times 70 =$

(몇)×(몇십몇)

정답 • 24쪽

○ 계산해 보시오.

❶ $\begin{array}{r} 2 \\ \times\ 27 \\ \hline \end{array}$

❷ $\begin{array}{r} 2 \\ \times\ 96 \\ \hline \end{array}$

❸ $\begin{array}{r} 3 \\ \times\ 47 \\ \hline \end{array}$

❹ $\begin{array}{r} 4 \\ \times\ 38 \\ \hline \end{array}$

❺ $\begin{array}{r} 5 \\ \times\ 13 \\ \hline \end{array}$

❻ $\begin{array}{r} 6 \\ \times\ 33 \\ \hline \end{array}$

❼ $\begin{array}{r} 7 \\ \times\ 54 \\ \hline \end{array}$

❽ $\begin{array}{r} 8 \\ \times\ 25 \\ \hline \end{array}$

❾ $\begin{array}{r} 9 \\ \times\ 77 \\ \hline \end{array}$

❿ $2\times54=$

⓫ $3\times68=$

⓬ $4\times26=$

⓭ $5\times34=$

⓮ $6\times12=$

⓯ $6\times83=$

⓰ $7\times36=$

⓱ $8\times63=$

⓲ $9\times45=$

올림이 한 번 있는 (몇십몇) × (몇십몇)

정답 • 25쪽

○ 계산해 보시오.

❶ $$\begin{array}{r} 13 \\ \times\ 35 \\ \hline \end{array}$$

❷ $$\begin{array}{r} 23 \\ \times\ 14 \\ \hline \end{array}$$

❸ $$\begin{array}{r} 38 \\ \times\ 12 \\ \hline \end{array}$$

❹ $$\begin{array}{r} 42 \\ \times\ 24 \\ \hline \end{array}$$

❺ $$\begin{array}{r} 53 \\ \times\ 12 \\ \hline \end{array}$$

❻ $$\begin{array}{r} 62 \\ \times\ 12 \\ \hline \end{array}$$

❼ $$\begin{array}{r} 71 \\ \times\ 18 \\ \hline \end{array}$$

❽ $$\begin{array}{r} 83 \\ \times\ 31 \\ \hline \end{array}$$

❾ $$\begin{array}{r} 91 \\ \times\ 19 \\ \hline \end{array}$$

❿ $19 \times 15 =$

⓫ $24 \times 24 =$

⓬ $31 \times 34 =$

⓭ $41 \times 28 =$

⓮ $52 \times 13 =$

⓯ $63 \times 21 =$

⓰ $72 \times 14 =$

⓱ $81 \times 71 =$

⓲ $93 \times 13 =$

8 올림이 여러 번 있는 (몇십몇) × (몇십몇)

정답 • 25쪽

○ 계산해 보시오.

❶ $\begin{array}{r} 18 \\ \times\ 34 \\ \hline \end{array}$

❷ $\begin{array}{r} 25 \\ \times\ 93 \\ \hline \end{array}$

❸ $\begin{array}{r} 36 \\ \times\ 25 \\ \hline \end{array}$

❹ $\begin{array}{r} 44 \\ \times\ 19 \\ \hline \end{array}$

❺ $\begin{array}{r} 57 \\ \times\ 62 \\ \hline \end{array}$

❻ $\begin{array}{r} 63 \\ \times\ 48 \\ \hline \end{array}$

❼ $\begin{array}{r} 76 \\ \times\ 27 \\ \hline \end{array}$

❽ $\begin{array}{r} 82 \\ \times\ 16 \\ \hline \end{array}$

❾ $\begin{array}{r} 95 \\ \times\ 38 \\ \hline \end{array}$

❿ $15 \times 85 =$

⓫ $28 \times 42 =$

⓬ $39 \times 17 =$

⓭ $47 \times 36 =$

⓮ $53 \times 29 =$

⓯ $68 \times 54 =$

⓰ $73 \times 28 =$

⓱ $87 \times 74 =$

⓲ $92 \times 36 =$

1 (몇십)÷(몇)

정답 • 25쪽

○ 계산해 보시오.

❶ $2\overline{)4\ 0}$

❷ $5\overline{)5\ 0}$

❸ $3\overline{)6\ 0}$

❹ $2\overline{)8\ 0}$

❺ $2\overline{)3\ 0}$

❻ $4\overline{)6\ 0}$

❼ $5\overline{)7\ 0}$

❽ $2\overline{)9\ 0}$

❾ $5\overline{)9\ 0}$

❿ $60\div2=$

⓫ $70\div7=$

⓬ $80\div4=$

⓭ $90\div3=$

⓮ $50\div2=$

⓯ $60\div5=$

⓰ $70\div2=$

⓱ $80\div5=$

⓲ $90\div6=$

2 내림이 없는 (몇십몇)÷(몇)

정답 • 25쪽

○ 계산해 보시오.

❶ $2\overline{)24}$

❷ $2\overline{)26}$

❸ $3\overline{)33}$

❹ $3\overline{)39}$

❺ $2\overline{)44}$

❻ $3\overline{)63}$

❼ $2\overline{)68}$

❽ $4\overline{)84}$

❾ $3\overline{)99}$

⑩ $28\div2=$

⑪ $36\div3=$

⑫ $42\div2=$

⑬ $48\div4=$

⑭ $55\div5=$

⑮ $64\div2=$

⑯ $69\div3=$

⑰ $88\div2=$

⑱ $93\div3=$

내림이 있는 (몇십몇)÷(몇)

정답 • 25쪽

○ 계산해 보시오.

❶ $2\overline{)32}$

❷ $2\overline{)38}$

❸ $3\overline{)45}$

❹ $3\overline{)51}$

❺ $5\overline{)65}$

❻ $4\overline{)68}$

❼ $2\overline{)74}$

❽ $6\overline{)84}$

❾ $8\overline{)96}$

❿ $36 \div 2 =$

⓫ $42 \div 3 =$

⓬ $57 \div 3 =$

⓭ $64 \div 4 =$

⓮ $72 \div 3 =$

⓯ $75 \div 5 =$

⓰ $81 \div 3 =$

⓱ $84 \div 7 =$

⓲ $96 \div 6 =$

4 내림이 없고 나머지가 있는 (몇십몇)÷(몇)

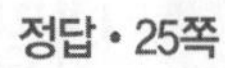

○ 계산해 보시오.

❶ $3\overline{)26}$

❷ $6\overline{)35}$

❸ $7\overline{)59}$

❹ $8\overline{)66}$

❺ $7\overline{)67}$

❻ $9\overline{)87}$

❼ $2\overline{)43}$

❽ $7\overline{)79}$

❾ $3\overline{)97}$

❿ $37 \div 4 =$

⓫ $46 \div 7 =$

⓬ $53 \div 6 =$

⓭ $63 \div 8 =$

⓮ $71 \div 8 =$

⓯ $83 \div 9 =$

⓰ $25 \div 2 =$

⓱ $64 \div 3 =$

⓲ $81 \div 4 =$

5 내림이 있고 나머지가 있는 (몇십몇)÷(몇)

정답 • 25쪽

○ 계산해 보시오.

❶ $2\overline{)37}$

❷ $3\overline{)41}$

❸ $4\overline{)51}$

❹ $4\overline{)54}$

❺ $5\overline{)64}$

❻ $3\overline{)73}$

❼ $6\overline{)77}$

❽ $6\overline{)85}$

❾ $4\overline{)99}$

❿ $33 \div 2 =$

⓫ $55 \div 3 =$

⓬ $57 \div 4 =$

⓭ $67 \div 5 =$

⓮ $71 \div 2 =$

⓯ $77 \div 4 =$

⓰ $85 \div 3 =$

⓱ $88 \div 6 =$

⓲ $95 \div 4 =$

6 나머지가 없는 (세 자리 수)÷(한 자리 수)

정답 • 25쪽

○ 계산해 보시오.

❶ $2\overline{)226}$

❷ $2\overline{)308}$

❸ $3\overline{)354}$

❹ $5\overline{)425}$

❺ $4\overline{)592}$

❻ $3\overline{)621}$

❼ $6\overline{)750}$

❽ $9\overline{)828}$

❾ $4\overline{)956}$

⑩ $288 \div 2 =$

⑪ $345 \div 3 =$

⑫ $420 \div 2 =$

⑬ $423 \div 9 =$

⑭ $525 \div 3 =$

⑮ $609 \div 7 =$

⑯ $736 \div 8 =$

⑰ $845 \div 5 =$

⑱ $927 \div 9 =$

7 나머지가 있는 (세 자리 수)÷(한 자리 수)

정답 • 26쪽

○ 계산해 보시오.

❶ $2\overline{)273}$

❷ $2\overline{)319}$

❸ $4\overline{)459}$

❹ $3\overline{)557}$

❺ $9\overline{)605}$

❻ $3\overline{)659}$

❼ $9\overline{)794}$

❽ $3\overline{)800}$

❾ $2\overline{)933}$

⑩ $269 \div 2 =$

⑪ $325 \div 2 =$

⑫ $334 \div 3 =$

⑬ $417 \div 2 =$

⑭ $595 \div 4 =$

⑮ $618 \div 7 =$

⑯ $757 \div 3 =$

⑰ $896 \div 9 =$

⑱ $937 \div 4 =$

8 계산이 맞는지 확인하기

정답 • 26쪽

○ 계산해 보고, 계산 결과가 맞는지 확인해 보시오.

❶ $3\overline{)35}$

확인 ______

❷ $5\overline{)58}$

확인 ______

❸ $4\overline{)75}$

확인 ______

❹ $3\overline{)227}$

확인 ______

❺ $45 \div 2 =$

확인 ______

❻ $59 \div 4 =$

확인 ______

❼ $65 \div 3 =$

확인 ______

❽ $73 \div 5 =$

확인 ______

❾ $142 \div 7 =$

확인 ______

❿ $317 \div 2 =$

확인 ______

원의 중심, 반지름, 지름

정답 • 26쪽

○ 원의 중심을 찾아 써 보시오.

❶

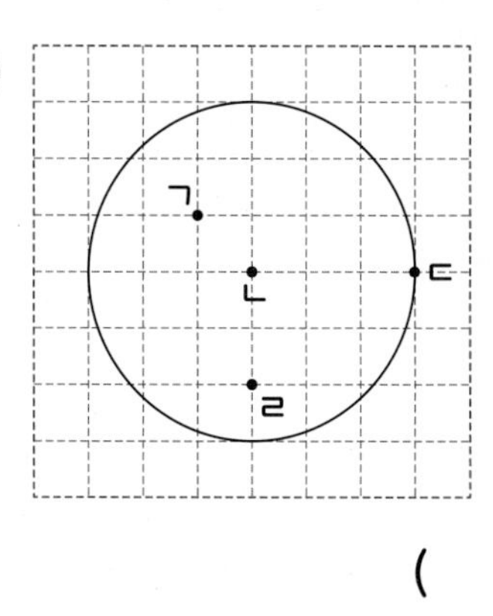

(　　　　　　　　)

❷

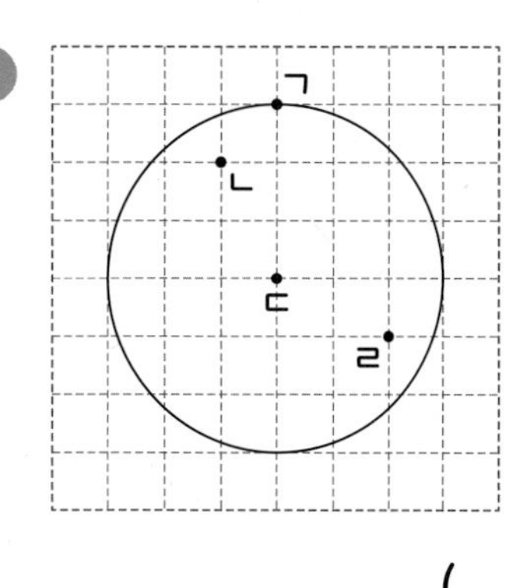

(　　　　　　　　)

○ 원의 반지름을 나타내는 선분을 모두 찾아 써 보시오.

❸

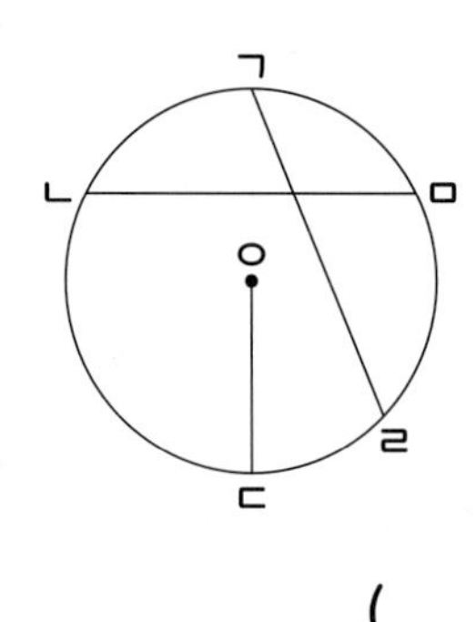

(　　　　　　　　)

❹

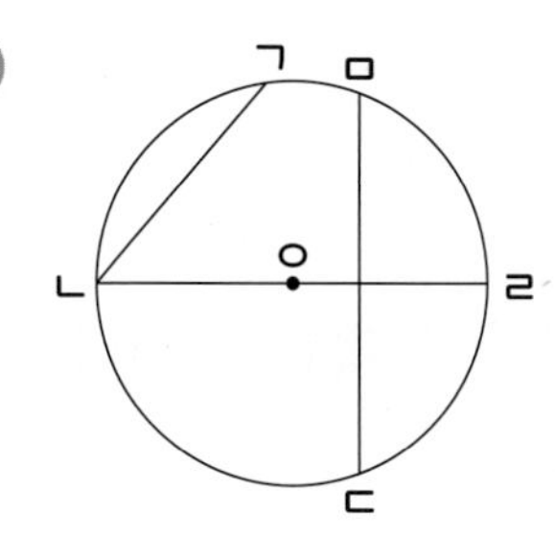

(　　　　　　　　)

○ 원의 지름을 나타내는 선분을 찾아 써 보시오.

❺

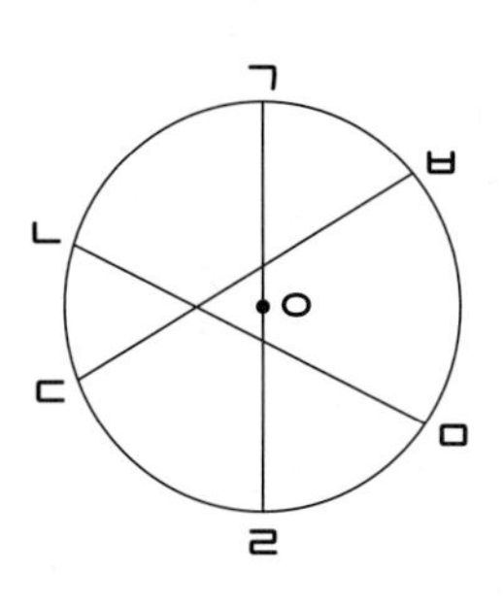

(　　　　　　　　)

❻

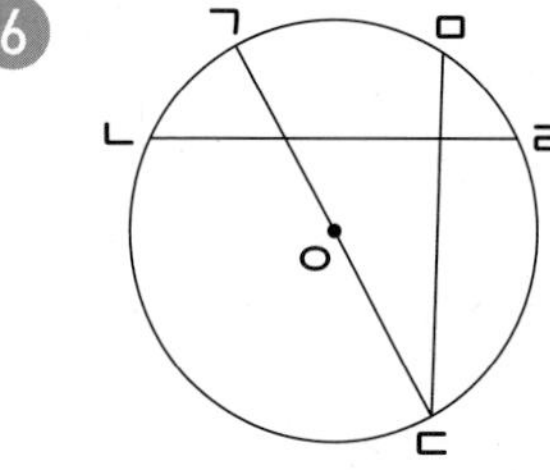

(　　　　　　　　)

2 원의 지름의 성질

정답 • 26쪽

○ 원을 둘로 똑같이 나눌 수 있는 선분을 찾아 써 보시오.

❶
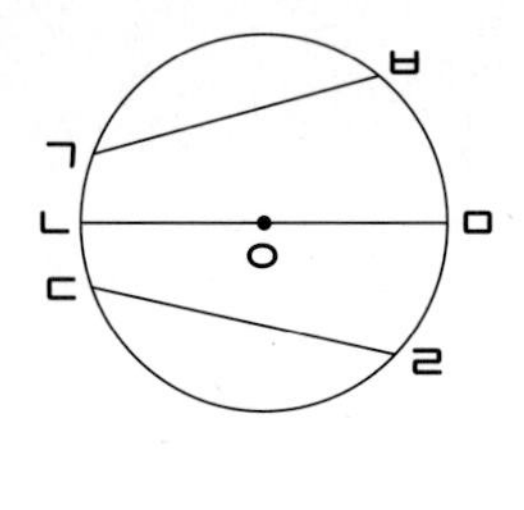

( )

❷
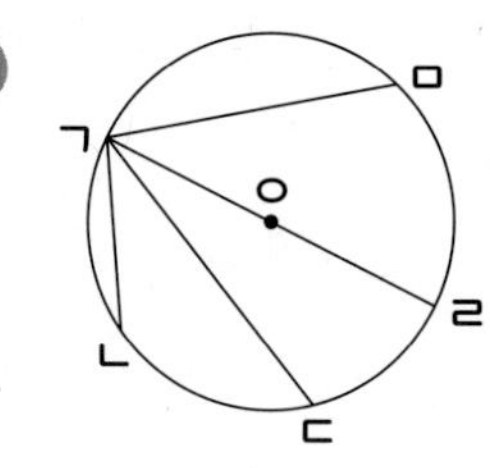

( )

❸
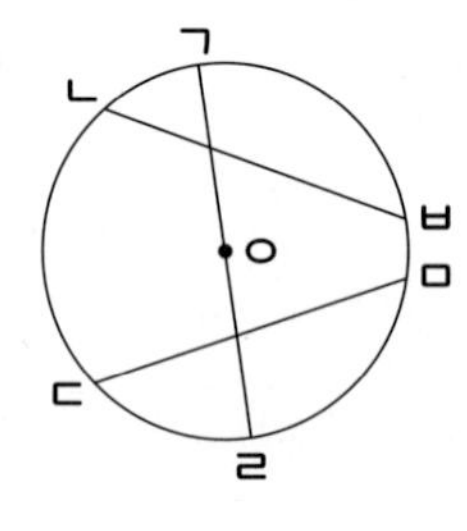

( )

❹
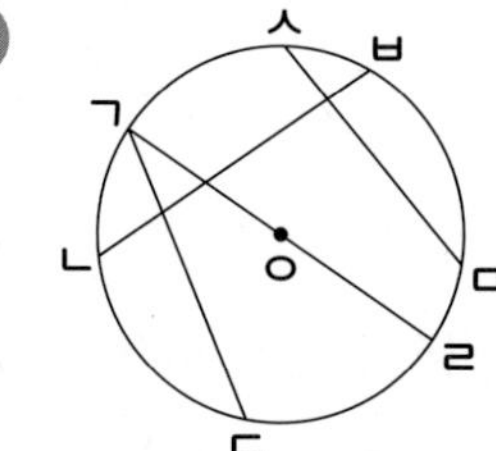

( )

○ 길이가 가장 긴 선분과 원의 지름을 나타내는 선분을 각각 찾아 써 보시오.

❺
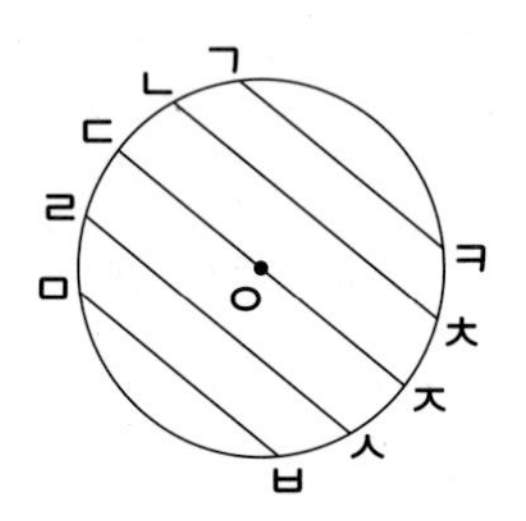

가장 긴 선분 ( )

원의 지름 ( )

❻
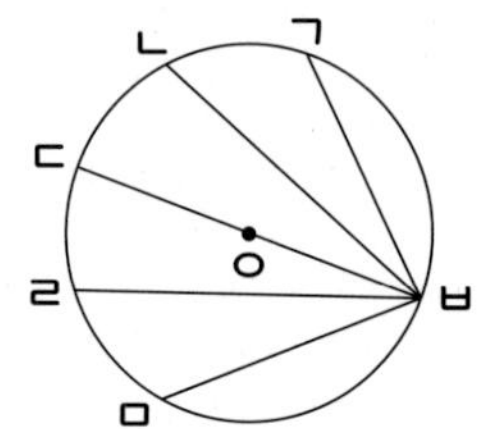

가장 긴 선분 ( )

원의 지름 ( )

❼
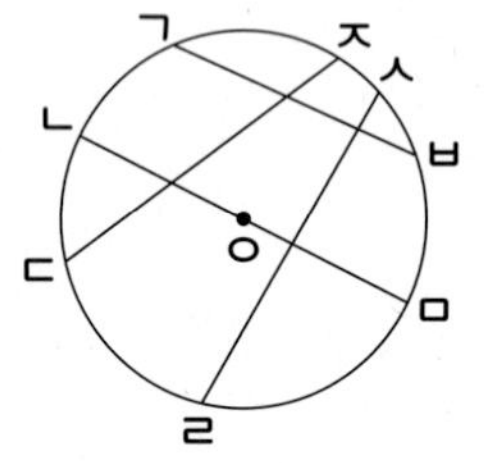

가장 긴 선분 ( )

원의 지름 ( )

❽
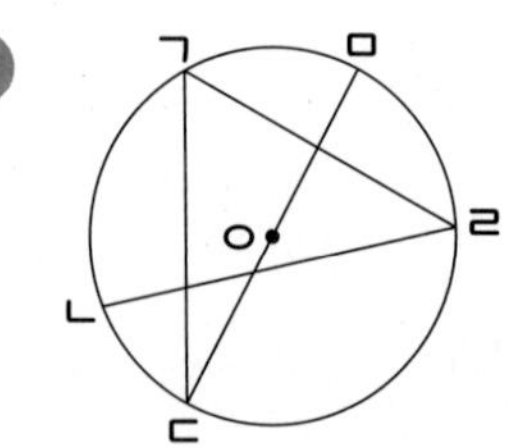

가장 긴 선분 ( )

원의 지름 ( )

원의 지름과 반지름 사이의 관계

정답 • 26쪽

○ 원의 지름을 구하려고 합니다. □ 안에 알맞은 수를 써넣으시오.

1

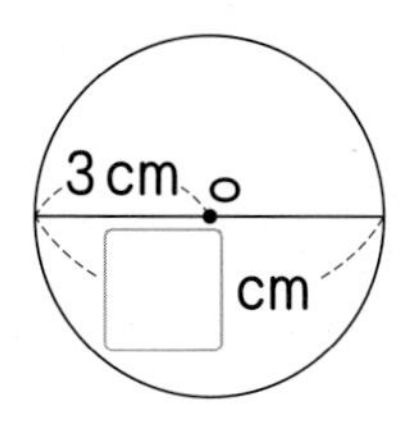

2

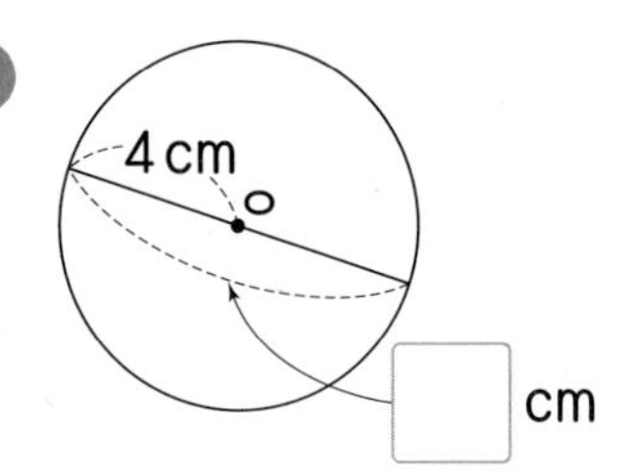

3

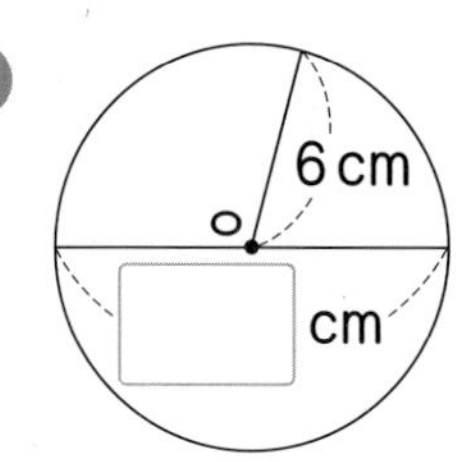

4

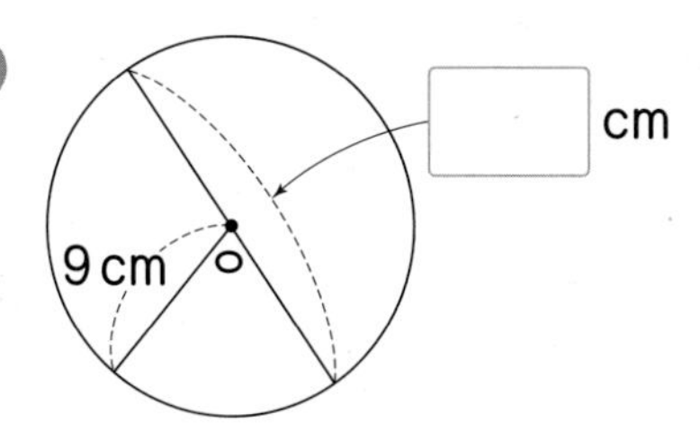

5

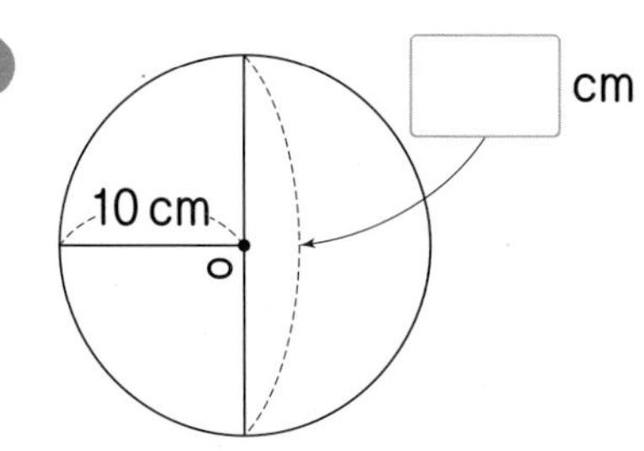

6

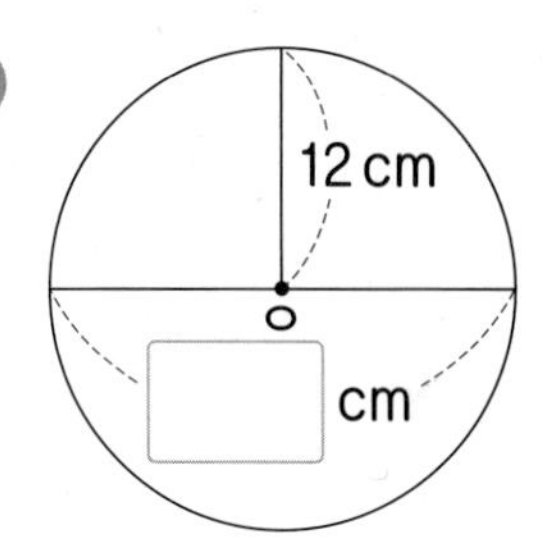

○ 원의 반지름을 구하려고 합니다. □ 안에 알맞은 수를 써넣으시오.

7

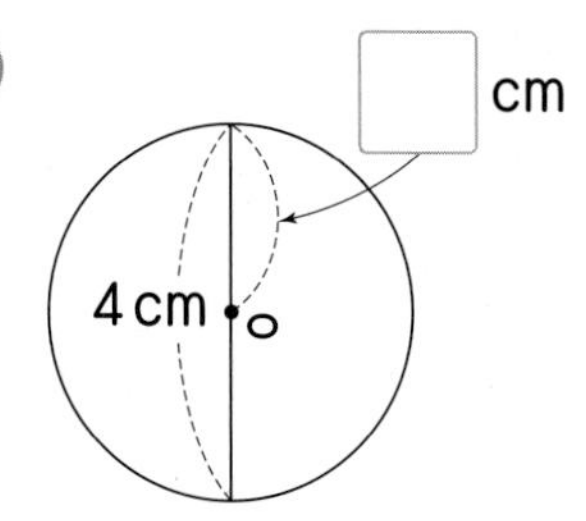

8

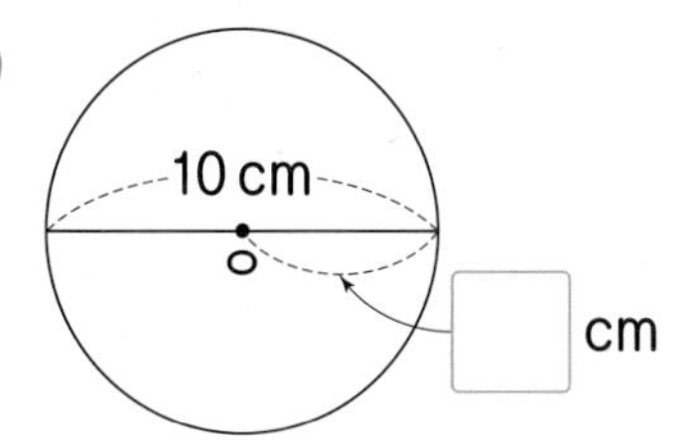

9

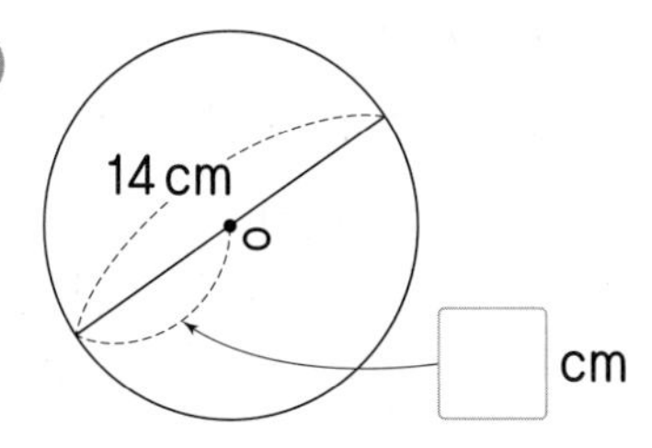

10

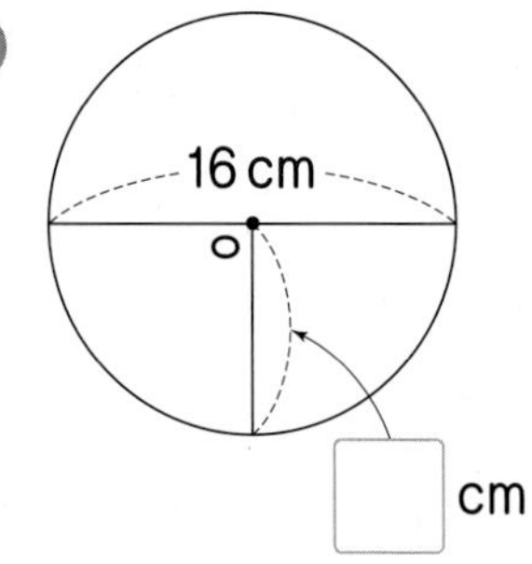

11

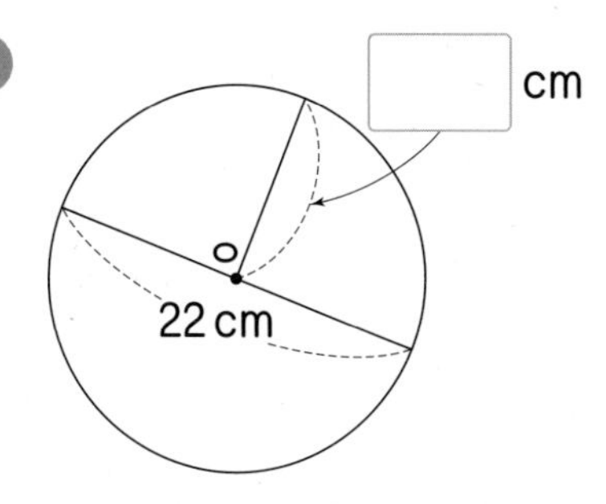

12

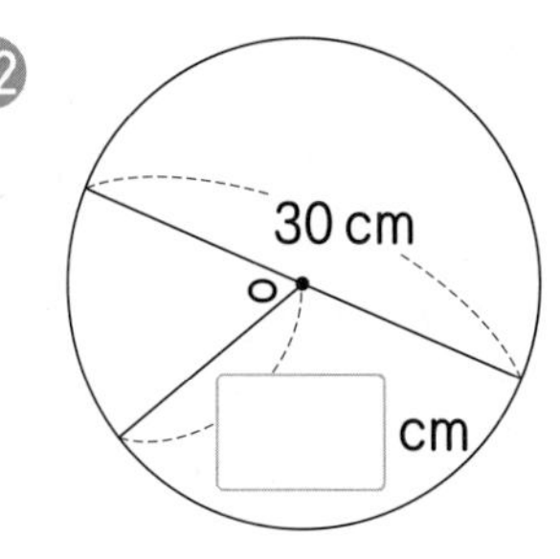

1 분수로 나타내기

정답 • 26쪽

○ 그림을 보고 □ 안에 알맞은 수를 써넣으시오.

❶

10을 2씩 묶으면 □묶음이 됩니다. 8은 10의 $\frac{\square}{\square}$입니다.

❷

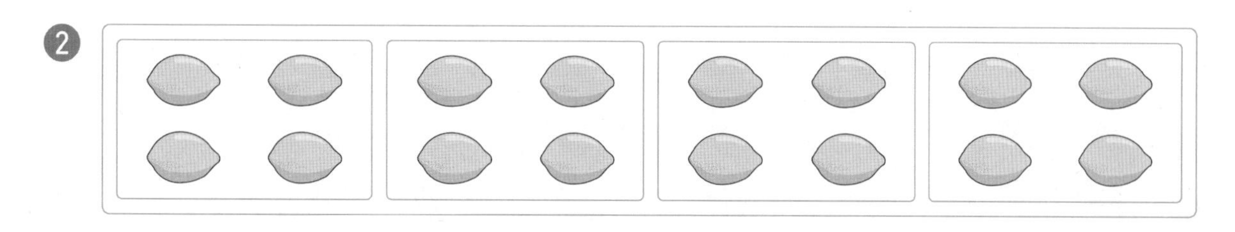

16을 4씩 묶으면 □묶음이 됩니다. 4는 16의 $\frac{\square}{\square}$입니다.

❸

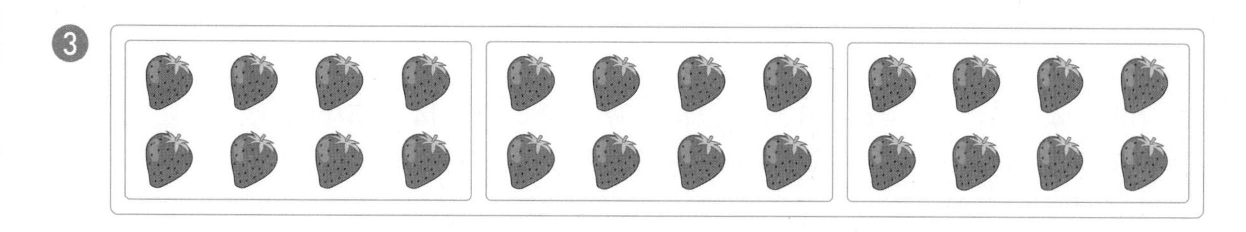

8은 24의 $\frac{\square}{\square}$입니다. 16은 24의 $\frac{\square}{\square}$입니다.

❹

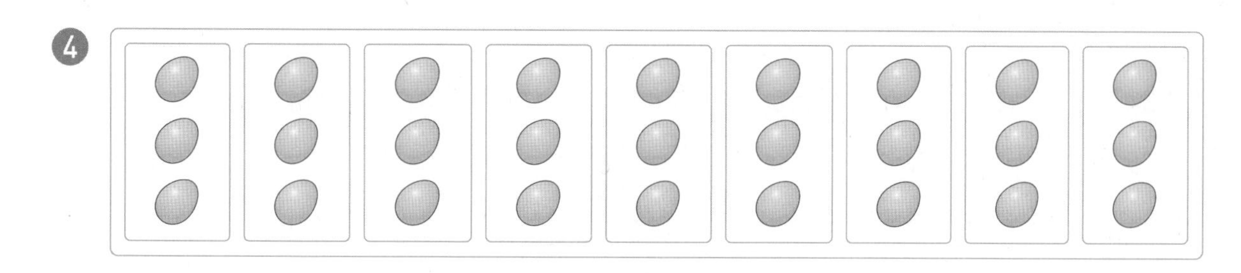

3은 27의 $\frac{\square}{\square}$입니다. 21은 27의 $\frac{\square}{\square}$입니다.

2 분수만큼 알아보기

정답 • 26쪽

○ 그림을 보고 □ 안에 알맞은 수를 써넣으시오.

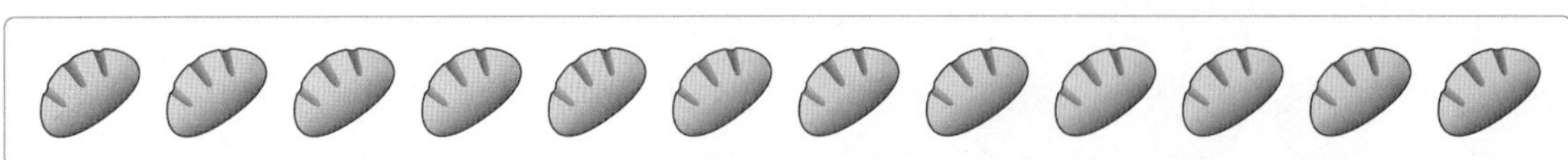

12의 $\frac{1}{4}$은 □ 입니다. 12의 $\frac{2}{4}$는 □ 입니다.

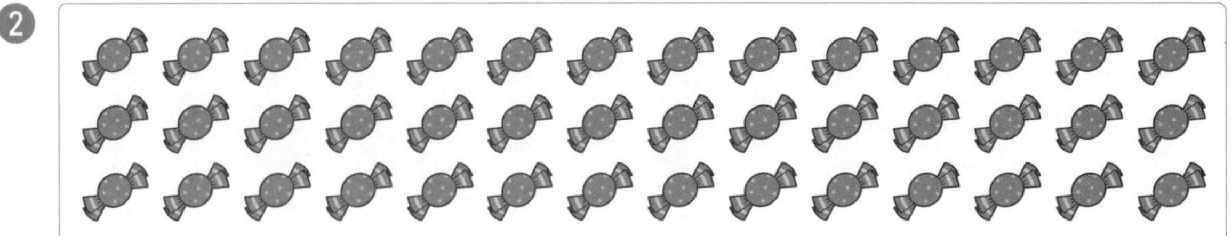

42의 $\frac{1}{7}$은 □ 입니다. 42의 $\frac{5}{7}$는 □ 입니다.

③ 0 1 2 3 4 5 6 7 8 9 10 11 12 13 14 15(cm)

15 cm의 $\frac{1}{3}$은 □ cm입니다. 15 cm의 $\frac{2}{3}$는 □ cm입니다.

④ 0 1 2 3 4 5 6 7 8 9 10 11 12 13 14 15 16 17 18(cm)

18 cm의 $\frac{1}{9}$은 □ cm입니다. 18 cm의 $\frac{4}{9}$는 □ cm입니다.

진분수, 가분수, 대분수

정답 • 26쪽

○ 진분수는 '진', 가분수는 '가', 대분수는 '대'를 써 보시오.

❶ $1\frac{1}{2}$ (　　　　　)　❷ $\frac{4}{3}$ (　　　　　)　❸ $\frac{3}{4}$ (　　　　　)

❹ $7\frac{3}{4}$ (　　　　　)　❺ $\frac{3}{5}$ (　　　　　)　❻ $\frac{8}{5}$ (　　　　　)

❼ $\frac{6}{6}$ (　　　　　)　❽ $3\frac{5}{6}$ (　　　　　)　❾ $\frac{1}{7}$ (　　　　　)

❿ $2\frac{3}{7}$ (　　　　　)　⓫ $\frac{5}{8}$ (　　　　　)　⓬ $\frac{11}{8}$ (　　　　　)

⓭ $\frac{8}{9}$ (　　　　　)　⓮ $\frac{9}{9}$ (　　　　　)　⓯ $\frac{7}{10}$ (　　　　　)

⓰ $1\frac{7}{10}$ (　　　　　)　⓱ $\frac{5}{11}$ (　　　　　)　⓲ $\frac{14}{11}$ (　　　　　)

⓳ $\frac{13}{13}$ (　　　　　)　⓴ $4\frac{3}{14}$ (　　　　　)　㉑ $\frac{11}{15}$ (　　　　　)

4 대분수를 가분수로, 가분수를 대분수로 나타내기

정답 • 27쪽

○ 대분수를 가분수로 나타내어 보시오.

❶ $3\frac{1}{2}=$

❷ $3\frac{1}{3}=$

❸ $1\frac{3}{4}=$

❹ $2\frac{2}{5}=$

❺ $2\frac{5}{6}=$

❻ $3\frac{2}{7}=$

❼ $1\frac{7}{8}=$

❽ $2\frac{1}{9}=$

❾ $4\frac{9}{10}=$

○ 가분수를 대분수로 나타내어 보시오.

❿ $\frac{3}{2}=$

⓫ $\frac{5}{3}=$

⓬ $\frac{11}{4}=$

⓭ $\frac{8}{5}=$

⓮ $\frac{25}{6}=$

⓯ $\frac{19}{7}=$

⓰ $\frac{29}{8}=$

⓱ $\frac{14}{9}=$

⓲ $\frac{23}{10}=$

5 가분수의 크기 비교, 대분수의 크기 비교

정답 • 27쪽

○ 가분수의 크기를 비교하여 ◯ 안에 >, <를 알맞게 써넣으시오.

❶ $\frac{3}{2} \bigcirc \frac{5}{2}$

❷ $\frac{7}{4} \bigcirc \frac{5}{4}$

❸ $\frac{9}{5} \bigcirc \frac{7}{5}$

❹ $\frac{6}{6} \bigcirc \frac{11}{6}$

❺ $\frac{9}{8} \bigcirc \frac{13}{8}$

❻ $\frac{15}{9} \bigcirc \frac{11}{9}$

❼ $\frac{10}{10} \bigcirc \frac{19}{10}$

❽ $\frac{15}{11} \bigcirc \frac{20}{11}$

❾ $\frac{17}{13} \bigcirc \frac{15}{13}$

○ 대분수의 크기를 비교하여 ◯ 안에 >, <를 알맞게 써넣으시오.

❿ $1\frac{2}{3} \bigcirc 2\frac{1}{3}$

⓫ $1\frac{4}{5} \bigcirc 1\frac{2}{5}$

⓬ $2\frac{5}{6} \bigcirc 4\frac{1}{6}$

⓭ $5\frac{5}{7} \bigcirc 5\frac{4}{7}$

⓮ $3\frac{7}{8} \bigcirc 7\frac{3}{8}$

⓯ $2\frac{4}{9} \bigcirc 2\frac{5}{9}$

⓰ $7\frac{7}{12} \bigcirc 7\frac{5}{12}$

⓱ $4\frac{9}{13} \bigcirc 5\frac{2}{13}$

⓲ $1\frac{4}{15} \bigcirc 1\frac{7}{15}$

6 가분수와 대분수의 크기 비교

정답 • 27쪽

○ 분수의 크기를 비교하여 ◯ 안에 $>$, $=$, $<$를 알맞게 써넣으시오.

① $\frac{10}{3}$ ◯ $2\frac{2}{3}$

② $\frac{5}{4}$ ◯ $1\frac{3}{4}$

③ $\frac{16}{5}$ ◯ $3\frac{3}{5}$

④ $\frac{15}{6}$ ◯ $2\frac{1}{6}$

⑤ $\frac{25}{8}$ ◯ $3\frac{5}{8}$

⑥ $\frac{17}{9}$ ◯ $1\frac{5}{9}$

⑦ $\frac{23}{10}$ ◯ $2\frac{7}{10}$

⑧ $\frac{19}{12}$ ◯ $1\frac{5}{12}$

⑨ $\frac{19}{15}$ ◯ $1\frac{4}{15}$

⑩ $4\frac{1}{2}$ ◯ $\frac{10}{2}$

⑪ $2\frac{1}{3}$ ◯ $\frac{8}{3}$

⑫ $3\frac{3}{4}$ ◯ $\frac{15}{4}$

⑬ $4\frac{1}{7}$ ◯ $\frac{27}{7}$

⑭ $1\frac{5}{8}$ ◯ $\frac{12}{8}$

⑮ $2\frac{5}{9}$ ◯ $\frac{26}{9}$

⑯ $1\frac{7}{11}$ ◯ $\frac{16}{11}$

⑰ $3\frac{2}{13}$ ◯ $\frac{44}{13}$

⑱ $2\frac{5}{14}$ ◯ $\frac{39}{14}$

1 1 L와 1 mL의 관계

정답 • 27쪽

○ ☐ 안에 알맞은 수를 써넣으시오.

❶ 3 L= ☐ mL

❷ 8 L= ☐ mL

❸ 9 L= ☐ mL

❹ 12 L= ☐ mL

❺ 2 L 400 mL= ☐ mL

❻ 5 L 910 mL= ☐ mL

❼ 16 L 320 mL= ☐ mL

❽ 20 L 40 mL= ☐ mL

❾ 2000 mL= ☐ L

❿ 5000 mL= ☐ L

⓫ 7000 mL= ☐ L

⓬ 11000 mL= ☐ L

⓭ 4900 mL= ☐ L ☐ mL

⓮ 8320 mL= ☐ L ☐ mL

⓯ 10730 mL= ☐ L ☐ mL

⓰ 24090 mL= ☐ L ☐ mL

2 들이의 덧셈

정답 • 27쪽

○ 계산해 보시오.

❶
```
    1 L  400 mL
+   3 L  100 mL
```

❷
```
    2 L  700 mL
+   5 L  200 mL
```

❸
```
    3 L  300 mL
+   1 L  450 mL
```

❹
```
    5 L  900 mL
+   3 L  300 mL
```

❺
```
    6 L  650 mL
+   2 L  700 mL
```

❻
```
    8 L  820 mL
+   4 L  940 mL
```

❼ 2 L 100 mL+1 L 500 mL
=

❽ 3 L 200 mL+4 L 300 mL
=

❾ 4 L 520 mL+3 L 200 mL
=

❿ 6 L 600 mL+1 L 500 mL
=

⓫ 7 L 400 mL+1 L 790 mL
=

⓬ 9 L 750 mL+2 L 550 mL
=

들이의 뺄셈

정답 • 27쪽

○ 계산해 보시오.

❶
$$\begin{array}{rrr} & 2\text{ L} & 400\text{ mL} \\ - & 1\text{ L} & 300\text{ mL} \\ \hline \end{array}$$

❷
$$\begin{array}{rrr} & 3\text{ L} & 800\text{ mL} \\ - & 2\text{ L} & 600\text{ mL} \\ \hline \end{array}$$

❸
$$\begin{array}{rrr} & 5\text{ L} & 750\text{ mL} \\ - & 3\text{ L} & 400\text{ mL} \\ \hline \end{array}$$

❹
$$\begin{array}{rrr} & 7\text{ L} & 200\text{ mL} \\ - & 1\text{ L} & 900\text{ mL} \\ \hline \end{array}$$

❺
$$\begin{array}{rrr} & 8\text{ L} & 300\text{ mL} \\ - & 4\text{ L} & 650\text{ mL} \\ \hline \end{array}$$

❻
$$\begin{array}{rrr} & 12\text{ L} & 500\text{ mL} \\ - & 5\text{ L} & 840\text{ mL} \\ \hline \end{array}$$

❼ 3 L 900 mL－1 L 500 mL
＝

❽ 4 L 700 mL－3 L 100 mL
＝

❾ 6 L 300 mL－2 L 150 mL
＝

❿ 8 L 400 mL－5 L 500 mL
＝

⓫ 9 L 270 mL－7 L 400 mL
＝

⓬ 15 L 160 mL－9 L 320 mL
＝

4 1 kg, 1 g, 1 t의 관계

정답 • 28쪽

○ □ 안에 알맞은 수를 써넣으시오.

❶ 3 kg= □ g

❷ 5 kg= □ g

❸ 8 kg= □ g

❹ 16 kg= □ g

❺ 1 kg 700 g= □ g

❻ 4 kg 290 g= □ g

❼ 7 kg 100 g= □ g

❽ 13 kg 70 g= □ g

❾ 4000 g= □ kg

❿ 19000 g= □ kg

⓫ 7000 kg= □ t

⓬ 12000 kg= □ t

⓭ 3100 g= □ kg □ g

⓮ 6540 g= □ kg □ g

⓯ 9120 g= □ kg □ g

⓰ 15090 g= □ kg □ g

5 무게의 덧셈

정답 • 28쪽

○ 계산해 보시오.

❶
$$\begin{array}{rrr} & 1\text{ kg} & 500\text{ g} \\ + & 1\text{ kg} & 300\text{ g} \\ \hline \end{array}$$

❷
$$\begin{array}{rrr} & 2\text{ kg} & 100\text{ g} \\ + & 4\text{ kg} & 500\text{ g} \\ \hline \end{array}$$

❸
$$\begin{array}{rrr} & 3\text{ kg} & 260\text{ g} \\ + & 2\text{ kg} & 400\text{ g} \\ \hline \end{array}$$

❹
$$\begin{array}{rrr} & 5\text{ kg} & 700\text{ g} \\ + & 1\text{ kg} & 800\text{ g} \\ \hline \end{array}$$

❺
$$\begin{array}{rrr} & 6\text{ kg} & 450\text{ g} \\ + & 1\text{ kg} & 710\text{ g} \\ \hline \end{array}$$

❻
$$\begin{array}{rrr} & 8\text{ kg} & 950\text{ g} \\ + & 3\text{ kg} & 250\text{ g} \\ \hline \end{array}$$

❼ 1 kg 100 g+2 kg 800 g
=

❽ 3 kg 200 g+1 kg 400 g
=

❾ 4 kg 300 g+3 kg 650 g
=

❿ 5 kg 500 g+3 kg 600 g
=

⓫ 7 kg 860 g+1 kg 200 g
=

⓬ 9 kg 370 g+6 kg 890 g
=

무게의 뺄셈

정답 • 28쪽

○ 계산해 보시오.

❶
$$\begin{array}{rrr} & 2\text{ kg} & 700\text{ g} \\ - & 1\text{ kg} & 200\text{ g} \\ \hline \end{array}$$

❷
$$\begin{array}{rrr} & 4\text{ kg} & 800\text{ g} \\ - & 2\text{ kg} & 100\text{ g} \\ \hline \end{array}$$

❸
$$\begin{array}{rrr} & 5\text{ kg} & 400\text{ g} \\ - & 4\text{ kg} & 250\text{ g} \\ \hline \end{array}$$

❹
$$\begin{array}{rrr} & 6\text{ kg} & 500\text{ g} \\ - & 3\text{ kg} & 600\text{ g} \\ \hline \end{array}$$

❺
$$\begin{array}{rrr} & 7\text{ kg} & 150\text{ g} \\ - & 5\text{ kg} & 600\text{ g} \\ \hline \end{array}$$

❻
$$\begin{array}{rrr} & 11\text{ kg} & 370\text{ g} \\ - & 2\text{ kg} & 820\text{ g} \\ \hline \end{array}$$

❼ 3 kg 300 g−1 kg 100 g
=

❽ 5 kg 600 g−1 kg 500 g
=

❾ 7 kg 450 g−2 kg 350 g
=

❿ 8 kg 200 g−6 kg 500 g
=

⓫ 9 kg 300 g−4 kg 720 g
=

⓬ 14 kg 530 g−8 kg 960 g
=

표에서 알 수 있는 내용

정답 • 28쪽

○ 진영이네 반 학생들이 좋아하는 운동을 조사하여 표로 나타내었습니다. 물음에 답하시오.

학생들이 좋아하는 운동

운동	축구	야구	농구	피구	합계
학생 수(명)	7	8	5	6	26

1 야구를 좋아하는 학생은 몇 명입니까?

( )

2 진영이네 반 학생은 모두 몇 명입니까?

( )

3 좋아하는 학생이 가장 많은 운동은 무엇입니까?

( )

4 야구를 좋아하는 학생은 농구를 좋아하는 학생보다 몇 명 더 많습니까?

( )

5 좋아하는 학생이 적은 운동부터 순서대로 써 보시오.

( )

2 그림그래프

정답 • 28쪽

○ 주아네 학교 3학년 학생들이 좋아하는 민속놀이를 조사하여 그림그래프로 나타내었습니다. 물음에 답하시오.

학생들이 좋아하는 민속놀이

민속놀이	학생 수
연날리기	
윷놀이	
팽이치기	
제기차기	

10명
1명

1 그림 과 은 각각 몇 명을 나타냅니까?

( )
( )

2 팽이치기를 좋아하는 학생은 몇 명입니까?

( )

3 좋아하는 학생이 많은 민속놀이부터 순서대로 써 보시오.

( )

4 연날리기를 좋아하는 학생은 제기차기를 좋아하는 학생보다 몇 명 더 많습니까?

( )

3 그림그래프로 나타내기

정답 • 28쪽

○ 표를 보고 그림그래프로 나타내어 보시오.

❶ 학생들이 태어난 계절

계절	봄	여름	가을	겨울	합계
학생 수 (명)	31	15	24	27	97

학생들이 태어난 계절

계절	학생 수
봄	
여름	
가을	
겨울	

◎10명 ○1명

❷ 종류별 동물 수

종류	양	돼지	오리	닭	합계
동물 수 (마리)	16	33	21	50	120

종류별 동물 수

종류	동물 수
양	
돼지	
오리	
닭	

◎10마리 ○1마리

❸ 농장별 감자 생산량

농장	가	나	다	라	합계
생산량 (kg)	30	42	26	34	132

농장별 감자 생산량

농장	생산량
가	
나	
다	
라	

◎10 kg ○1 kg

❹ 학생들이 좋아하는 간식

간식	과자	빵	떡	과일	합계
학생 수 (명)	25	31	17	35	108

학생들이 좋아하는 간식

간식	학생 수
과자	
빵	
떡	
과일	

◎10명 ○1명

초등수학

3·2

개념+연산 라이트

책 속의 가접 별책 (특허 제 0557442호)

• '정답'은 본책에서 쉽게 분리할 수 있도록 제작되었으므로
유통 과정에서 분리될 수 있으나 파본이 아닌 정상제품입니다.

visang

ABOVE IMAGINATION

우리는 남다른 상상과 혁신으로
교육 문화의 새로운 전형을 만들어
모든 이의 행복한 경험과 성장에 기여한다

개념+연산

정답

초등수학

3·2

1. 곱셈

① 올림이 없는 (세 자리 수) × (한 자리 수)

1일 차

8쪽

❶ 224
❷ 366
❸ 280
❹ 609
❺ 848
❻ 428
❼ 696
❽ 936
❾ 644
❿ 993
⓫ 804
⓬ 826

9쪽

⓭ 606
⓮ 226
⓯ 480
⓰ 396
⓱ 282
⓲ 808
⓳ 426
⓴ 669
㉑ 448
㉒ 480
㉓ 906
㉔ 642
㉕ 686
㉖ 842
㉗ 864

2일 차

10쪽

❶ 309
❷ 555
❸ 336
❹ 484
❺ 260
❻ 286
❼ 402
❽ 633
❾ 880
❿ 693
⓫ 488
⓬ 626
⓭ 648
⓮ 999
⓯ 680
⓰ 828
⓱ 846
⓲ 862

11쪽

⓳ 408
⓴ 770
㉑ 228
㉒ 363
㉓ 488
㉔ 393
㉕ 284
㉖ 408
㉗ 422
㉘ 639
㉙ 888
㉚ 690
㉛ 482
㉜ 606
㉝ 939
㉞ 646
㉟ 996
㊱ 682
㊲ 806
㊳ 822
㊴ 886

② 일의 자리에서 올림이 있는 (세 자리 수) × (한 자리 수)

3일 차

12쪽

❶ 595
❷ 492
❸ 272
❹ 290
❺ 624
❻ 645
❼ 452
❽ 496
❾ 957
❿ 652
⓫ 834
⓬ 856

13쪽

⓭ 972
⓮ 464
⓯ 375
⓰ 278
⓱ 294
⓲ 856
⓳ 657
⓴ 672
㉑ 470
㉒ 927
㉓ 636
㉔ 654
㉕ 830
㉖ 852
㉗ 878

4일 차

14쪽

1 642
2 472
3 252
4 384
5 270
6 298
7 648
8 876
9 681
10 476
11 490
12 612
13 942
14 975
15 672
16 816
17 832
18 854

15쪽

19 816
20 424
21 678
22 575
23 496
24 276
25 292
26 828
27 651
28 436
29 678
30 684
31 498
32 912
33 634
34 957
35 972
36 676
37 810
38 838
39 892

③ 십, 백의 자리에서 올림이 있는 (세 자리 수) × (한 자리 수)

5일 차

16쪽

1 573
2 924
3 546
4 704
5 1266
6 1296
7 1560
8 2448
9 1655
10 1416
11 2168
12 1526

17쪽

13 528
14 855
15 849
16 728
17 984
18 1608
19 1550
20 1293
21 2196
22 1628
23 2040
24 1386
25 1959
26 3488
27 7368

6일 차

18쪽

1 459
2 966
3 968
4 568
5 706
6 940
7 1806
8 1648
9 1569
10 1284
11 4977
12 3248
13 1056
14 1168
15 3205
16 3048
17 4920
18 2826

19쪽

19 648
20 570
21 753
22 544
23 843
24 788
25 924
26 2799
27 1263
28 2008
29 1839
30 1448
31 3208
32 2739
33 1168
34 2880
35 1326
36 2855
37 2346
38 3368
39 6517

①~③ 다르게 풀기

7일 차

20쪽

1 208
2 387
3 846
4 872
5 486
6 936
7 978
8 858
9 2368
10 5608

21쪽

11 339
12 254
13 603
14 750
15 630
16 882
17 1786
18 2769
19 513, 3, 1539

④ (몇십)×(몇십)

8일 차

22쪽

① 400
② 1400
③ 1500
④ 800
⑤ 3600
⑥ 2000
⑦ 3500
⑧ 3600
⑨ 2100
⑩ 4200
⑪ 3200
⑫ 4500

23쪽 ❗정답을 위에서부터 확인합니다.

⑬ 800 / 8
⑭ 1600 / 16
⑮ 600 / 6
⑯ 900 / 9
⑰ 2700 / 27
⑱ 1600 / 16
⑲ 2400 / 24
⑳ 2500 / 25
㉑ 3000 / 30
㉒ 1200 / 12
㉓ 4800 / 48
㉔ 5400 / 54
㉕ 2800 / 28
㉖ 5600 / 56
㉗ 4000 / 40
㉘ 7200 / 72
㉙ 1800 / 18
㉚ 6300 / 63

9일 차

24쪽

① 1200
② 1800
③ 1800
④ 2400
⑤ 1200
⑥ 3200
⑦ 1000
⑧ 4500
⑨ 3000
⑩ 4800
⑪ 2100
⑫ 3500
⑬ 6300
⑭ 1600
⑮ 5600
⑯ 6400
⑰ 5400
⑱ 8100

25쪽

⑲ 600
⑳ 1000
㉑ 1600
㉒ 1200
㉓ 2100
㉔ 2000
㉕ 2800
㉖ 3600
㉗ 1500
㉘ 3500
㉙ 4000
㉚ 1800
㉛ 2400
㉜ 4200
㉝ 1400
㉞ 4900
㉟ 2400
㊱ 4800
㊲ 2700
㊳ 3600
㊴ 7200

⑤ (몇십몇)×(몇십)

10일 차

26쪽

① 360
② 720
③ 1750
④ 1360
⑤ 1260
⑥ 3680
⑦ 1530
⑧ 3960
⑨ 6750
⑩ 3280
⑪ 5220
⑫ 4650

27쪽

⑬ 650
⑭ 1440
⑮ 840
⑯ 580
⑰ 990
⑱ 1720
⑲ 2350
⑳ 1040
㉑ 3360
㉒ 4480
㉓ 1480
㉔ 4050
㉕ 6160
㉖ 3680
㉗ 5700

11일 차

28쪽

① 640
② 1140
③ 660
④ 1960
⑤ 700
⑥ 1520
⑦ 1350
⑧ 2450
⑨ 1650
⑩ 4560
⑪ 1890
⑫ 6120
⑬ 2190
⑭ 3120
⑮ 5040
⑯ 7740
⑰ 1900
⑱ 4850

29쪽

⑲ 660
⑳ 1190
㉑ 720
㉒ 1300
㉓ 2430
㉔ 1920
㉕ 2960
㉖ 2050
㉗ 3520
㉘ 4320
㉙ 2650
㉚ 4130
㉛ 2480
㉜ 5200
㉝ 1520
㉞ 2310
㉟ 5950
㊱ 3560
㊲ 2730
㊳ 4700
㊴ 8820

⑥ (몇) × (몇십몇)

12일 차

30쪽

① 28
② 144
③ 75
④ 172
⑤ 380
⑥ 155
⑦ 335
⑧ 576
⑨ 133
⑩ 315
⑪ 544
⑫ 216

31쪽

⑬ 84
⑭ 138
⑮ 81
⑯ 279
⑰ 112
⑱ 244
⑲ 70
⑳ 495
㉑ 192
㉒ 182
㉓ 371
㉔ 248
㉕ 392
㉖ 648
㉗ 855

13일 차

32쪽

① 50
② 98
③ 174
④ 69
⑤ 177
⑥ 124
⑦ 336
⑧ 215
⑨ 480
⑩ 108
⑪ 252
⑫ 245
⑬ 343
⑭ 497
⑮ 448
⑯ 744
⑰ 126
⑱ 621

33쪽

⑲ 126
⑳ 194
㉑ 135
㉒ 186
㉓ 294
㉔ 116
㉕ 224
㉖ 300
㉗ 135
㉘ 260
㉙ 425
㉚ 324
㉛ 456
㉜ 301
㉝ 574
㉞ 128
㉟ 496
㊱ 776
㊲ 342
㊳ 495
㊴ 837

④~⑥ 다르게 풀기

14일 차

34쪽

① 800
② 1150
③ 102
④ 920
⑤ 1500
⑥ 234
⑦ 4200
⑧ 3320
⑨ 279
⑩ 6930

35쪽

⑪ 1260
⑫ 2100
⑬ 60
⑭ 115
⑮ 5400
⑯ 2840
⑰ 4000
⑱ 702
⑲ 14, 30, 420

⑦ 올림이 한 번 있는 (몇십몇) × (몇십몇)

15일 차

36쪽

① 364
② 325
③ 837
④ 768
⑤ 989
⑥ 648
⑦ 1281
⑧ 936

37쪽

⑨ 481
⑩ 216
⑪ 1764
⑫ 552
⑬ 1643
⑭ 468
⑮ 564
⑯ 969
⑰ 689
⑱ 2542
⑲ 1377
⑳ 1288

16일 차

38쪽

① 576
② 224
③ 266
④ 777
⑤ 336
⑥ 588
⑦ 1088
⑧ 798
⑨ 984
⑩ 559
⑪ 728
⑫ 819
⑬ 1207
⑭ 1148
⑮ 1456

39쪽

⑯ 312
⑰ 448
⑱ 204
⑲ 918
⑳ 966
㉑ 338
㉒ 348
㉓ 1209
㉔ 756
㉕ 444
㉖ 588
㉗ 945
㉘ 576
㉙ 867
㉚ 1612
㉛ 4331
㉜ 2201
㉝ 949
㉞ 1008
㉟ 4641
㊱ 1196

⑧ 올림이 여러 번 있는 (몇십몇) × (몇십몇)

17일 차

40쪽

① 585
② 1512
③ 1617
④ 1610
⑤ 1508
⑥ 3705
⑦ 5655
⑧ 3572

41쪽

⑨ 1428
⑩ 1512
⑪ 2262
⑫ 1855
⑬ 2058
⑭ 1378
⑮ 5394
⑯ 1716
⑰ 3384
⑱ 4704
⑲ 7209
⑳ 4320

18일 차

42쪽

① 704
② 1425
③ 1932
④ 2470
⑤ 1786
⑥ 1215
⑦ 3072
⑧ 3186
⑨ 4088
⑩ 1550
⑪ 3504
⑫ 4158
⑬ 2916
⑭ 6497
⑮ 2604

43쪽

⑯ 938
⑰ 1710
⑱ 675
⑲ 1885
⑳ 576
㉑ 1404
㉒ 2014
㉓ 2464
㉔ 3528
㉕ 1479
㉖ 3591
㉗ 5452
㉘ 1742
㉙ 3726
㉚ 2414
㉛ 2964
㉜ 6068
㉝ 7055
㉞ 2484
㉟ 4940
㊱ 6237

⑦~⑧ 다르게 풀기

19일 차

44쪽

① 225
② 1197
③ 351
④ 936
⑤ 1008
⑥ 1938
⑦ 806
⑧ 1491
⑨ 1992
⑩ 3588

45쪽

⑪ 1325
⑫ 1344
⑬ 697
⑭ 2006
⑮ 868
⑯ 4725
⑰ 8428
⑱ 1953
⑲ 84, 25, 2100

비법 강의 수 감각을 키우면 빨라지는 계산 비법

20일 차

46쪽 ❗정답을 계산 순서대로 확인합니다.

❶ 30, 180, 180
❷ 30, 210, 210
❸ 30, 240, 240
❹ 30, 270, 270
❺ 50, 300, 300
❻ 50, 400, 400

47쪽

❼ 50, 450, 450
❽ 70, 420, 420
❾ 70, 560, 560
❿ 70, 630, 630
⓫ 90, 540, 540
⓬ 90, 630, 630
⓭ 90, 720, 720
⓮ 90, 810, 810

평가 1. 곱셈

21일 차

48쪽

1 369
2 296
3 813
4 1688
5 1000
6 2100
7 138
8 354
9 312
10 456
11 2565
12 4284

49쪽

13 939
14 987
15 2950
16 2800
17 2920
18 376
19 1296
20 4992
21 884
22 1800
23 1900
24 1092
25 3108

틀린 문제는 클리닉 북에서 보충할 수 있습니다.

1 1쪽
2 2쪽
3 3쪽
4 3쪽
5 4쪽
6 5쪽
7 6쪽
8 6쪽
9 7쪽
10 7쪽
11 8쪽
12 8쪽
13 1쪽
14 2쪽
15 3쪽
16 4쪽
17 5쪽
18 6쪽
19 7쪽
20 8쪽
21 1쪽
22 4쪽
23 5쪽
24 7쪽
25 8쪽

2. 나눗셈

① (몇십) ÷ (몇)

1일 차

52쪽

❶ 10
❷ 10
❸ 20
❹ 40
❺ 15
❻ 12
❼ 35
❽ 15

53쪽 ❗정답을 위에서부터 확인합니다.

❾ 20, 2
❿ 10, 1
⓫ 30, 3
⓬ 20, 2
⓭ 10, 1
⓮ 30, 3
⓯ 25
⓰ 15
⓱ 14
⓲ 16
⓳ 45
⓴ 18

2일 차

54쪽

❶ 10 ❷ 10 ❸ 20 ❹ 10 ❺ 10
❻ 40 ❼ 20 ❽ 10 ❾ 15 ❿ 25
⓫ 12 ⓬ 14 ⓭ 16 ⓮ 45 ⓯ 18

55쪽

⓰ 10 ⓱ 20 ⓲ 10 ⓳ 10 ⓴ 30 ㉑ 10 ㉒ 10
㉓ 20 ㉔ 10 ㉕ 30 ㉖ 10 ㉗ 15 ㉘ 25 ㉙ 15
㉚ 12 ㉛ 35 ㉜ 14 ㉝ 16 ㉞ 45 ㉟ 18 ㊱ 15

② 내림이 없는 (몇십몇) ÷ (몇)

3일 차

56쪽

❶ 14 ❷ 12 ❸ 23 ❹ 33
❺ 23 ❻ 11 ❼ 22 ❽ 31

57쪽

❾ 12 ❿ 13 ⓫ 22
⓬ 11 ⓭ 31 ⓮ 21
⓯ 21 ⓰ 44 ⓱ 32

4일 차

58쪽

❶ 12 ❷ 14 ❸ 13 ❹ 21 ❺ 11
❻ 24 ❼ 21 ❽ 32 ❾ 11 ❿ 23
⓫ 41 ⓬ 21 ⓭ 11 ⓮ 32 ⓯ 11

59쪽

⓰ 11 ⓱ 13 ⓲ 11 ⓳ 12 ⓴ 21 ㉑ 22 ㉒ 23
㉓ 12 ㉔ 11 ㉕ 31 ㉖ 33 ㉗ 22 ㉘ 34 ㉙ 11
㉚ 42 ㉛ 43 ㉜ 44 ㉝ 22 ㉞ 31 ㉟ 33 ㊱ 11

③ 내림이 있는 (몇십몇) ÷ (몇)

5일 차

60쪽

❶ 19 ❷ 15 ❸ 26 ❹ 19
❺ 36 ❻ 39 ❼ 12 ❽ 24

61쪽

❾ 16 ❿ 14 ⓫ 17
⓬ 14 ⓭ 13 ⓮ 18
⓯ 27 ⓰ 23 ⓱ 16

6일 차

62쪽

① 18
② 16
③ 13
④ 18
⑤ 28
⑥ 16
⑦ 24
⑧ 25
⑨ 19
⑩ 26
⑪ 14
⑫ 29
⑬ 13
⑭ 46
⑮ 49

63쪽

⑯ 17
⑰ 19
⑱ 14
⑲ 27
⑳ 14
㉑ 29
㉒ 13
㉓ 17
㉔ 12
㉕ 37
㉖ 15
㉗ 38
㉘ 13
㉙ 28
㉚ 12
㉛ 17
㉜ 23
㉝ 47
㉞ 19
㉟ 48
㊱ 14

①~③ 다르게 풀기

7일 차

64쪽

① 10
② 11
③ 24
④ 26
⑤ 20
⑥ 11
⑦ 12
⑧ 16
⑨ 29
⑩ 12

65쪽

⑪ 10
⑫ 18
⑬ 19
⑭ 31
⑮ 23
⑯ 15
⑰ 42
⑱ 15
⑲ 45, 3, 15

④ 내림이 없고 나머지가 있는 (몇십몇) ÷ (몇)

8일 차

66쪽

① 2 ⋯ 4
② 4 ⋯ 4
③ 5 ⋯ 6
④ 7 ⋯ 6
⑤ 11 ⋯ 2
⑥ 11 ⋯ 2
⑦ 43 ⋯ 1
⑧ 32 ⋯ 2

67쪽

⑨ 3 ⋯ 1
⑩ 5 ⋯ 3
⑪ 8 ⋯ 1
⑫ 9 ⋯ 2
⑬ 8 ⋯ 3
⑭ 8 ⋯ 3
⑮ 23 ⋯ 1
⑯ 21 ⋯ 2
⑰ 21 ⋯ 2

9일 차

68쪽

① 6 ⋯ 1
② 2 ⋯ 5
③ 5 ⋯ 1
④ 5 ⋯ 2
⑤ 9 ⋯ 2
⑥ 6 ⋯ 4
⑦ 9 ⋯ 2
⑧ 7 ⋯ 3
⑨ 8 ⋯ 1
⑩ 7 ⋯ 8
⑪ 12 ⋯ 2
⑫ 20 ⋯ 1
⑬ 11 ⋯ 2
⑭ 11 ⋯ 1
⑮ 31 ⋯ 2

69쪽

⑯ 2 ⋯ 2
⑰ 4 ⋯ 1
⑱ 3 ⋯ 3
⑲ 9 ⋯ 1
⑳ 3 ⋯ 7
㉑ 7 ⋯ 1
㉒ 7 ⋯ 2
㉓ 6 ⋯ 6
㉔ 8 ⋯ 2
㉕ 7 ⋯ 1
㉖ 9 ⋯ 1
㉗ 7 ⋯ 5
㉘ 9 ⋯ 1
㉙ 8 ⋯ 7
㉚ 13 ⋯ 1
㉛ 12 ⋯ 1
㉜ 11 ⋯ 1
㉝ 31 ⋯ 1
㉞ 10 ⋯ 5
㉟ 21 ⋯ 1
㊱ 30 ⋯ 1

5 내림이 있고 나머지가 있는 (몇십몇)÷(몇)

10일 차

70쪽

① 17 ··· 1
② 15 ··· 1
③ 26 ··· 1
④ 19 ··· 2
⑤ 16 ··· 3
⑥ 25 ··· 2
⑦ 17 ··· 4
⑧ 13 ··· 4

71쪽

⑨ 19 ··· 1
⑩ 14 ··· 2
⑪ 17 ··· 1
⑫ 27 ··· 1
⑬ 13 ··· 1
⑭ 37 ··· 1
⑮ 12 ··· 4
⑯ 23 ··· 2
⑰ 16 ··· 3

11일 차

72쪽

① 16 ··· 1
② 14 ··· 1
③ 25 ··· 1
④ 17 ··· 2
⑤ 19 ··· 1
⑥ 12 ··· 4
⑦ 16 ··· 1
⑧ 23 ··· 2
⑨ 15 ··· 2
⑩ 13 ··· 1
⑪ 27 ··· 2
⑫ 16 ··· 4
⑬ 12 ··· 5
⑭ 46 ··· 1
⑮ 13 ··· 5

73쪽

⑯ 15 ··· 1
⑰ 18 ··· 1
⑱ 15 ··· 2
⑲ 16 ··· 1
⑳ 13 ··· 3
㉑ 18 ··· 2
㉒ 29 ··· 1
㉓ 15 ··· 3
㉔ 16 ··· 2
㉕ 13 ··· 4
㉖ 36 ··· 1
㉗ 14 ··· 4
㉘ 12 ··· 3
㉙ 25 ··· 1
㉚ 27 ··· 1
㉛ 12 ··· 1
㉜ 17 ··· 3
㉝ 22 ··· 3
㉞ 47 ··· 1
㉟ 19 ··· 2
㊱ 12 ··· 3

4 ~ 5 다르게 풀기

12일 차

74쪽

① 2, 2
② 6, 1
③ 13, 2
④ 11, 3
⑤ 18, 1
⑥ 13, 3
⑦ 8, 2
⑧ 16, 3
⑨ 22, 1
⑩ 15, 5

75쪽

⑪ 4, 3
⑫ 4, 5
⑬ 13, 1
⑭ 28, 1
⑮ 32, 1
⑯ 24, 1
⑰ 12, 3
⑱ 10, 2
⑲ 37, 3, 12, 1

6 나머지가 없는 (세 자리 수)÷(한 자리 수)

13일 차

76쪽

① 120
② 130
③ 240
④ 130
⑤ 130
⑥ 108
⑦ 95
⑧ 91

77쪽

⑨ 110
⑩ 180
⑪ 120
⑫ 150
⑬ 110
⑭ 120
⑮ 208
⑯ 85
⑰ 95

14일 차

78쪽

1. 114
2. 100
3. 179
4. 140
5. 114
6. 126
7. 59
8. 150
9. 91
10. 97
11. 159
12. 200
13. 172
14. 154
15. 106

79쪽

16. 119
17. 140
18. 176
19. 126
20. 145
21. 112
22. 238
23. 167
24. 134
25. 69
26. 95
27. 86
28. 346
29. 145
30. 83
31. 129
32. 204
33. 107
34. 289
35. 150
36. 243

7 나머지가 있는 (세 자리 수) ÷ (한 자리 수)

15일 차

80쪽

1. 130 ⋯ 1
2. 130 ⋯ 1
3. 140 ⋯ 2
4. 110 ⋯ 4
5. 130 ⋯ 3
6. 109 ⋯ 2
7. 94 ⋯ 7
8. 89 ⋯ 2

81쪽

9. 140 ⋯ 1
10. 120 ⋯ 2
11. 150 ⋯ 2
12. 85 ⋯ 4
13. 210 ⋯ 1
14. 160 ⋯ 3
15. 105 ⋯ 3
16. 89 ⋯ 1
17. 92 ⋯ 7

16일 차

82쪽

1. 126 ⋯ 1
2. 146 ⋯ 1
3. 157 ⋯ 1
4. 122 ⋯ 2
5. 225 ⋯ 1
6. 119 ⋯ 3
7. 65 ⋯ 2
8. 85 ⋯ 5
9. 125 ⋯ 3
10. 151 ⋯ 2
11. 98 ⋯ 7
12. 89 ⋯ 7
13. 204 ⋯ 2
14. 132 ⋯ 6
15. 497 ⋯ 1

83쪽

16. 120 ⋯ 1
17. 142 ⋯ 1
18. 152 ⋯ 1
19. 111 ⋯ 2
20. 128 ⋯ 2
21. 112 ⋯ 1
22. 155 ⋯ 1
23. 81 ⋯ 3
24. 127 ⋯ 2
25. 69 ⋯ 4
26. 197 ⋯ 1
27. 124 ⋯ 4
28. 93 ⋯ 6
29. 233 ⋯ 1
30. 93 ⋯ 5
31. 108 ⋯ 1
32. 91 ⋯ 5
33. 277 ⋯ 2
34. 96 ⋯ 8
35. 226 ⋯ 2
36. 162 ⋯ 3

8 계산이 맞는지 확인하기

17일 차

84쪽

1. 9 ⋯ 2 / 9, 36 / 36, 2
2. 28 ⋯ 1 / 28, 56 / 56, 1
3. 12 ⋯ 3 / 12, 60 / 60, 3
4. 10 ⋯ 8 / 10, 90 / 90, 8
5. 45 ⋯ 5 / 45, 315 / 315, 5

85쪽

6. 4 ⋯ 1 / 7, 4, 28 / 28, 1, 29
7. 17 ⋯ 1 / 2, 17, 34 / 34, 1, 35
8. 15 ⋯ 2 / 3, 15, 45 / 45, 2, 47
9. 18 ⋯ 1 / 3, 18, 54 / 54, 1, 55
10. 23 ⋯ 1 / 3, 23, 69 / 69, 1, 70
11. 21 ⋯ 3 / 4, 21, 84 / 84, 3, 87
12. 30 ⋯ 2 / 3, 30, 90 / 90, 2, 92
13. 29 ⋯ 3 / 5, 29, 145 / 145, 3, 148
14. 258 ⋯ 1 / 2, 258, 516 / 516, 1, 517
15. 203 ⋯ 3 / 4, 203, 812 / 812, 3, 815

18일 차

86쪽

❶ 12 ⋯ 1 / $2\times12=24$, $24+1=25$

❷ 7 ⋯ 2 / $6\times7=42$, $42+2=44$

❸ 6 ⋯ 4 / $9\times6=54$, $54+4=58$

❹ 12 ⋯ 5 / $6\times12=72$, $72+5=77$

❺ 20 ⋯ 2 / $4\times20=80$, $80+2=82$

❻ 13 ⋯ 3 / $7\times13=91$, $91+3=94$

❼ 46 ⋯ 1 / $9\times46=414$, $414+1=415$

❽ 275 ⋯ 2 / $3\times275=825$, $825+2=827$

87쪽

❾ 4 ⋯ 6 / $8\times4=32$, $32+6=38$

❿ 10 ⋯ 2 / $4\times10=40$, $40+2=42$

⓫ 14 ⋯ 2 / $4\times14=56$, $56+2=58$

⓬ 14 ⋯ 3 / $5\times14=70$, $70+3=73$

⓭ 12 ⋯ 2 / $7\times12=84$, $84+2=86$

⓮ 31 ⋯ 2 / $3\times31=93$, $93+2=95$

⓯ 16 ⋯ 1 / $6\times16=96$, $96+1=97$

⓰ 93 ⋯ 2 / $4\times93=372$, $372+2=374$

⓱ 297 ⋯ 1 / $2\times297=594$, $594+1=595$

⓲ 79 ⋯ 5 / $9\times79=711$, $711+5=716$

⑥~⑧ 다르게 풀기

19일 차

88쪽

❶ 28

❷ 27

❸ 75

❹ 152

❺ 69

❻ 140

❼ 99

❽ 373

❾ 89

❿ 318

89쪽

⓫ 54, 3 / $5\times54=270$, $270+3=273$

⓬ 53, 2 / $6\times53=318$, $318+2=320$

⓭ 83, 2 / $6\times83=498$, $498+2=500$

⓮ 82, 3 / $8\times82=656$, $656+3=659$

⓯ 247, 2 / $3\times247=741$, $741+2=743$

⓰ 195, 4 / $5\times195=975$, $975+4=979$

⓱ 114, 6, 19

비법 강의 초등에서 푸는 **방정식 계산 비법**

20일 차

90쪽

❶ 20, 20

❷ 11, 11

❸ 15, 15

❹ 12, 12

❺ 30, 30

❻ 25, 25

❼ 13, 13

❽ 21, 21

91쪽

❾ 13, 13

❿ 32, 32

⓫ 31, 31

⓬ 47, 47

⓭ 96, 96

⓮ 15, 15

⓯ 41, 41

⓰ 48, 48

⓱ 102, 102

⓲ 113, 113

평가 2. 나눗셈

21일 차

92쪽

1 15
2 12
3 19
4 33 … 1
5 12 … 2
6 54
7 238 … 1
8 10
9 13
10 17
11 8 … 7
12 12 … 1
13 53
14 51 … 3
15 130 … 4

93쪽

16 13 … 1 / $2 \times 13 = 26$, $26 + 1 = 27$
17 14 … 3 / $4 \times 14 = 56$, $56 + 3 = 59$
18 21 … 2 / $3 \times 21 = 63$, $63 + 2 = 65$
19 43 … 2 / $5 \times 43 = 215$, $215 + 2 = 217$
20 64 … 5 / $9 \times 64 = 576$, $576 + 5 = 581$
21 20
22 34
23 28
24 29
25 135

틀린 문제는 클리닉 북에서 보충할 수 있습니다.

1 9쪽
2 10쪽
3 11쪽
4 12쪽
5 13쪽
6 14쪽
7 15쪽
8 9쪽
9 10쪽
10 11쪽
11 12쪽
12 13쪽
13 14쪽
14 15쪽
15 15쪽
16 16쪽
17 16쪽
18 16쪽
19 16쪽
20 16쪽
21 9쪽
22 10쪽
23 11쪽
24 14쪽
25 14쪽

3. 원

① 원의 중심, 반지름, 지름

1일 차

96쪽

❶ 점 ㄴ
❷ 점 ㄷ
❸ 점 ㄷ
❹ 점 ㄹ

97쪽

❺ 선분 ㅇㄹ
❻ 선분 ㅇㄷ
❼ 선분 ㅇㄴ, 선분 ㅇㅁ
❽ 선분 ㅇㄴ, 선분 ㅇㄹ
❾ 선분 ㄷㅂ
❿ 선분 ㄱㄷ
⓫ 선분 ㄷㅂ
⓬ 선분 ㄱㄹ

② 원의 지름의 성질

2일 차

98쪽

❶ 선분 ㄱㄹ
❷ 선분 ㄴㄹ
❸ 선분 ㄱㄹ
❹ 선분 ㄴㅂ
❺ 선분 ㄱㄷ
❻ 선분 ㄷㅅ
❼ 선분 ㄷㅅ
❽ 선분 ㄴㅂ

99쪽

❾ 선분 ㄴㅅ / 선분 ㄴㅅ
❿ 선분 ㄹㅊ / 선분 ㄹㅊ
⓫ 선분 ㄱㄹ / 선분 ㄱㄹ
⓬ 선분 ㄷㅂ / 선분 ㄷㅂ
⓭ 선분 ㄷㅂ / 선분 ㄷㅂ
⓮ 선분 ㄴㅂ / 선분 ㄴㅂ
⓯ 선분 ㄴㅁ / 선분 ㄴㅁ
⓰ 선분 ㄷㅅ / 선분 ㄷㅅ

③ 원의 지름과 반지름 사이의 관계

3일 차

100쪽

❶ 4
❷ 8
❸ 10
❹ 12
❺ 14
❻ 16
❼ 22
❽ 40

101쪽

❾ 3
❿ 4
⓫ 5
⓬ 6
⓭ 7
⓮ 8
⓯ 9
⓰ 10
⓱ 12
⓲ 13
⓳ 14
⓴ 15

평가 3. 원

4일 차

102쪽

1 점 ㄴ
2 점 ㄷ
3 선분 ㅇㄱ, 선분 ㅇㄹ / 선분 ㄱㄹ
4 선분 ㅇㄴ, 선분 ㅇㅂ / 선분 ㄴㅂ
5 선분 ㄱㄷ
6 선분 ㄷㅂ
7 선분 ㄱㅁ / 선분 ㄱㅁ
8 선분 ㄹㅅ / 선분 ㄹㅅ

103쪽

9 8
10 16
11 26
12 30
13 2
14 9
15 11
16 17

틀린 문제는 클리닉 북에서 보충할 수 있습니다.

1 17쪽
2 17쪽
3 17쪽
4 17쪽
5 18쪽
6 18쪽
7 18쪽
8 18쪽
9 19쪽
10 19쪽
11 19쪽
12 19쪽
13 19쪽
14 19쪽
15 19쪽
16 19쪽

4. 분수

① 분수로 나타내기

1일 차

106쪽

❶ 2, $\frac{1}{2}$
❷ 3, $\frac{1}{3}$
❸ 7, $\frac{3}{7}$

107쪽

❹ 8, $\frac{7}{8}$
❺ 6, $\frac{5}{6}$
❻ 8, $\frac{5}{8}$
❼ 7, $\frac{2}{7}$

2일 차

108쪽

❶ 4, $\frac{1}{4}$
❷ 3, $\frac{2}{3}$
❸ 4, $\frac{3}{4}$
❹ 5, $\frac{4}{5}$

109쪽

❺ $\frac{1}{5}$, $\frac{3}{5}$
❻ $\frac{1}{3}$, $\frac{2}{3}$
❼ $\frac{1}{7}$, $\frac{4}{7}$
❽ $\frac{1}{6}$, $\frac{5}{6}$

② 분수만큼 알아보기

3일 차

110쪽

❶ 2, 4
❷ 2, 8
❸ 4, 12
❹ 3, 15

111쪽

❺ 2, 6
❻ 3, 9
❼ 5, 10
❽ 4, 20

4일 차

112쪽

❶ 2, 8
❷ 7, 21
❸ 5, 15
❹ 4, 32

113쪽

❺ 2, 6
❻ 6, 12
❼ 14, 9
❽ 8, 21

③ 진분수, 가분수, 대분수

5일 차

114쪽

❶ $\frac{1}{2}$, $\frac{2}{7}$
❷ $\frac{5}{6}$, $\frac{1}{4}$
❸ $\frac{4}{9}$, $\frac{3}{10}$
❹ $\frac{5}{7}$, $\frac{7}{10}$, $\frac{1}{5}$
❺ $\frac{7}{8}$, $\frac{3}{4}$, $\frac{5}{12}$
❻ $\frac{2}{5}$, $\frac{8}{13}$, $\frac{4}{6}$

115쪽

❼ $\frac{5}{5}$, $\frac{9}{7}$
❽ $\frac{13}{5}$, $\frac{4}{4}$
❾ $\frac{8}{7}$, $\frac{10}{10}$
❿ $\frac{11}{11}$, $\frac{9}{4}$, $\frac{8}{2}$
⓫ $\frac{7}{7}$, $\frac{7}{4}$, $\frac{10}{7}$
⓬ $\frac{4}{3}$, $\frac{2}{2}$, $\frac{9}{6}$
⓭ $1\frac{4}{5}$, $5\frac{1}{2}$
⓮ $2\frac{5}{7}$, $1\frac{1}{9}$
⓯ $9\frac{5}{6}$, $4\frac{3}{10}$
⓰ $3\frac{1}{3}$, $1\frac{3}{5}$, $5\frac{4}{8}$
⓱ $1\frac{3}{4}$, $6\frac{10}{13}$, $3\frac{5}{8}$
⓲ $7\frac{1}{7}$, $10\frac{2}{3}$, $2\frac{6}{7}$

6일 차

116쪽

❶ 진
❷ 가
❸ 가
❹ 대
❺ 진
❻ 가
❼ 가
❽ 대
❾ 가
❿ 대
⓫ 진
⓬ 진
⓭ 진
⓮ 가
⓯ 대
⓰ 진
⓱ 대
⓲ 진
⓳ 대
⓴ 가
㉑ 진

117쪽

㉒ $\frac{3}{4}$, $\frac{4}{7}$, $\frac{1}{5}$ / $\frac{6}{5}$, $\frac{11}{6}$ / $1\frac{8}{9}$, $3\frac{2}{3}$, $1\frac{1}{2}$
㉓ $\frac{2}{9}$, $\frac{7}{10}$, $\frac{3}{11}$ / $\frac{10}{7}$, $\frac{3}{3}$, $\frac{9}{8}$ / $5\frac{5}{6}$, $2\frac{2}{5}$
㉔ $\frac{5}{6}$, $\frac{6}{8}$, $\frac{1}{3}$ / $\frac{7}{4}$, $\frac{3}{2}$ / $5\frac{1}{5}$, $1\frac{7}{9}$, $4\frac{2}{11}$
㉕ $\frac{5}{7}$, $\frac{1}{8}$, $\frac{2}{3}$ / $\frac{6}{6}$, $\frac{10}{9}$, $\frac{9}{5}$ / $2\frac{1}{6}$, $1\frac{4}{13}$

④ 대분수를 가분수로, 가분수를 대분수로 나타내기

7일 차

118쪽

❶ $\frac{7}{3}$
❷ $\frac{13}{4}$
❸ $\frac{23}{6}$
❹ $\frac{19}{8}$

119쪽

❺ $2\frac{1}{2}$
❻ $1\frac{1}{3}$
❼ $1\frac{3}{4}$
❽ $1\frac{2}{5}$

8일 차

120쪽

❶ $\frac{11}{2}$
❷ $\frac{4}{3}$
❸ $\frac{8}{3}$
❹ $\frac{9}{4}$
❺ $\frac{15}{4}$
❻ $\frac{14}{5}$
❼ $\frac{28}{5}$
❽ $\frac{29}{6}$
❾ $\frac{9}{7}$
❿ $\frac{20}{7}$
⓫ $\frac{13}{8}$
⓬ $\frac{43}{8}$
⓭ $\frac{23}{9}$
⓮ $\frac{35}{9}$
⓯ $\frac{17}{10}$
⓰ $\frac{33}{10}$
⓱ $\frac{27}{11}$
⓲ $\frac{43}{12}$
⓳ $\frac{77}{15}$
⓴ $\frac{25}{17}$
㉑ $\frac{83}{20}$

121쪽

㉒ $4\frac{1}{2}$
㉓ $5\frac{1}{2}$
㉔ $2\frac{1}{3}$
㉕ $3\frac{1}{3}$
㉖ $1\frac{1}{4}$
㉗ $3\frac{3}{4}$
㉘ $3\frac{2}{5}$
㉙ $1\frac{1}{6}$
㉚ $1\frac{5}{6}$
㉛ $2\frac{1}{7}$
㉜ $2\frac{6}{7}$
㉝ $1\frac{3}{8}$
㉞ $3\frac{1}{8}$
㉟ $1\frac{2}{9}$
㊱ $2\frac{2}{9}$
㊲ $4\frac{9}{10}$
㊳ $1\frac{8}{11}$
㊴ $2\frac{1}{12}$
㊵ $1\frac{7}{13}$
㊶ $2\frac{3}{16}$
㊷ $1\frac{11}{19}$

⑤ 가분수의 크기 비교, 대분수의 크기 비교

9일 차

122쪽

❶ $<$
❷ $<$
❸ $>$
❹ $>$
❺ $>$
❻ $>$
❼ $<$
❽ $<$
❾ $<$
❿ $<$
⓫ $>$
⓬ $>$
⓭ $<$
⓮ $<$

123쪽

⓯ $>$
⓰ $<$
⓱ $<$
⓲ $<$
⓳ $>$
⓴ $>$
㉑ $>$
㉒ $<$
㉓ $<$
㉔ $>$
㉕ $<$
㉖ $>$
㉗ $<$
㉘ $<$
㉙ $>$
㉚ $>$
㉛ $<$
㉜ $>$
㉝ $<$
㉞ $>$
㉟ $>$

10일 차

124쪽

1 <	8 >	15 <
2 <	9 <	16 <
3 <	10 >	17 <
4 >	11 >	18 >
5 <	12 <	19 <
6 <	13 >	20 >
7 >	14 >	21 >

125쪽

22 >	29 <	36 >
23 >	30 >	37 <
24 <	31 <	38 >
25 >	32 >	39 <
26 >	33 <	40 >
27 <	34 >	41 <
28 <	35 <	42 >

⑥ 가분수와 대분수의 크기 비교

11일 차

126쪽

1 >	8 <
2 >	9 =
3 >	10 >
4 <	11 <
5 <	12 <
6 >	13 <
7 =	14 <

127쪽

15 >	22 =	29 >
16 <	23 <	30 <
17 =	24 <	31 <
18 >	25 >	32 >
19 <	26 <	33 =
20 <	27 >	34 <
21 >	28 >	35 >

12일 차

128쪽

1 <	8 >	15 >
2 <	9 <	16 >
3 <	10 <	17 <
4 >	11 =	18 >
5 =	12 >	19 =
6 <	13 >	20 >
7 >	14 <	21 <

129쪽

22 =	29 >	36 >
23 <	30 =	37 <
24 >	31 >	38 =
25 >	32 >	39 >
26 <	33 <	40 <
27 >	34 >	41 <
28 <	35 <	42 >

평가 4. 분수

13일 차

130쪽

1 4, $\frac{3}{4}$
2 3, $\frac{2}{3}$
3 2, $\frac{1}{2}$
4 2, 10
5 5, 15
6 3, 12

131쪽

7 가
8 진
9 대
10 $\frac{11}{3}$
11 $\frac{23}{5}$
12 $2\frac{1}{6}$
13 $5\frac{4}{7}$
14 $<$
15 $<$
16 $>$
17 $<$
18 $>$
19 $=$
20 $>$

틀린 문제는 클리닉 북에서 보충할 수 있습니다.

1 21쪽
2 21쪽
3 21쪽
4 22쪽
5 22쪽
6 22쪽
7 23쪽
8 23쪽
9 23쪽
10 24쪽
11 24쪽
12 24쪽
13 24쪽
14 25쪽
15 25쪽
16 25쪽
17 26쪽
18 26쪽
19 26쪽
20 26쪽

5. 들이와 무게

① 1 L와 1 mL의 관계

1일 차

134쪽

❶ 2000
❷ 4000
❸ 5000
❹ 6000
❺ 8000
❻ 11000
❼ 14000
❽ 1
❾ 3
❿ 7
⓫ 9
⓬ 16
⓭ 27
⓮ 38

135쪽

⓯ 1400
⓰ 3100
⓱ 6530
⓲ 7090
⓳ 12600
⓴ 25710
㉑ 31020
㉒ 1, 800
㉓ 2, 300
㉔ 5, 120
㉕ 8, 470
㉖ 10, 240
㉗ 35, 490
㉘ 42, 70

2일 차

136쪽

❶ 1000
❷ 3000
❸ 7000
❹ 9000
❺ 15000
❻ 21000
❼ 54000
❽ 1600
❾ 2300
❿ 4500
⓫ 8170
⓬ 10620
⓭ 29030
⓮ 40070

137쪽

⓯ 2
⓰ 4
⓱ 5
⓲ 6
⓳ 13
⓴ 20
㉑ 59
㉒ 1, 500
㉓ 3, 600
㉔ 7, 280
㉕ 9, 10
㉖ 14, 360
㉗ 30, 100
㉘ 40, 50

② 들이의 덧셈

3일 차

138쪽

❶ 2, 700
❷ 3, 500
❸ 5, 900
❹ 4, 700
❺ 7, 800
❻ 7, 800
❼ 9, 850
❽ 9, 550
❾ 9, 450
❿ 11, 750
⓫ 17, 730
⓬ 15, 800

139쪽

⓭ 4, 100
⓮ 8, 200
⓯ 7, 500
⓰ 5, 100
⓱ 9, 300
⓲ 6, 400
⓳ 8, 50
⓴ 9, 350
㉑ 9, 250
㉒ 11, 450
㉓ 13, 410
㉔ 12, 500

4일 차

140쪽

❶ 5 L 300 mL
❷ 4 L 900 mL
❸ 4 L 750 mL
❹ 9 L 500 mL
❺ 7 L 300 mL
❻ 8 L 100 mL
❼ 7 L 150 mL
❽ 9 L 450 mL
❾ 9 L 350 mL
❿ 12 L 260 mL
⓫ 10 L 300 mL
⓬ 16 L 100 mL

141쪽

⓭ 2 L 500 mL
⓮ 4 L 800 mL
⓯ 6 L 500 mL
⓰ 8 L 800 mL
⓱ 5 L 740 mL
⓲ 5 L 450 mL
⓳ 9 L 600 mL
⓴ 8 L 100 mL
㉑ 9 L 300 mL
㉒ 8 L 50 mL
㉓ 10 L 210 mL
㉔ 14 L 150 mL
㉕ 17 L 650 mL
㉖ 15 L 100 mL

③ 들이의 뺄셈

5일 차

142쪽

❶ 1, 700
❷ 2, 100
❸ 2, 400
❹ 2, 300
❺ 5, 200
❻ 2, 100
❼ 5, 150
❽ 3, 500
❾ 1, 450
❿ 8, 250
⓫ 8, 650
⓬ 6, 150

143쪽

⓭ 1, 600
⓮ 2, 600
⓯ 1, 500
⓰ 2, 800
⓱ 2, 600
⓲ 1, 900
⓳ 3, 600
⓴ 3, 350
㉑ 6, 650
㉒ 5, 300
㉓ 2, 550
㉔ 7, 250

6일 차

144쪽

❶ 2 L 200 mL
❷ 2 L 100 mL
❸ 1 L 740 mL
❹ 3 L 500 mL
❺ 1 L 600 mL
❻ 4 L 800 mL
❼ 1 L 850 mL
❽ 6 L 700 mL
❾ 4 L 540 mL
❿ 5 L 350 mL
⓫ 6 L 650 mL
⓬ 7 L 650 mL

145쪽

⓭ 1 L 100 mL
⓮ 1 L 300 mL
⓯ 3 L 200 mL
⓰ 2 L 100 mL
⓱ 4 L 650 mL
⓲ 2 L 340 mL
⓳ 2 L 550 mL
⓴ 2 L 500 mL
㉑ 6 L 600 mL
㉒ 5 L 830 mL
㉓ 2 L 730 mL
㉔ 8 L 750 mL
㉕ 8 L 650 mL
㉖ 9 L 900 mL

②~③ 다르게 풀기

7일 차

146쪽

❶ 4 L 800 mL
❷ 4 L 300 mL
❸ 9 L 100 mL
❹ 7 L 670 mL
❺ 12 L 150 mL
❻ 2 L 400 mL
❼ 1 L 800 mL
❽ 4 L 300 mL
❾ 1 L 810 mL
❿ 6 L 650 mL

147쪽

⓫ 7 L 800 mL
⓬ 9 L 100 mL
⓭ 13 L 530 mL
⓮ 2 L 700 mL
⓯ 1 L 900 mL
⓰ 8 L 630 mL
⓱ 1, 350 / 1, 800 / 3, 150

④ 1 kg, 1 g, 1 t의 관계

8일 차

148쪽

❶ 2000
❷ 3000
❸ 8000
❹ 12000
❺ 1000
❻ 5000
❼ 24000
❽ 1
❾ 4
❿ 9
⓫ 15
⓬ 2
⓭ 7
⓮ 13

149쪽

⓯ 1400
⓰ 4600
⓱ 5520
⓲ 8010
⓳ 19900
⓴ 27210
㉑ 32070
㉒ 1, 200
㉓ 2, 800
㉔ 3, 140
㉕ 7, 530
㉖ 13, 750
㉗ 20, 480
㉘ 27, 65

9일 차

150쪽

❶ 1000
❷ 4000
❸ 9000
❹ 41000
❺ 2000
❻ 7000
❼ 14000
❽ 2700
❾ 3100
❿ 5900
⓫ 8380
⓬ 15540
⓭ 37075
⓮ 50060

151쪽

⓯ 3
⓰ 7
⓱ 8
⓲ 35
⓳ 1
⓴ 5
㉑ 29
㉒ 1, 900
㉓ 4, 200
㉔ 6, 550
㉕ 9, 100
㉖ 10, 160
㉗ 23, 45
㉘ 41, 80

⑤ 무게의 덧셈

10일 차

152쪽

❶ 2, 500
❷ 5, 600
❸ 4, 800
❹ 7, 900
❺ 6, 700
❻ 6, 900
❼ 9, 950
❽ 7, 660
❾ 8, 750
❿ 10, 750
⓫ 12, 850
⓬ 14, 700

153쪽

⓭ 6, 200
⓮ 6, 100
⓯ 4, 300
⓰ 6, 500
⓱ 6, 100
⓲ 8, 500
⓳ 8, 330
⓴ 9, 550
㉑ 9, 250
㉒ 13, 180
㉓ 17, 150
㉔ 11, 100

11일 차

154쪽

❶ 6 kg 500 g
❷ 6 kg 900 g
❸ 4 kg 950 g
❹ 7 kg 200 g
❺ 8 kg 400 g
❻ 7 kg 200 g
❼ 9 kg 550 g
❽ 9 kg 170 g
❾ 9 kg 340 g
❿ 12 kg 280 g
⓫ 10 kg 150 g
⓬ 19 kg 300 g

155쪽

⓭ 2 kg 600 g
⓮ 7 kg 900 g
⓯ 6 kg 600 g
⓰ 5 kg 700 g
⓱ 8 kg 960 g
⓲ 5 kg 730 g
⓳ 7 kg 750 g
⓴ 8 kg 400 g
㉑ 9 kg 300 g
㉒ 8 kg 40 g
㉓ 12 kg 180 g
㉔ 15 kg 330 g
㉕ 11 kg 400 g
㉖ 17 kg 50 g

⑥ 무게의 뺄셈

12일 차

156쪽

❶ 1, 100
❷ 1, 300
❸ 3, 400
❹ 1, 300
❺ 3, 100
❻ 2, 300
❼ 2, 150
❽ 8, 300
❾ 3, 220
❿ 3, 160
⓫ 8, 350
⓬ 6, 250

157쪽

⓭ 1, 300
⓮ 1, 800
⓯ 2, 900
⓰ 3, 800
⓱ 3, 500
⓲ 1, 900
⓳ 3, 940
⓴ 3, 550
㉑ 1, 740
㉒ 4, 420
㉓ 8, 650
㉔ 8, 950

13일 차

158쪽

❶ 2 kg 200 g
❷ 2 kg 100 g
❸ 1 kg 370 g
❹ 1 kg 600 g
❺ 3 kg 600 g
❻ 1 kg 300 g
❼ 4 kg 550 g
❽ 1 kg 870 g
❾ 7 kg 930 g
❿ 7 kg 850 g
⓫ 6 kg 400 g
⓬ 6 kg 750 g

159쪽

⓭ 1 kg 200 g
⓮ 1 kg 100 g
⓯ 3 kg 500 g
⓰ 2 kg 100 g
⓱ 4 kg 210 g
⓲ 1 kg 500 g
⓳ 6 kg 250 g
⓴ 3 kg 800 g
㉑ 6 kg 800 g
㉒ 3 kg 670 g
㉓ 7 kg 720 g
㉔ 4 kg 380 g
㉕ 5 kg 600 g
㉖ 9 kg 650 g

⑤~⑥ 다르게 풀기

14일 차

160쪽

❶ 4 kg 900 g
❷ 9 kg 200 g
❸ 6 kg 100 g
❹ 9 kg 750 g
❺ 14 kg 500 g
❻ 2 kg 400 g
❼ 3 kg 700 g
❽ 1 kg 400 g
❾ 5 kg 340 g
❿ 5 kg 150 g

161쪽

⓫ 3 kg 700 g
⓬ 8 kg 100 g
⓭ 11 kg 820 g
⓮ 2 kg 100 g
⓯ 3 kg 600 g
⓰ 9 kg 550 g
⓱ 6, 700 / 5, 200 / 1, 500

평가 5. 들이와 무게

15일 차

162쪽

1 2000
2 3700
3 8, 140
4 5000
5 9
6 4820
7 13, 40
8 6 L 700 mL
9 8 L 250 mL
10 4 L 650 mL
11 5 kg 600 g
12 2 kg 850 g
13 5 kg 100 g

163쪽

14 4 L 660 mL
15 14 L 100 mL
16 5 L 550 mL
17 2 L 600 mL
18 4 kg 850 g
19 12 kg 270 g
20 3 kg 600 g
21 9 L 600 mL
22 3 L 450 mL
23 4 kg 300 g
24 3 kg 630 g
25 3 kg 550 g

틀린 문제는 클리닉 북에서 보충할 수 있습니다.

1 27쪽
2 27쪽
3 27쪽
4 30쪽
5 30쪽
6 30쪽
7 30쪽
8 28쪽
9 28쪽
10 29쪽
11 31쪽
12 32쪽
13 32쪽
14 28쪽
15 28쪽
16 29쪽
17 29쪽
18 31쪽
19 31쪽
20 32쪽
21 28쪽
22 29쪽
23 31쪽
24 32쪽
25 32쪽

6. 자료의 정리

① 표에서 알 수 있는 내용

1일 차

166쪽

❶ 15마리
❷ 91마리
❸ 닭
❹ 18마리
❺ 소, 오리, 돼지, 닭

167쪽

❻ 6명
❼ 미술관
❽ 7명
❾ 박물관, 식물원, 동물원, 미술관
❿ 예 박물관

② 그림그래프

2일 차

168쪽

❶ 10권, 1권
❷ 24권
❸ 백과사전, 40권
❹ 동화책

169쪽

❺ 10명, 1명
❻ 43명
❼ 과학, 국어, 사회, 수학
❽ 4명

③ 그림그래프로 나타내기

3일 차

170쪽

❶ 색깔별 구슬 수

색깔	구슬 수
빨간색	◎◎◎◎◎○○
노란색	◎◎○○○○○○○
파란색	◎◎◎◎○○○○
보라색	◎◎◎

◎10개 ○1개

❷ 학예회 종목별 참가 학생 수

종목	학생 수
무용	◎○○○○○
합창	◎◎◎◎○
합주	◎◎◎○○○○
연극	◎◎○○○○○○○

◎10명 ○1명

171쪽

❸ 학생들의 혈액형

혈액형	학생 수
A형	◎◎◎○○○○
B형	◎◎
AB형	◎○○
O형	◎◎○○○○○○

◎10명 ○1명

❹ 진아와 친구들이 줄넘기를 한 횟수

이름	줄넘기 횟수
진아	◎◎◎○○○
선호	◎◎◎◎○○
하나	◎○○○○○
미정	◎◎◎◎◎○

◎10회 ○1회

❺ 마을별 자동차 수

마을	자동차 수
가	◎◎○
나	◎○○○○○○○
다	◎◎◎○○
라	◎◎○○○○

◎10대 ○1대

❻ 학생들이 좋아하는 운동

운동	학생 수
야구	◎◎◎○○○○○
축구	◎◎◎◎○○○
농구	◎○○○○○○
배구	◎◎○○○○

◎10명 ○1명

평가 6. 자료의 정리

4일 차

172쪽

1 3명

2 22명

3 펭귄

4 6명

5 사자, 여우, 토끼, 펭귄

6 10회, 1회

7 40회

8 재우

9 경호, 영지, 미혜, 재우

173쪽

10 10명, 1명

11 33명

12 미국

13 24명

14 과수원별 귤 생산량

과수원	귤 생산량
가	◎◎◎
나	◎○○○○○○○
다	◎○
라	◎◎◎○○○○

◎10상자 ○1상자

15 도서관에서 빌려 온 책의 수

월	책의 수
9월	◎◎◎◎○
10월	◎◎◎○○○○
11월	◎○○○○○
12월	◎◎○○○○○○

◎10권 ○1권

틀린 문제는 클리닉 북에서 보충할 수 있습니다.

1 33쪽
2 33쪽
3 33쪽
4 33쪽
5 33쪽
6 34쪽
7 34쪽
8 34쪽
9 34쪽
10 34쪽
11 34쪽
12 34쪽
13 34쪽
14 35쪽
15 35쪽

1. 곱셈

1쪽 1 올림이 없는 (세 자리 수) × (한 자리 수)

❶ 248 ❷ 399 ❸ 268
❹ 406 ❺ 699 ❻ 903
❼ 624 ❽ 820 ❾ 844
❿ 264 ⓫ 288 ⓬ 428
⓭ 663 ⓮ 468 ⓯ 930
⓰ 969 ⓱ 802 ⓲ 868

2쪽 2 일의 자리에서 올림이 있는 (세 자리 수) × (한 자리 수)

❶ 351 ❷ 372 ❸ 250
❹ 864 ❺ 675 ❻ 918
❼ 658 ❽ 836 ❾ 850
❿ 763 ⓫ 378 ⓬ 274
⓭ 868 ⓮ 454 ⓯ 478
⓰ 948 ⓱ 656 ⓲ 874

3쪽 3 십, 백의 자리에서 올림이 있는 (세 자리 수) × (한 자리 수)

❶ 805 ❷ 876 ❸ 704
❹ 2055 ❺ 4509 ❻ 2484
❼ 5760 ❽ 2586 ❾ 1908
❿ 489 ⓫ 816 ⓬ 784
⓭ 2807 ⓮ 1086 ⓯ 1836
⓰ 3805 ⓱ 3568 ⓲ 1968

4쪽 4 (몇십) × (몇십)

❶ 1000 ❷ 1200 ❸ 2400
❹ 4000 ❺ 1200 ❻ 3600
❼ 3500 ❽ 2400 ❾ 6300
❿ 1800 ⓫ 2100 ⓬ 2000
⓭ 2800 ⓮ 2500 ⓯ 5400
⓰ 5600 ⓱ 4800 ⓲ 1800

5쪽 5 (몇십몇) × (몇십)

❶ 390 ❷ 840 ❸ 1950
❹ 3220 ❺ 2080 ❻ 1320
❼ 3750 ❽ 2460 ❾ 5820
❿ 950 ⓫ 750 ⓬ 1110
⓭ 2400 ⓮ 2160 ⓯ 4140
⓰ 1540 ⓱ 6880 ⓲ 6510

6쪽 6 (몇) × (몇십몇)

❶ 54 ❷ 192 ❸ 141
❹ 152 ❺ 65 ❻ 198
❼ 378 ❽ 200 ❾ 693
❿ 108 ⓫ 204 ⓬ 104
⓭ 170 ⓮ 72 ⓯ 498
⓰ 252 ⓱ 504 ⓲ 405

7쪽 7 올림이 한 번 있는 (몇십몇) × (몇십몇)

① 455 ② 322 ③ 456
④ 1008 ⑤ 636 ⑥ 744
⑦ 1278 ⑧ 2573 ⑨ 1729
⑩ 285 ⑪ 576 ⑫ 1054
⑬ 1148 ⑭ 676 ⑮ 1323
⑯ 1008 ⑰ 5751 ⑱ 1209

8쪽 8 올림이 여러 번 있는 (몇십몇) × (몇십몇)

① 612 ② 2325 ③ 900
④ 836 ⑤ 3534 ⑥ 3024
⑦ 2052 ⑧ 1312 ⑨ 3610
⑩ 1275 ⑪ 1176 ⑫ 663
⑬ 1692 ⑭ 1537 ⑮ 3672
⑯ 2044 ⑰ 6438 ⑱ 3312

2. 나눗셈

9쪽 1 (몇십) ÷ (몇)

① 20 ② 10 ③ 20
④ 40 ⑤ 15 ⑥ 15
⑦ 14 ⑧ 45 ⑨ 18
⑩ 30 ⑪ 10 ⑫ 20
⑬ 30 ⑭ 25 ⑮ 12
⑯ 35 ⑰ 16 ⑱ 15

10쪽 2 내림이 없는 (몇십몇) ÷ (몇)

① 12 ② 13 ③ 11
④ 13 ⑤ 22 ⑥ 21
⑦ 34 ⑧ 21 ⑨ 33
⑩ 14 ⑪ 12 ⑫ 21
⑬ 12 ⑭ 11 ⑮ 32
⑯ 23 ⑰ 44 ⑱ 31

11쪽 3 내림이 있는 (몇십몇) ÷ (몇)

① 16 ② 19 ③ 15
④ 17 ⑤ 13 ⑥ 17
⑦ 37 ⑧ 14 ⑨ 12
⑩ 18 ⑪ 14 ⑫ 19
⑬ 16 ⑭ 24 ⑮ 15
⑯ 27 ⑰ 12 ⑱ 16

12쪽 4 내림이 없고 나머지가 있는 (몇십몇) ÷ (몇)

① 8 ⋯ 2 ② 5 ⋯ 5 ③ 8 ⋯ 3
④ 8 ⋯ 2 ⑤ 9 ⋯ 4 ⑥ 9 ⋯ 6
⑦ 21 ⋯ 1 ⑧ 11 ⋯ 2 ⑨ 32 ⋯ 1
⑩ 9 ⋯ 1 ⑪ 6 ⋯ 4 ⑫ 8 ⋯ 5
⑬ 7 ⋯ 7 ⑭ 8 ⋯ 7 ⑮ 9 ⋯ 2
⑯ 12 ⋯ 1 ⑰ 21 ⋯ 1 ⑱ 20 ⋯ 1

13쪽 5 내림이 있고 나머지가 있는 (몇십몇) ÷ (몇)

① 18 ⋯ 1 ② 13 ⋯ 2 ③ 12 ⋯ 3
④ 13 ⋯ 2 ⑤ 12 ⋯ 4 ⑥ 24 ⋯ 1
⑦ 12 ⋯ 5 ⑧ 14 ⋯ 1 ⑨ 24 ⋯ 3
⑩ 16 ⋯ 1 ⑪ 18 ⋯ 1 ⑫ 14 ⋯ 1
⑬ 13 ⋯ 2 ⑭ 35 ⋯ 1 ⑮ 19 ⋯ 1
⑯ 28 ⋯ 1 ⑰ 14 ⋯ 4 ⑱ 23 ⋯ 3

14쪽 6 나머지가 없는 (세 자리 수) ÷ (한 자리 수)

① 113 ② 154 ③ 118
④ 85 ⑤ 148 ⑥ 207
⑦ 125 ⑧ 92 ⑨ 239
⑩ 144 ⑪ 115 ⑫ 210
⑬ 47 ⑭ 175 ⑮ 87
⑯ 92 ⑰ 169 ⑱ 103

15쪽 7 나머지가 있는 (세 자리 수)÷(한 자리 수)

❶ 136 ⋯ 1 ❷ 159 ⋯ 1 ❸ 114 ⋯ 3
❹ 185 ⋯ 2 ❺ 67 ⋯ 2 ❻ 219 ⋯ 2
❼ 88 ⋯ 2 ❽ 266 ⋯ 2 ❾ 466 ⋯ 1
❿ 134 ⋯ 1 ⓫ 162 ⋯ 1 ⓬ 111 ⋯ 1
⓭ 208 ⋯ 1 ⓮ 148 ⋯ 3 ⓯ 88 ⋯ 2
⓰ 252 ⋯ 1 ⓱ 99 ⋯ 5 ⓲ 234 ⋯ 1

16쪽 8 계산이 맞는지 확인하기

❶ 11 ⋯ 2 / $3\times11=33$, $33+2=35$
❷ 11 ⋯ 3 / $5\times11=55$, $55+3=58$
❸ 18 ⋯ 3 / $4\times18=72$, $72+3=75$
❹ 75 ⋯ 2 / $3\times75=225$, $225+2=227$
❺ 22 ⋯ 1 / $2\times22=44$, $44+1=45$
❻ 14 ⋯ 3 / $4\times14=56$, $56+3=59$
❼ 21 ⋯ 2 / $3\times21=63$, $63+2=65$
❽ 14 ⋯ 3 / $5\times14=70$, $70+3=73$
❾ 20 ⋯ 2 / $7\times20=140$, $140+2=142$
❿ 158 ⋯ 1 / $2\times158=316$, $316+1=317$

3. 원

17쪽 1 원의 중심, 반지름, 지름

❶ 점 ㄴ ❷ 점 ㄷ
❸ 선분 ㅇㄷ ❹ 선분 ㅇㄴ, 선분 ㅇㄹ
❺ 선분 ㄱㄹ ❻ 선분 ㄱㄷ

18쪽 2 원의 지름의 성질

❶ 선분 ㄴㅁ ❷ 선분 ㄱㄹ
❸ 선분 ㄱㄹ ❹ 선분 ㄱㄹ
❺ 선분 ㄷㅈ / 선분 ㄷㅈ ❻ 선분 ㄷㅂ / 선분 ㄷㅂ
❼ 선분 ㄴㅁ / 선분 ㄴㅁ ❽ 선분 ㄷㅁ / 선분 ㄷㅁ

19쪽 3 원의 지름과 반지름 사이의 관계

❶ 6 ❷ 8 ❸ 12
❹ 18 ❺ 20 ❻ 24
❼ 2 ❽ 5 ❾ 7
❿ 8 ⓫ 11 ⓬ 15

4. 분수

21쪽 1 분수로 나타내기

❶ 5, $\frac{4}{5}$
❷ 4, $\frac{1}{4}$
❸ $\frac{1}{3}$, $\frac{2}{3}$
❹ $\frac{1}{9}$, $\frac{7}{9}$

22쪽 2 분수만큼 알아보기

❶ 3, 6
❷ 6, 30
❸ 5, 10
❹ 2, 8

23쪽 3 진분수, 가분수, 대분수

❶ 대 ❷ 가 ❸ 진
❹ 대 ❺ 진 ❻ 가
❼ 가 ❽ 대 ❾ 진
❿ 대 ⓫ 진 ⓬ 가
⓭ 진 ⓮ 가 ⓯ 진
⓰ 대 ⓱ 진 ⓲ 가
⓳ 가 ⓴ 대 ㉑ 진

24쪽 4 대분수를 가분수로, 가분수를 대분수로 나타내기

① $\frac{7}{2}$	② $\frac{10}{3}$	③ $\frac{7}{4}$
④ $\frac{12}{5}$	⑤ $\frac{17}{6}$	⑥ $\frac{23}{7}$
⑦ $\frac{15}{8}$	⑧ $\frac{19}{9}$	⑨ $\frac{49}{10}$
⑩ $1\frac{1}{2}$	⑪ $1\frac{2}{3}$	⑫ $2\frac{3}{4}$
⑬ $1\frac{3}{5}$	⑭ $4\frac{1}{6}$	⑮ $2\frac{5}{7}$
⑯ $3\frac{5}{8}$	⑰ $1\frac{5}{9}$	⑱ $2\frac{3}{10}$

25쪽 5 가분수의 크기 비교, 대분수의 크기 비교

① $<$	② $>$	③ $>$
④ $<$	⑤ $<$	⑥ $>$
⑦ $<$	⑧ $<$	⑨ $>$
⑩ $<$	⑪ $>$	⑫ $<$
⑬ $>$	⑭ $<$	⑮ $<$
⑯ $>$	⑰ $<$	⑱ $<$

26쪽 6 가분수와 대분수의 크기 비교

① $>$	② $<$	③ $<$
④ $>$	⑤ $<$	⑥ $>$
⑦ $<$	⑧ $>$	⑨ $=$
⑩ $<$	⑪ $<$	⑫ $=$
⑬ $>$	⑭ $>$	⑮ $<$
⑯ $>$	⑰ $<$	⑱ $<$

5. 들이와 무게

27쪽 1 1 L와 1 mL의 관계

① 3000	② 8000
③ 9000	④ 12000
⑤ 2400	⑥ 5910
⑦ 16320	⑧ 20040
⑨ 2	⑩ 5
⑪ 7	⑫ 11
⑬ 4, 900	⑭ 8, 320
⑮ 10, 730	⑯ 24, 90

28쪽 2 들이의 덧셈

① 4 L 500 mL	② 7 L 900 mL
③ 4 L 750 mL	④ 9 L 200 mL
⑤ 9 L 350 mL	⑥ 13 L 760 mL
⑦ 3 L 600 mL	⑧ 7 L 500 mL
⑨ 7 L 720 mL	⑩ 8 L 100 mL
⑪ 9 L 190 mL	⑫ 12 L 300 mL

29쪽 3 들이의 뺄셈

① 1 L 100 mL	② 1 L 200 mL
③ 2 L 350 mL	④ 5 L 300 mL
⑤ 3 L 650 mL	⑥ 6 L 660 mL
⑦ 2 L 400 mL	⑧ 1 L 600 mL
⑨ 4 L 150 mL	⑩ 2 L 900 mL
⑪ 1 L 870 mL	⑫ 5 L 840 mL

30쪽 4 1 kg, 1 g, 1 t의 관계

❶ 3000 ❷ 5000
❸ 8000 ❹ 16000
❺ 1700 ❻ 4290
❼ 7100 ❽ 13070
❾ 4 ❿ 19
⓫ 7 ⓬ 12
⓭ 3, 100 ⓮ 6, 540
⓯ 9, 120 ⓰ 15, 90

31쪽 5 무게의 덧셈

❶ 2 kg 800 g ❷ 6 kg 600 g
❸ 5 kg 660 g ❹ 7 kg 500 g
❺ 8 kg 160 g ❻ 12 kg 200 g
❼ 3 kg 900 g ❽ 4 kg 600 g
❾ 7 kg 950 g ❿ 9 kg 100 g
⓫ 9 kg 60 g ⓬ 16 kg 260 g

32쪽 6 무게의 뺄셈

❶ 1 kg 500 g ❷ 2 kg 700 g
❸ 1 kg 150 g ❹ 2 kg 900 g
❺ 1 kg 550 g ❻ 8 kg 550 g
❼ 2 kg 200 g ❽ 4 kg 100 g
❾ 5 kg 100 g ❿ 1 kg 700 g
⓫ 4 kg 580 g ⓬ 5 kg 570 g

6. 자료의 정리

33쪽 1 표에서 알 수 있는 내용

❶ 8명
❷ 26명
❸ 야구
❹ 3명
❺ 농구, 피구, 축구, 야구

34쪽 2 그림그래프

❶ 10명, 1명
❷ 27명
❸ 윷놀이, 연날리기, 팽이치기, 제기차기
❹ 15명

35쪽 3 그림그래프로 나타내기

❶ 학생들이 태어난 계절

계절	학생 수
봄	◎◎◎○
여름	◎○○○○○
가을	◎◎○○○○
겨울	◎◎○○○○○○○

◎10명 ○1명

❷ 종류별 동물 수

종류	동물 수
양	◎○○○○○○
돼지	◎◎◎○○○
오리	◎◎○
닭	◎◎◎◎◎

◎10마리 ○1마리

❸ 농장별 감자 생산량

농장	생산량
가	◎◎◎
나	◎◎◎◎○○
다	◎◎○○○○○○
라	◎◎◎○○○○

◎10 kg ○1 kg

❹ 학생들이 좋아하는 간식

간식	학생 수
과자	◎◎○○○○○
빵	◎◎◎○
떡	◎○○○○○○○
과일	◎◎◎○○○○○

◎10명 ○1명